高职高专“十四五”规划教材

LabVIEW 虚拟仪器入门与实例训练

主　编　夏江华　王婷婷　汤素丽　李　涛

副主编　杨　丽　杨济铭

主　审　于　一

北京航空航天大学出版社

内 容 简 介

本书基于当前最流行的虚拟仪器开发平台——LabVIEW 2018，结合了大量实例，介绍了 LabVIEW 软件的开发环境与基本操作，前面板，程序框图设计，字符串运算，循环与结构，数组和簇，波形图表和波形图，文件 I/O，仪器控制，信号生成、分析及处理，LabVIEW 应用程序生成，数据库。各章内容由浅入深、先易后难、循序渐进并附有习题，帮助读者巩固理论知识和提升上机操作能力，快速掌握 LabVIEW 的编程方法和技巧。

本书适合用作各高职院校 LabVIEW 程序设计相关专业的教材，也可作为相关工程技术人员设计开发仪器或自动测试系统的参考用书。

图书在版编目(CIP)数据

LabVIEW 虚拟仪器入门与实例训练 / 夏江华等主编
. -- 北京 : 北京航空航天大学出版社, 2020.12
ISBN 978-7-5124-3366-3

Ⅰ. ①L… Ⅱ. ①夏… Ⅲ. ①软件工具—程序设计
Ⅳ. ①TP311.56

中国版本图书馆 CIP 数据核字(2020)第 176186 号

LabVIEW 虚拟仪器入门与实例训练

主 编 夏江华 王婷婷 汤素丽 李 涛

副主编 杨 丽 杨济铭

主 审 于 一

策划编辑 冯 颖 责任编辑 冯 颖

*

北京航空航天大学出版社出版发行

北京市海淀区学院路 37 号(邮编 100191) http://www.buaapress.com.cn

发行部电话:(010)82317024 传真:(010)82328026

读者信箱: goodtextbook@126.com 邮购电话:(010)82316936

涿州市新华印刷有限公司印装 各地书店经销

*

开本:787×1 092 1/16 印张:12.25 字数:314 千字

2021 年 1 月第 1 版 2023 年 8 月第 2 次印刷 印数:2 001～3 000 册

ISBN 978-7-5124-3366-3 定价:39.00 元

前　言

虚拟仪器技术是现代计算机技术、通信技术和测量技术等相结合的产物，是对传统仪器的一次巨大冲击。虚拟仪器由计算机和数据采集卡等相应的硬件和软件构成，用户可以根据自身的需求和预算购置相应的模块，来构建一套个性化的测控系统。近年来随着微电子技术和计算机技术的飞速发展，虚拟仪器技术展现出蓬勃的生命力，出现在越来越多应用场景中，大到航天飞船、大型粒子对撞机，小到学生的课堂作业、毕业设计，提高了工业自动化水平和人们的工作效率，成为产业发展的重要方向。LabVIEW 是美国国家仪器(National Instruments，NI)公司推出的一款虚拟仪器开发平台，其具有功能强大、编程灵活、人机界面友好的特点，同时其图形化的编程理念得到了业界的普遍认可。

本书基于满足实际应用的一般需要，在使读者掌握基础知识的同时，通过动手练习，提高实际操作能力和发现问题并解决问题的能力。另外，每章最后都有相应的习题供读者练习，使读者能够快速掌握 LabVIEW 的编程方法和技巧，并且有兴趣进一步探索虚拟仪器的奇妙世界。

本书结合作者多年实际工程设计的经验和体会，采用理论与实例相结合的讲述方法，力求通俗易懂、重点突出，为读者的学习和工作带来一些帮助。

编　者

2020 年 10 月

目　录

第1章　LabVIEW 基础

学习目标

- 了解虚拟仪器的基本概念；
- 掌握 LabVIEW 的安装方法；
- 了解 LabVIEW 的基本概念；
- 掌握 LabVIEW 的学习方法。

实例讲解

- 求三个数的平均值。

1.1　虚拟仪器概述

1.1.1　虚拟仪器的起源与发展

传统仪器主要由三大功能模块组成：被测信号的采集与控制模块、分析与处理模块和测试结果的表达与输出模块。传统仪器的功能是用硬件设备（包括固化软件）实现的。虚拟仪器则是将传统仪器的功能移植到计算机上，以通用的计算机硬件及操作系统为依托，利用计算机的硬件资源（CPU、存储器、显示器、键盘、鼠标等）、标准数字电路（GPIB、RS-232 接口总线、CAN 接口总线、模/数转换电路等）、软件资源（数据分析、算法、通信、人机界面等）来实现各种仪器功能的。虚拟仪器（virtual instrument）是基于计算机的仪器，其精髓理念为“软件就是仪器”。图1.1所示为常见的虚拟仪器组成框架。LabVIEW（laboratory virtual instrument engineering workbench），即实验室虚拟仪器集成环境，是美国 NI 公司开发的虚拟仪器开发平台，目前在这一领域使用最为广泛。

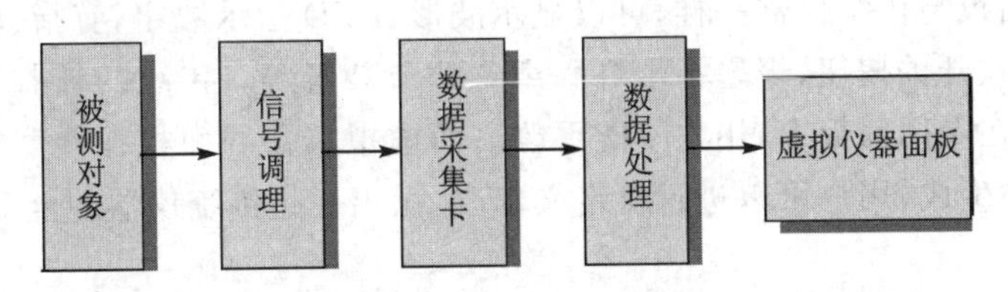

图1.1　虚拟仪器组成框架

虚拟仪器的起源可以追溯到20世纪70年代，那时计算机测控系统在国防、航天等领域已经有了一定的发展。个人计算机出现以后，仪器级的计算机化成为可能，甚至在微软公司的 Windows 诞生之前，NI 公司已经在 Macintosh 计算机上推出了 LabVIEW 2.0 以前的版本。该公司对虚拟仪器和 LabVIEW 长期、系统、有效地研究、开发使其在业界具有很强的权威性。普通个人计算机有一些不可避免的弱点，用它构建的虚拟仪器或计算机测试系统性能不可能太高。虚拟仪器研究的另一个问题是各种标准仪器的互连及与计算机的连接。

随着虚拟仪器技术的不断发展，计算机性能越来越强。相对于传统仪器，虚拟仪器体现出性能高、扩展性强、开发时间短、集成能力强四大优势。

(1) 性能高

虚拟仪器完全继承了现成的PC技术商业化的优点，通过功能强大的处理器和文件I/O，用户可以将数据导入磁盘的同时，进行复杂的分析。以电子测量中常用的示波器为例，采用传统的仪器方式，采样速率要达到10G Sa/s以上时，不但价格高昂，分析能力也十分有限；采用虚拟仪器则可以轻松达到更高的采样速率，同时可将数据进行存储，利用计算机处理器强大的性能进行各种分析。换句话说，虚拟仪器的性能随着计算机存储器、图形处理器、I/O单元以及CPU性能的提高而提高。

(2) 扩展性强

虚拟仪器具有很高的灵活性，可根据项目或用户的需要，更新用户的计算机和测量硬件模块，以最少的硬件投资和极少的甚至无须软件升级就可实现测量系统的升级。也可以将最新的硬件设备加到测量系统中，实现测量控制性能的飞跃。

(3) 开发时间短

虚拟仪器高效的软件架构将计算机、仪器仪表、通信技术、信号处理等新技术结合在一起。虚拟仪器开发软件为了方便用户操作，提供了大量灵活且功能强大的功能模块，使用户可以轻松地配置、创建、部署、维护和修改，在短时间内开发出高性能、低成本的测量和控制系统。

(4) 集成能力强

不同的测量控制仪器往往有着不同的接口。现代测量系统需要多种测量控制仪器来满足完整的测试需求，主机与不同测量设备的通信接口集成耗费了大量人力物力，可靠性也得不到保证。虚拟仪器为系统集成提供了大量的标准化接口，如数据采集、视觉、运动和分布式I/O等。用户可以轻松地将多个测量设备集成到单个系统中，以降低任务的复杂性。

1.1.2 虚拟仪器的特点

虚拟仪器的主要特点如下。

(1) 具有可变性、多层性、自助性的面板

虚拟仪器的面板与传统仪器一样，可以显示波形、LED指示数字，有指针式的表头指示刻度，有旋钮、滑动条、开关按钮、报警指示灯和声音调节装置等。传统的仪器是硬件结构，由厂商设计确定，安装在专用面板上，用户不能更改。而虚拟仪器的面板在计算机的显示器上，控制元件在软件库中生成，用户可以进行自定义修改，做出远超传统仪器的全汉化、生动美观、友好的面板。

(2) 具有强大的信号处理能力

通过相应的硬件电路且对模拟的信号进行调理、采样后，虚拟仪器可以十分方便地利用计算机现成的信号处理模块，对信号进行各种计算、分析、显示，经D/A转换后可控制执行器件的动作。

(3) 功能、性能、指标可自定

虚拟仪器可以根据用户的不同需求对仪器的功能、性能、指标进行修改或增删，彻底改善了传统仪器的封闭性、单一性的缺点。另外，通过虚拟仪器库内软件模块的不同组合，以及不同硬件的接口搭配，利用通用计算机就可以实现各种仪器的不同功能，大大提高了仪器功能的灵活性，甚至可进行非常复杂的测量工作。

(4) 具有标准的、功能强大的接口总线、板卡及相应软件

目前许多测量控制设备都提供了接口总线及其相应的驱动程序库，比如 VISA、PCI、VXI、PXI、GPIB 等接口总线，用户可以很方便地使用不同厂家、不同类型的硬件设备。

(5) 具有开发周期短、成本低、维护方便、易于应用的特点

虚拟仪器实际上是一个按照仪器需求组织的数据采集系统，这些特点决定了应用"虚拟仪器技术"可以快速、低成本地开发出具有柔性测试特征的测量系统。

1.1.3　虚拟仪器的开发平台软件

虚拟仪器的开发平台软件有许多种，除了 LabVIEW ，还有 LabWindows/CVI 等。LabVIEW 软件最显著的特点是图形化编程，很容易上手操作，也能够调用其他软件程序，这使它成为常用的开发软件。

LabVIEW 广泛地被工业界、学术界和研究实验室所接受，被视为一个标准的数据采集和仪器控制软件。LabVIEW 集成了满足 GPIB、VXI、RS－232 和 RS－485 协议的硬件及数据采集卡通信的全部功能，它还内置了便于应用 TCP/IP、ActiveX 等软件标准的库函数。它是一个功能强大且灵活的软件，利用它可以方便地建立自己的虚拟仪器，其图形化的界面使得编程及使用过程都很有趣。

图形化的程序语言，又称为"G"语言。使用这种语言编程时，基本上不写程序代码，取而代之的是流程图。"G"语言尽可能利用技术人员、科学家、工程师所熟悉的术语、图标和概念。因此，LabVIEW 是一个面向最终用户的工具，它可以增强使用者构建科学和工程系统的能力，并且提供了实现仪器编程和数据采集系统的便捷途径。使用 LabVIEW 进行原理研究、设计、测试并实现仪器系统时，可以大大提高工作效率。

LabVIEW 的发展历史：1986 年，LabVIEW 1.0 发布，运行在苹果公司的 Macintosh 系统上；此后每隔一至两年更新一次；本书编程软件采用的是 LabVIEW 2018。

1.1.4　虚拟仪器的应用

虚拟仪器应用十分广泛，比如 2008 年北京奥运会主体育场"鸟巢"和国家水上运动中心"水立方"、港珠澳大桥等的状态监测就用到了虚拟仪器技术和设备，如图 1.2、图 1.3 所示。

图 1.2　"鸟巢"和"水立方"外观

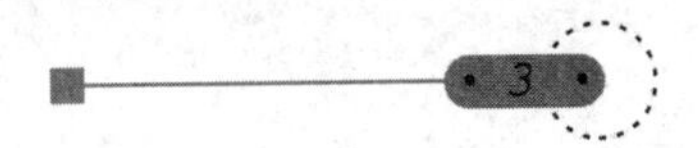

图 1.3　港珠澳大桥主体工程健康监测系统

全国大学生智能车竞赛中的很多作品也用到了虚拟仪器，如图 1.4 所示。

图 1.4　全国大学生智能车竞赛作品

1.2　LabVIEW 软件基础

1.2.1　LabVIEW 软件的安装

利用 LabVIEW 可产生独立运行的可执行文件，它是一个真正的 32 位编译器。与许多重要的软件一样，LabVIEW 提供了 Windows、UNIX、Linux、Macintosh 等多种版本，安装方法与其他软件相同。

1.2.2　LabVIEW 软件的启动

LabVIEW 软件启动有多种方法，通常可以通过桌面快捷方式或在程序中选择 NI LabVIEW 打开软件，启动界面和主面板分别如图 1.5 和图 1.6 所示。

图 1.5　LabVIEW 启动界面

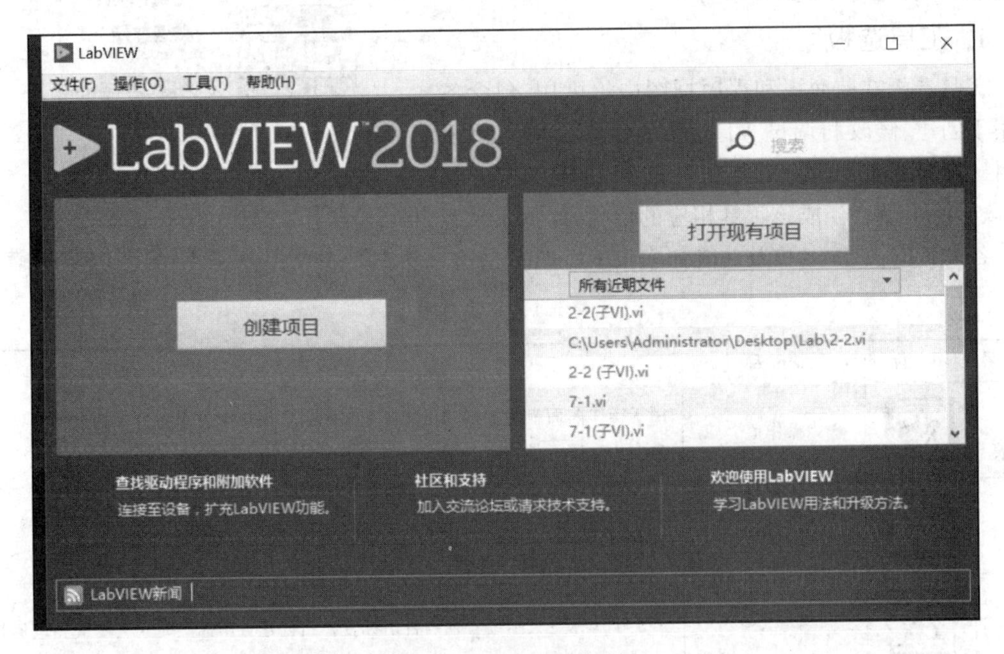

图 1.6　LabVIEW 主面板

启动后可选择文件，新建 VI 或者打开 VI，与 Office 软件的操作类似。首先应从如何创建 VI 学起。

1.3　LabVIEW 开发环境

1.3.1　LabVIEW 菜单栏

LabVIEW 的菜单栏与 Office 软件的很像，见图 1.7。初学者常用的有“文件”“编辑”“查看”“窗口”“帮助”菜单等。

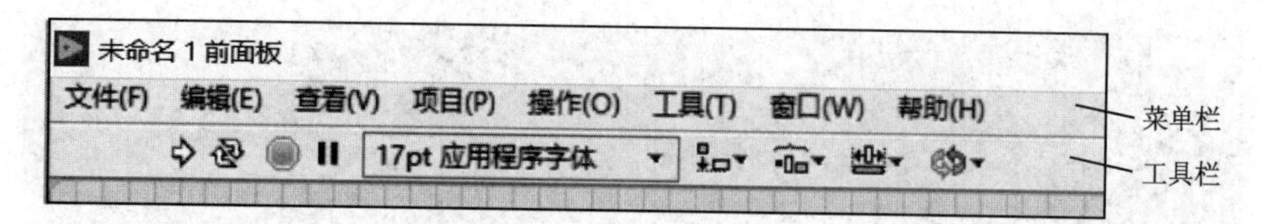

图 1.7　LabVIEW 菜单栏与工具栏

1.3.2　LabVIEW 工具栏

LabVIEW 工具栏在菜单栏的下方，见图 1.7。从左到右的工具依次是单次运行键、连续运行键、强制停止键、暂停键、字体设置、排列与组合设置等。

1.3.3　LabVIEW 操作选板

LabVIEW 的操作选板位于编辑菜单下，包括工具选板、控件选板、函数选板等。

1. 工具选板

工具选板在前面板和程序框图中均可用，包含各种用于创建、修改和调试 VI 程序的工具。用菜单下编辑→工具选板功能打开它，当选择了任一种工具后，鼠标箭头就会变成该工具相应的形状，如图 1.8 所示。各工具的图标、名称及功能如表 1.1 所列。

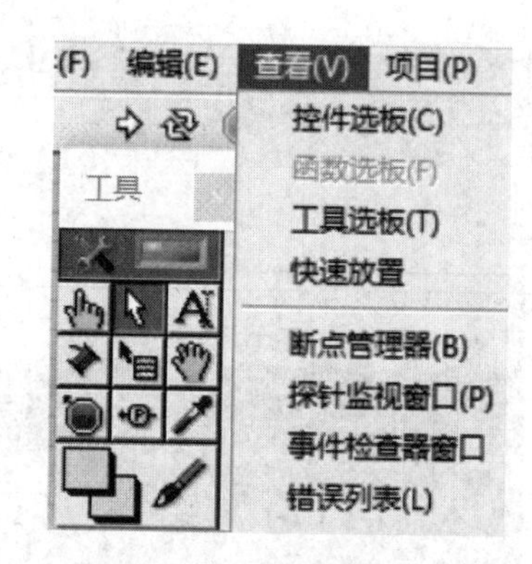

图 1.8　LabVIEW"查看"菜单中的工具选板

表 1.1　工具选板

序　号	图　标	名　称	功　能
1		操作值	用于操作前面板的控制和显示。使用它向数字或字符串控制中输入值时，工具会变成标签工具
2		选择	用于选择、移动或改变对象的大小。当它用于改变对象的连框大小时，会变成相应形状
3		编辑文本	用于输入标签文本或者创建自由标签。当创建自由标签时它会变成相应形状
4		连线	用于在程序框图程序上连接对象。如果联机帮助的窗口被打开时，把该工具放在任一条连线上，就会显示相应的数据类型
5		对象菜单	单击此图标可以打开对象的弹出式菜单
6		窗口漫游	使用该工具就可以不需要使用滚动条而在窗口中漫游
7		断点设置/清除	使用该工具在 VI 的程序框图对象上设置断点

续表 1.1

序　号	图　标	名　称	功　能
8		数据探针	可在框图程序内的数据流线上设置探针。通过控针窗口来观察该数据流线上的数据变化状况
9		颜色提取	使用该工具来提取颜色，用于编辑其他对象
10		颜色设置	用来给对象定义颜色，也显示出对象的前景色和背景色

在表 1.1 中要注意工具 1 和工具 2 的区别，工具 4 并不是一个简单的画线工具，而是一个符合 LabVIEW 语言规定的对象连接工具。

2. 控件选板

控件选板由许多多层选板构成，每一个子选板下还包括多个对象。注意：只有打开前面板时才能调用该选板，该选板用来给前面板设置各种所需的输出对象和输入对象，每个图标代表一类子选板。选择菜单栏中的“编辑”→“控件选板”命令打开它，或者在前面板的空白处单击鼠标右键，以弹出“控件选板”窗口，图 1.9 所示为新风格下的“控件选板”窗口。

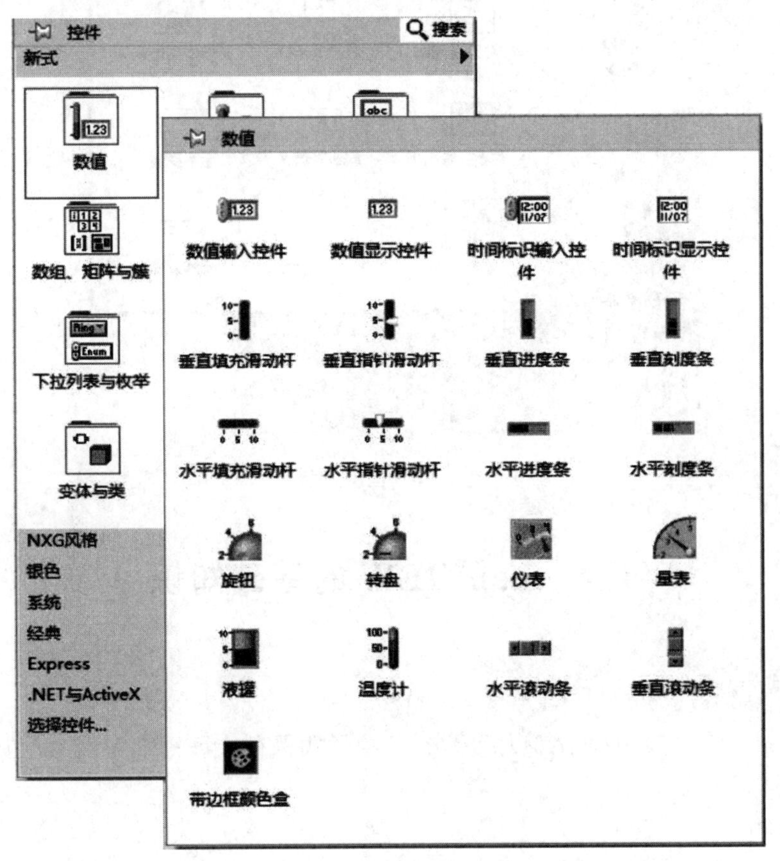

图 1.9　新式风格下的“控件选板”窗口

3. 函数选板

函数选板仅在程序框图中出现，是创建程序框图程序的工具。该选板上的每一个顶层图标都表示一个子选板，也是多层选板。用“编辑”→“函数选板”命令打开，也可以在程序框图程序窗口的空白处右击，以弹出“函数选板”窗口，如图 1.10 所示。

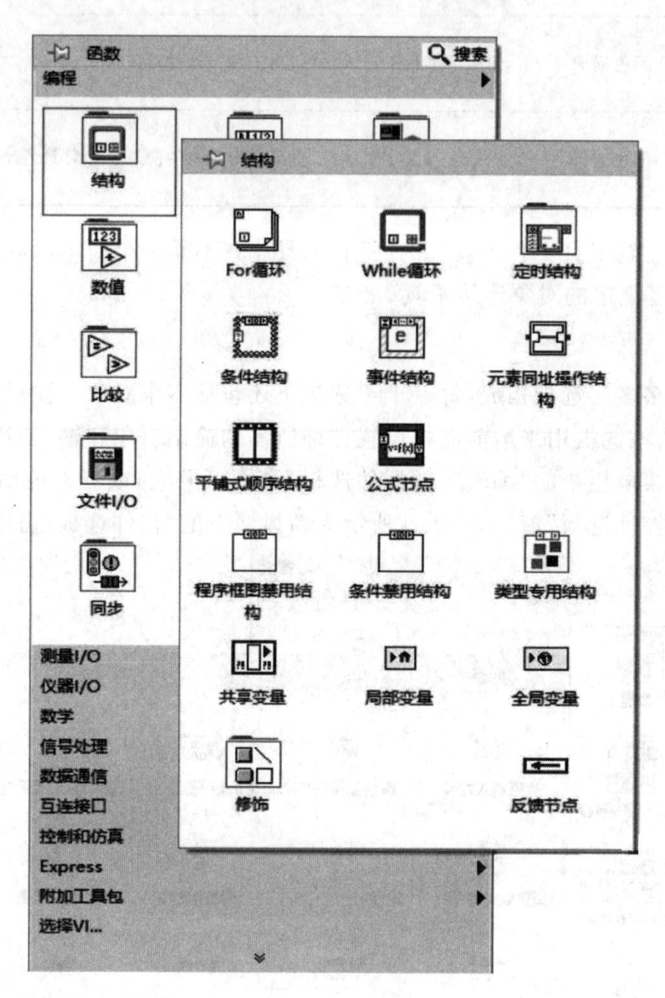

图 1.10　函数选板

1.4　LabVIEW 的基础知识

1.4.1　VI

所有的 LabVIEW 应用程序都以后缀名.vi 的形式保存。每一个 VI 包都包括前面板、程序框图以及图标/连线板三部分。

1. 前面板

前面板是用户界面，即 VI 的虚拟仪器面板，其上有各种控件，包括按键、旋钮、指示灯、图形等。图 1.11 所示为一个显示温度高低的用户界面,以曲线的方式显示温度,用指示灯的亮灭表示温度高低,用启/停按键来启动和停止工作。显然,并非简单地拖动这些控件到前面板就可以运行,还需要一个与之配套的程序框图。

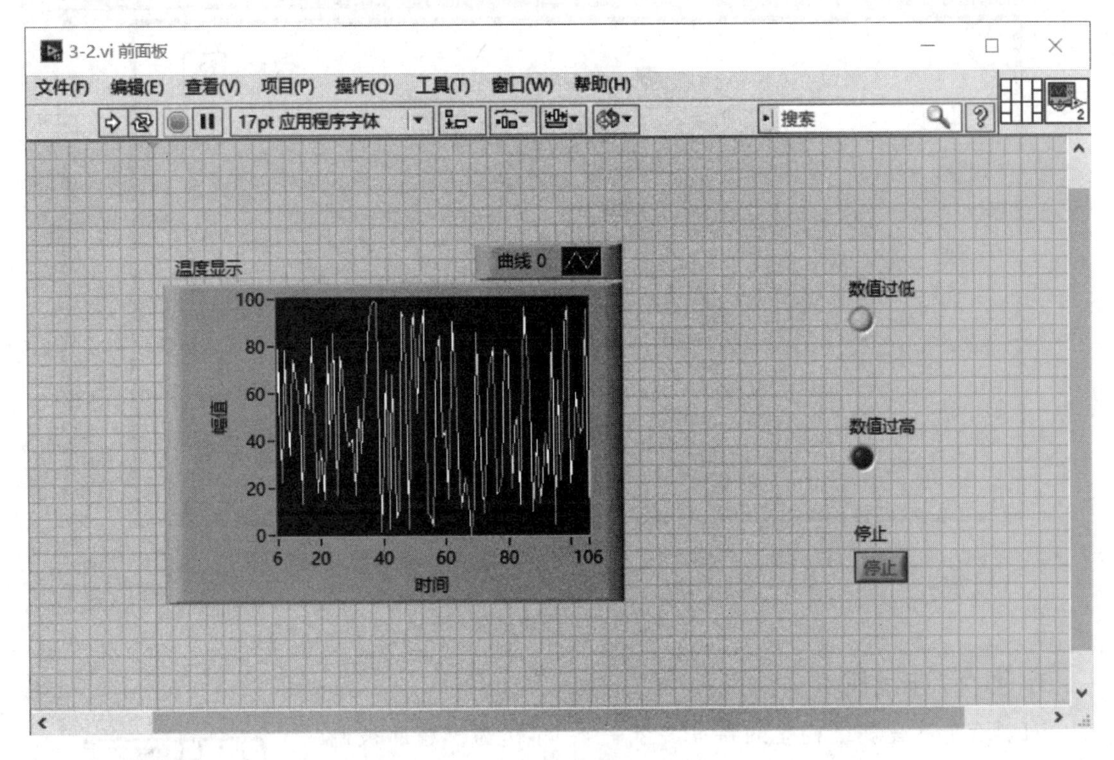

图 1.11　显示温度高低的用户界面

2. 程序框图

程序框图提供 VI 的图形化源程序,在程序框图中对 VI 编程,以控制和操纵定义在前面板上的输入和输出控件功能。程序框图包括前面板上控件的连线端子,还有其他函数、结构和连线。图 1.12 是图 1.11 的程序框图,包含前面板上的各个控件的连线端子(对应的图标),包括一个随机数发生器、一个 while 循环结构、一个定时等待函数,以及大于、小于判断函数,选择判断函数、真假布尔常量、常数 10 等。随机数发生器通过连线将产生的随机信号扩大 100 倍,然后送到显示控件,作为温度显示。为了使程序持续运行下去,设置了一个 While Loop 循环,由停止开关控制。

由图 1.11 和图 1.12 可知,若将 VI 与标准仪器比较,则前面板上的控件就是仪器面板上的物件,而程序框图上的内容便相当于仪器箱内的东西。在许多情况下,使用 VI 可以仿真标准仪器,不但能在屏幕上出现惟妙惟肖的标准仪器面板,其功能也与标准仪器相差无几,而且还可以综合多种仪器功能。

在 LabVIEW 中,前面板和程序框图的切换非常频繁,按快捷键 Ctrl+E,即可快速地在前面板和程序框图之间切换。

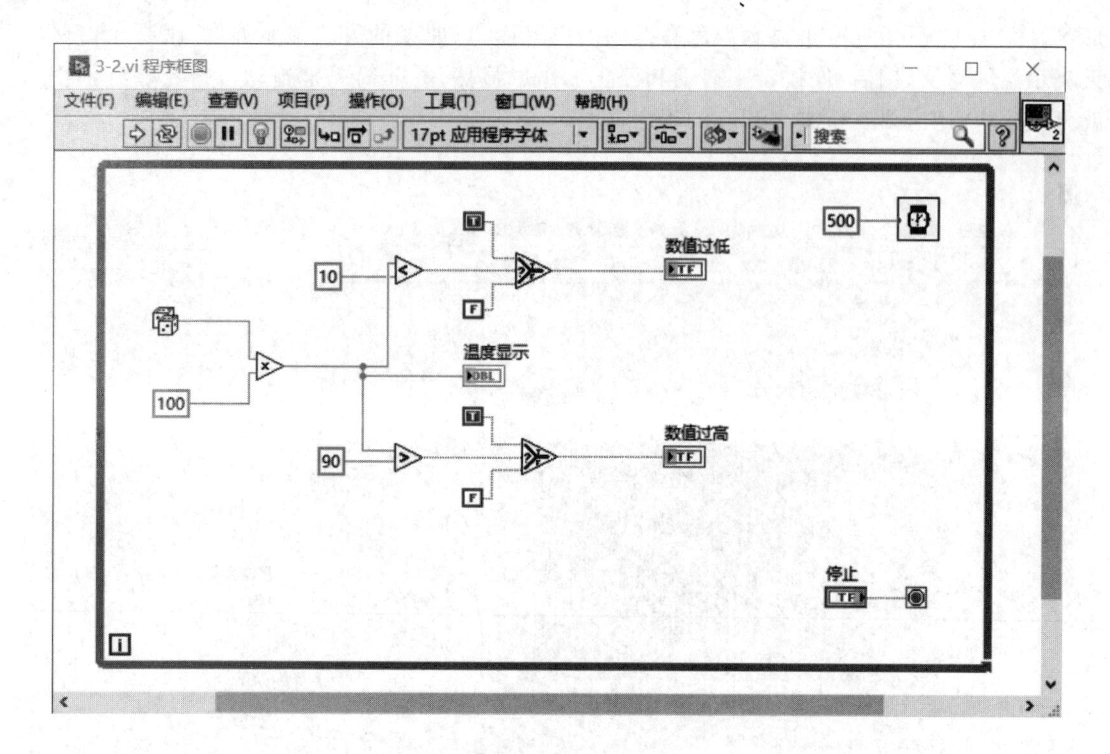

图 1.12 程序框图

3. 图标/连线板

VI具有层次化和结构化的特征。当一个VI作为子程序被调用时,就称其为子VI(subVI),此时右上角的图标/连线板(见图1.13)就很关键。图标相当于图形化的参数,连线板是一组VI中的输入/显示控件对应的连线端,类似于文本编程语言中的函数调用参数表。右击前面板右上角中的图标即可访问它们。

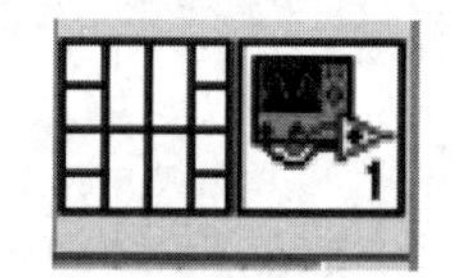

图 1.13 图标/连线板

1.4.2 子 VI

图1.14所示是一个将华氏温度与摄氏温度进行转换的程序,前面板的连线板表明它是一个子VI。

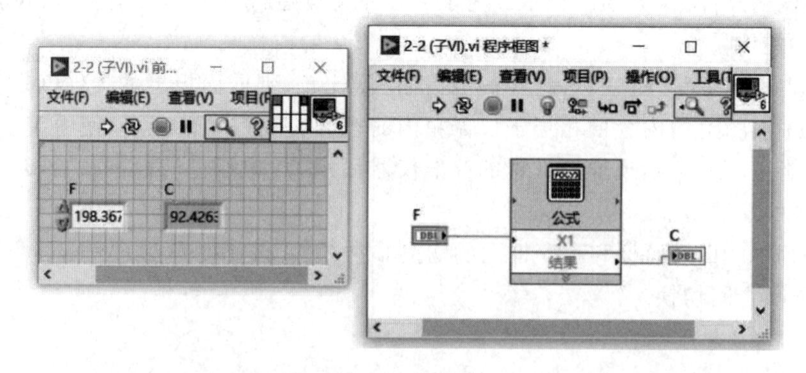

图 1.14 温度转换子 VI

1.5　编写一个 VI 小程序

编写一个 VI 程序:求三个数的平均值。

1.5.1　程序编写

前面板:

选择“控件选板(新式)”→“数值”子选板→命令,然后输入控件数值 1、数值 2、数值 3,数值显示控件(结果)如图 1.15 所示(右上角的连线板说明它是一个子 VI)。

程序框图:

选择“函数选板(编程)”→“数值”子选板,然后选择加法计算器 2 个、除法运算器 1 个、常量 1 个。

连线:

用连线工具(表 1.1 中第 4 个工具)将所有的接线口连接。

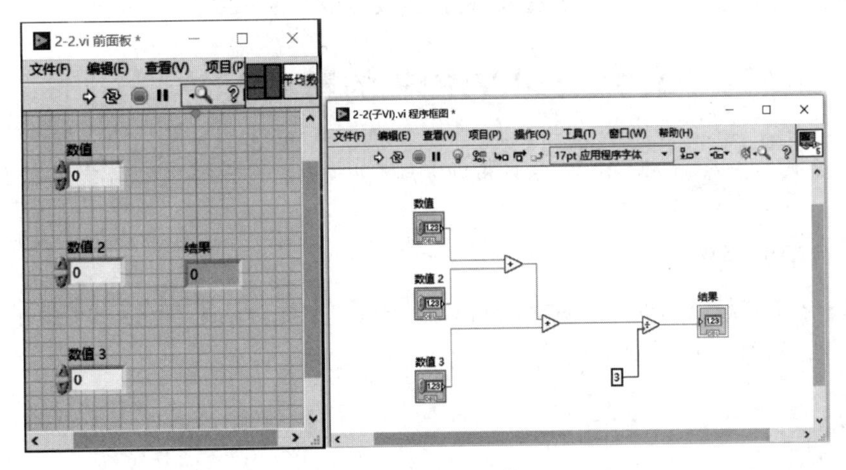

图 1.15　求平均值的 VI

1.5.2　VI 调试

单击工具栏中的第一个单箭头工具,运行一次,结果如图 1.16 所示。

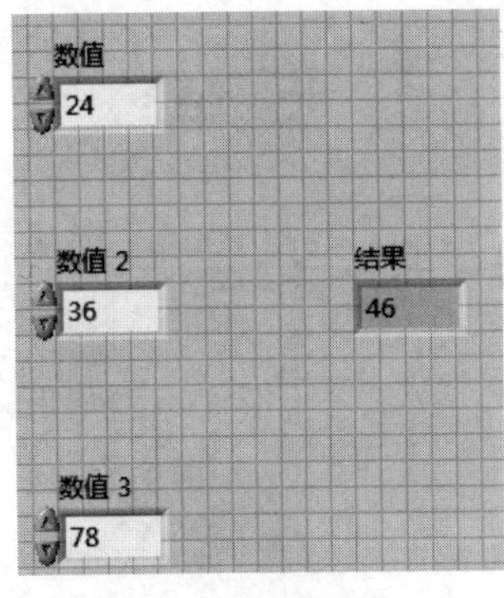

图 1.16　运行结果

1.6 LabVIEW 2018 新特性

LabVIEW 2018 新特性如下：

① 可针对不同数据类型自定义自适应 VI。

② 使用用于 LabVIEW 的命令行接口运行操作。

③ 可从 LabVIEW 调用 Python 代码。

④ 提供更多创建自定义类型的方式，可将自定义控件的所有实例链接到已保存的自定义控件文件。

⑤ 比较选板新增检查类型子选板。使用“检查类型”VI 和函数可强制让自适应 VI 只接受满足特定要求的数据类型。

⑥ 新增用于格式化文本的键盘快捷键：

＜Ctrl＋B＞ 加粗文本； ＜Ctrl＋I＞ 斜体文本； ＜Ctrl＋U＞ 下划线文本。

⑦ 函数选板中新增了错误寄存器，以简化并行 For 循环的错误处理。

⑧ 比较子选板新增检查类型子选板，检查连接类型是否一致。

1.7 LabVIEW 的帮助系统

与 Office 软件一样，LabVIEW 也有帮助系统（如图 1.17 所示），单击菜单栏下的帮助即可显示。

1. 即时帮助系统

在图 1.17 中选择显示即时帮助，将鼠标指针停在“文件对话框”上会出现提示，指明各个接线端的功能，如图 1.18 所示。

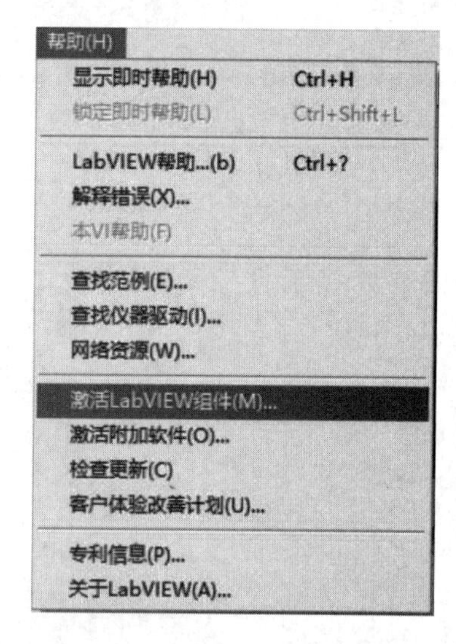

图 1.17 LabVIEW 的帮助系统

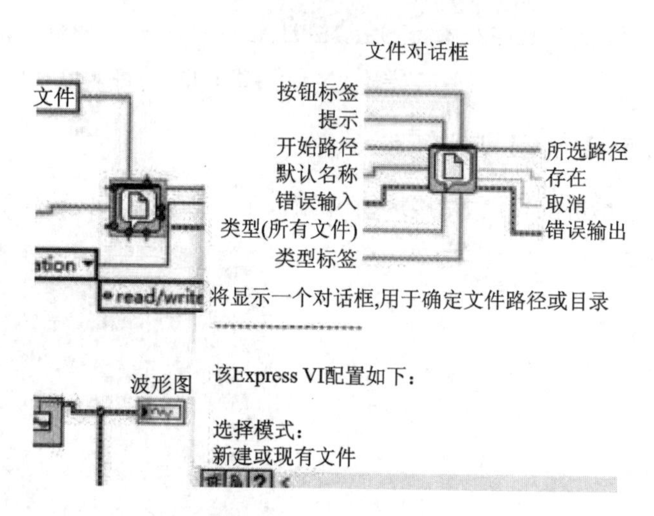

图 1.18 LabVIEW 即时帮助系统

2. 在线帮助

在图1.17中选择网络资源，可获得在线帮助信息。

3. 系统范例

在图1.17中选择查找范例，会出现软件自带的例子，如图1.19所示。

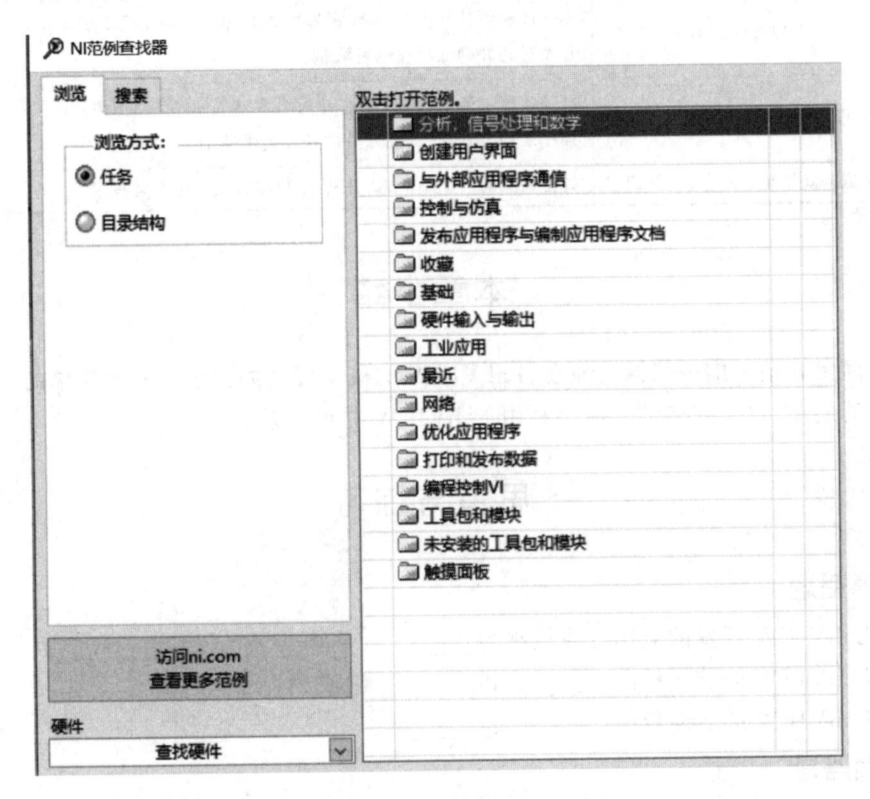

图1.19 LabVIEW帮助系统下的范例

4. LabVIEW网络学习交流

现有许多网络学习交流论坛，许多学习资源可以直接下载，有问题也可以论坛里请求解答。常用的虚拟仪器论坛有：

http://www.vihome.com.cn/ 虚拟仪器家园；

https://forums.ni.com/?profile.language=zh-CN NI在线社区；

http://www.labview.help/ LabVIEW社区；

http://bbs.elecfans.com/ 电子发烧友论坛。

5. LabVIEW认证

为了证明开发者掌握LabVIEW的技能水平，NI公司提供了LabVIEW的认证，包括三个认证等级：助理开发工程师、开发工程师和程序架构师，一个专业技术认证：嵌入式系统开发专家。如表1.2所列。

表 1.2 LabVIEW 认证

认证名称	能力要求	技能水平
LabVIEW 助理开发工程师(CLAD)	非常了解 LabVIEW 工作环境、对最佳的编码和文档编制有基本认知,能够理解和解释代码	初级
LabVIEW 开发工程师(CLD)	不仅能够设计和开发函数式程序,而且能够最大程度缩短开发时间并确保程序的可维护性	中级
LabVIEW 程序架构师(CLA)	已经掌握了最高技能,能够针对各种严苛的要求设计应用程序架构,为团队其他人员的开发提供基础	高级
LabVIEW 嵌入式系统开发专家(CLED)	具备娴熟的大中型 LabVIEW 控制和监测应用开发技术	专项技能

本章小结

本章简要介绍了虚拟仪器的概念、LabVIEW 的概念以及如何创建一个简单的 VI(菜单栏与工具栏的使用)等。在初学时应多利用 LabVIEW 的帮助系统。

思考与练习

1. 填空题

(1) LabVIEW 开发的应用程序被称为________,它由________和________组成。

(2) LabVIEW 的前面板由________和________组成。

(3) LabVIEW 的后面板由________、________、________、________和________组成。

2. 简答题

(1) 什么是虚拟仪器技术,虚拟仪器相对于传统仪器的优势在哪里?

(2) 试列举虚拟仪器的特点。

(3) 为什么 LabVIEW 可以成为著名的虚拟仪器开发平台?

(4) 用哪个快捷键可以快速切换 LabVIEW 程序的前面板和后面板?

3. 实操题

(1) 上网搜索并了解虚拟仪器技术的特征以及相对于传统仪器的优势。

(2) 在网上搜索 LabVIEW 的主要应用领域。

(3) 设计一个液罐报警程序(练习控件和连线端子,以及简单函数的使用),其前面板与程序框图如图 1.20 和图 1.21 所示。

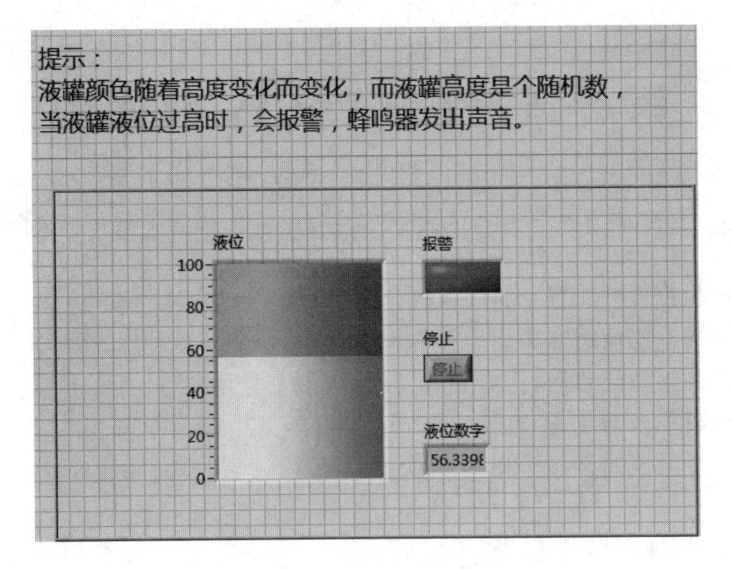

图 1.20　液灌报警 VI 的前面板

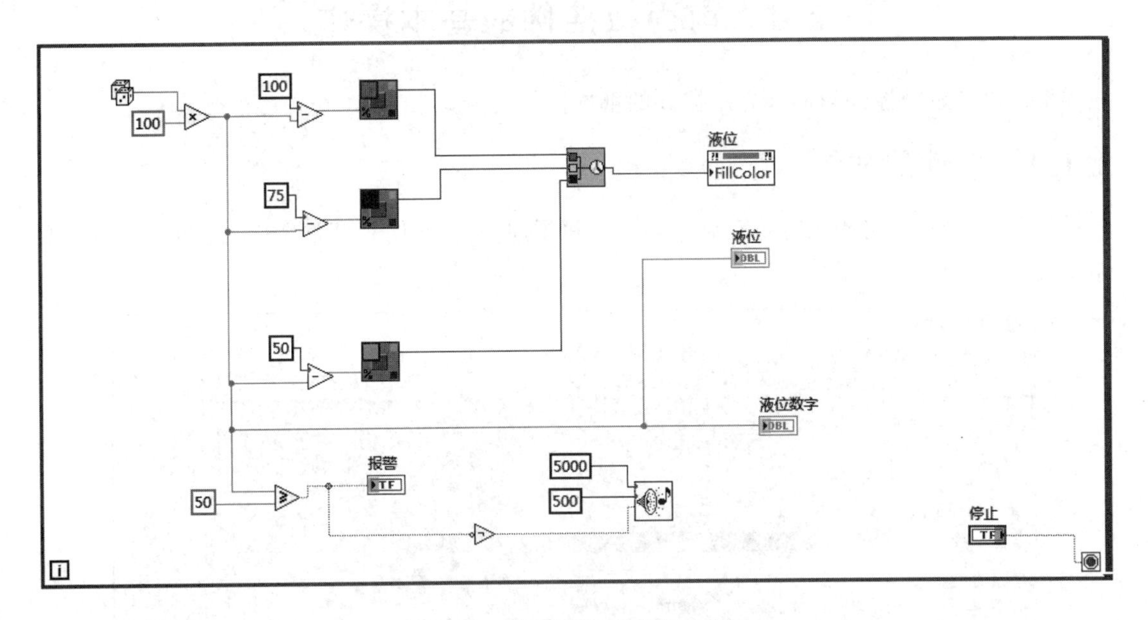

图 1.21　液灌报警 VI 的程序框图

第 2 章　LabVIEW 前面板

学习目标

- 掌握前面板控件的放置与属性设置；
- 掌握常用控件的使用方法；
- 掌握控件的排列与布局；
- 了解前面板的修饰。

实例讲解

- 交通灯.vi 的前面板设计。

2.1　前面板控件的基本操作

下面以布尔型控件为例来介绍控件的基本操作。

2.1.1　控件的放置

如图 2.1 所示，将指示灯拖动到前面板。每添加一个控件，程序框图中也会增加其对应的连线端子。

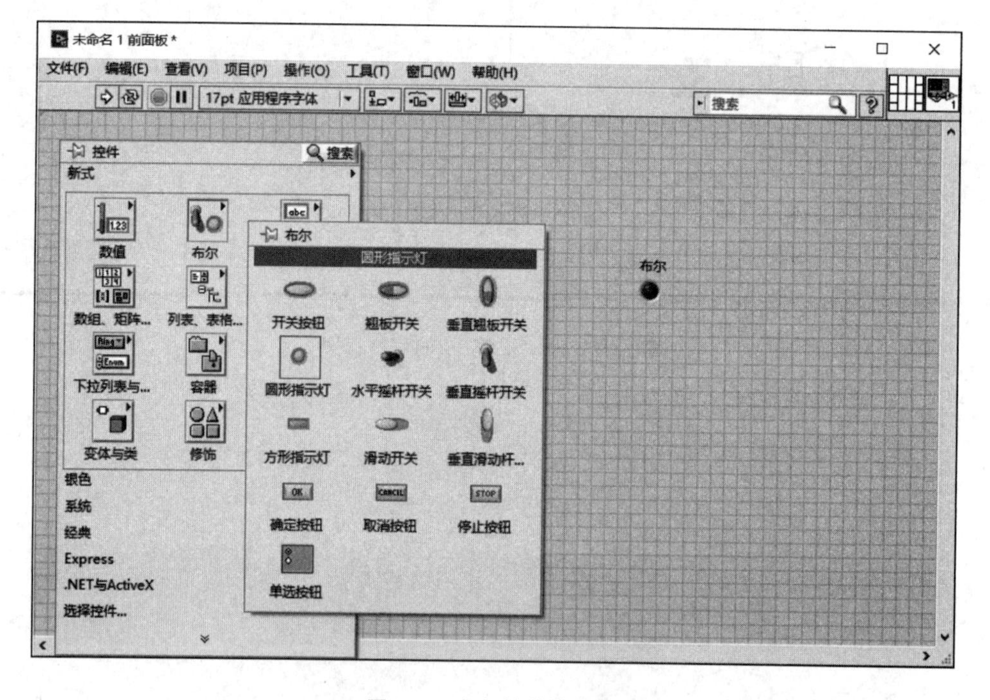

图 2.1　布尔控件的放置

2.1.2　控件的基本操作

在图 2.1 中，右击控件，弹出基本操作菜单，显示可对布尔控件进行的操作（见图 2.2），与 Office 软件中的操作很像。注意：不同类型的控件，右击弹出的快捷菜单会有所不同。

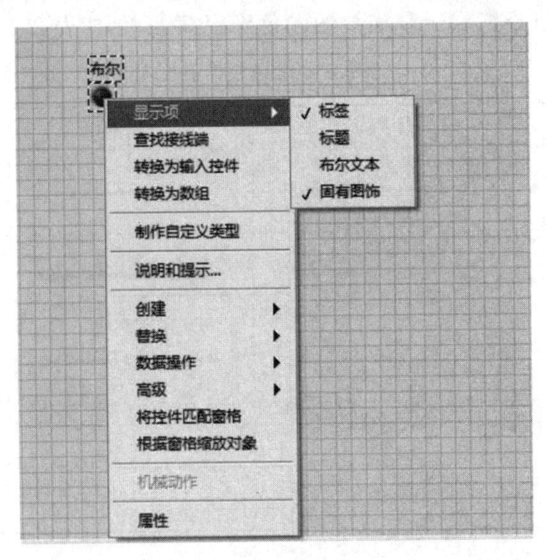

图 2.2　布尔控件的基本操作

2.1.3　控件的属性设置

在图 2.2 中，选择"属性"命令将弹出属性对话框（如图 2.3 所示），可设置外观等。若选中"显示布尔文本"复选框，则当灯亮/灭时将显示开时文本/关时文本。

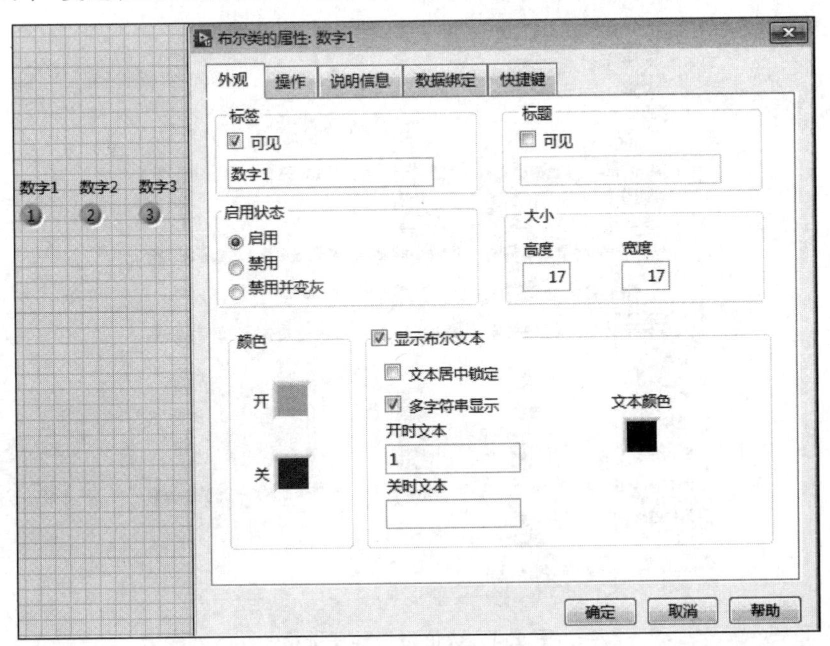

图 2.3　布尔控件的属性设置

2.2 常用控件的使用

常用控件可分为数值型(整数、浮点数)、文本型(字符串、文件路径)、布尔型(逻辑量)、图形控件 4 种类型,可通过连线端子和连线的颜色确定其类型,如表 2.1 所列。

表 2.1 常用控件类型

类型	颜色	标量	一维数组	二维数组
整数 (I16、I32、I64)	蓝色			
浮点数 (DBL)	橙色			
逻辑量 (TF)	绿色			
字符串 (abc)	粉色			
文件路径	粉色			

1. 数值型控件

选择“控件选板(新式)”→“数值子选板”可查看具体项目,如图 2.4 所示。数值型控件分为两类,即输入型和显示型,分别对应于普通编程语言中的输入参数和输出参数。可见,输入型控件是由用户输入数值;显示型控件是由程序运行得出结果,不能人为在前面板修改。右击

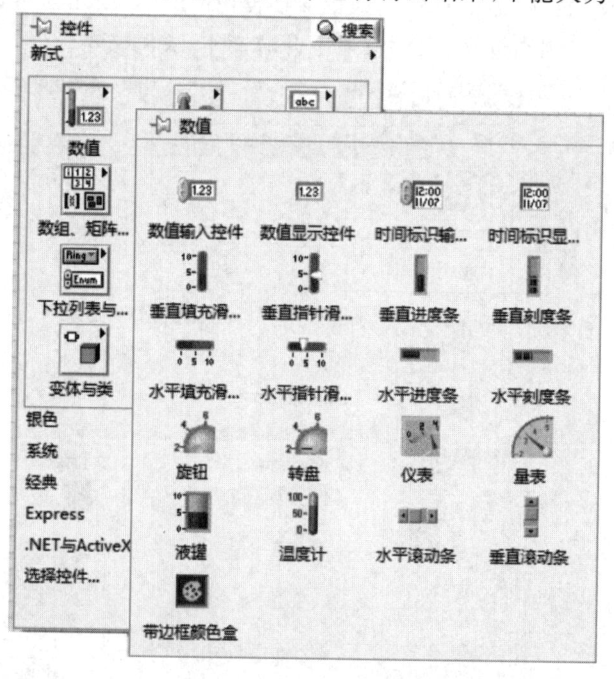

图 2.4 数值型控件子选板

控件，选择转换为输入（显示）控件即可进行这两类控件的相互转换，如图 2.5 所示。

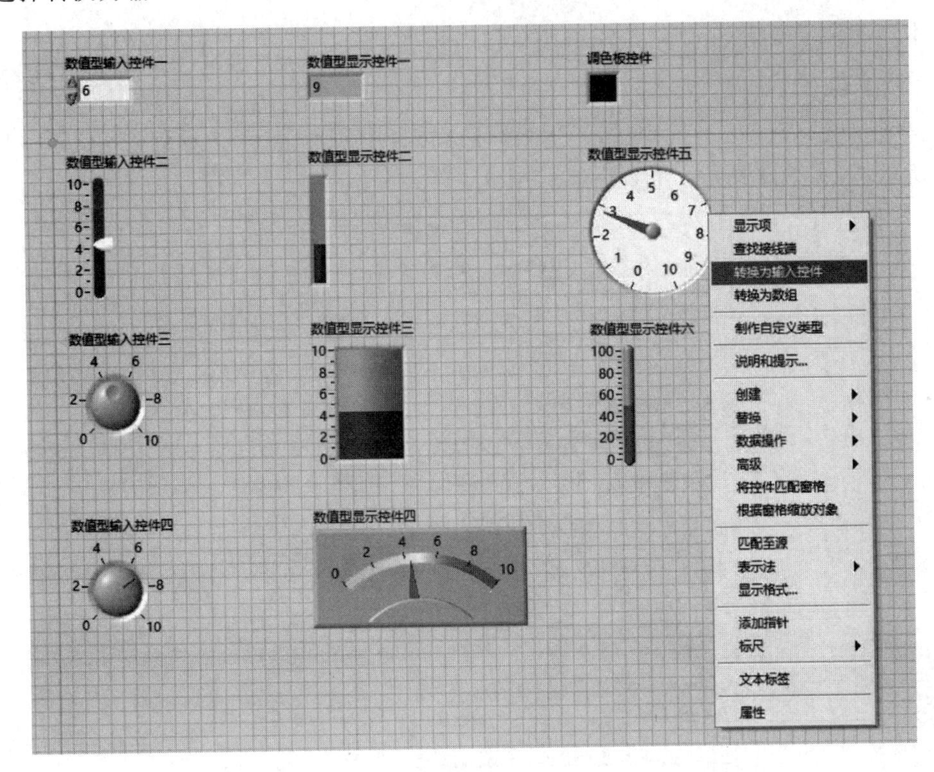

图 2.5　数值型控件类型转换

还有一类数值型控件比较特殊，在“控件选板（新式）”的“下拉列表与枚举”子选板中都有下拉选项，如图 2.6 所示。若需要分别显示三角波、正弦波、方波，则右击“枚举”控件选择编辑“项”添加波形，如图 2.7 所示。

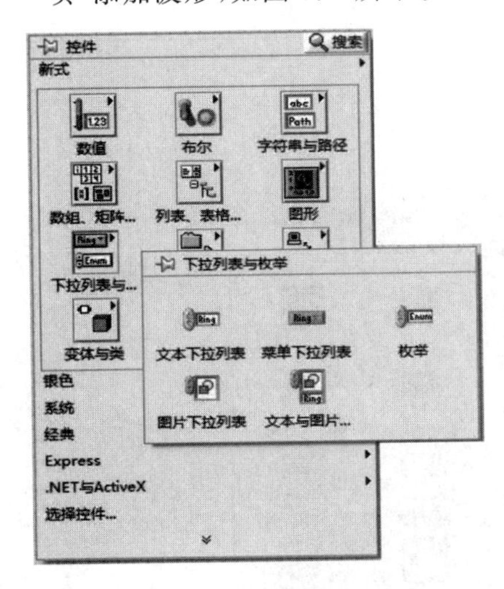

图 2.6　“下拉列表与枚举”子选板

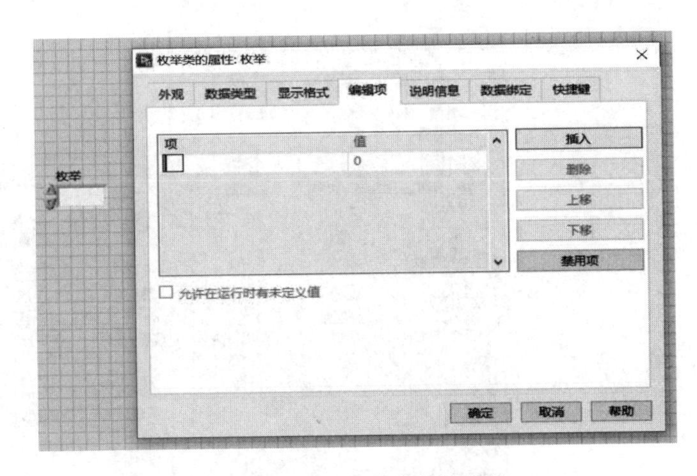

图 2.7　枚举型控件的编辑项

2. 文本型控件

文本型控件主要指字符串，将在第 4 章和第 8 章中学习。

3. 布尔型控件

单击“控件选板(新式)”→布尔子选板，可查看具体项目，包含指示灯、开关及按钮等，如图 2.8 所示，其属性设置见 2.1.3 小节。

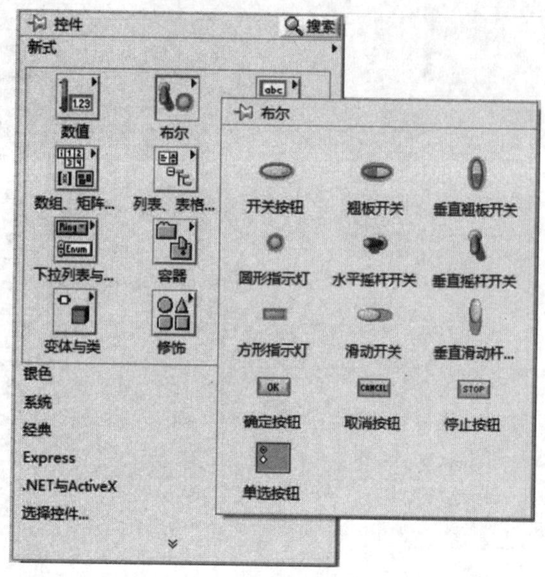

图 2.8 布尔型控件子选板

4. 图形控件

若需要显示曲线，则要用到图形控件。单击“控件选板(新式)”→“图形”子选板可查看具体项目，包含波形图表、波形图等，如图 2.9 所示。

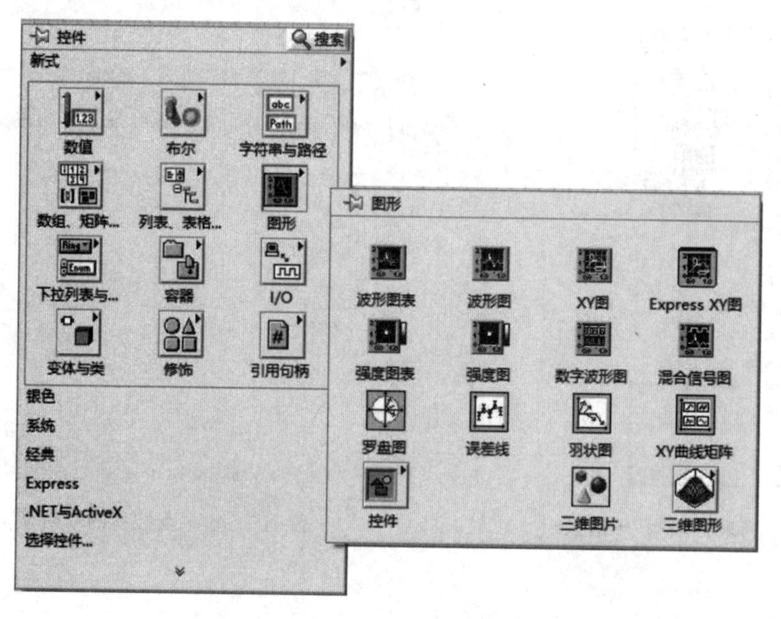

图 2.9 图形控件子选板

2.3　控件的排列与布局

以数值型控件为例学习控件的排列与布局，完成后的效果见图 2.10。首先，找出这 11 个控件，拖动到前面板，程序框图中将出现对应的 11 个连线端子，它们都是杂乱无序的。接下来，按控件排列、分布、组合与排序进行处理。

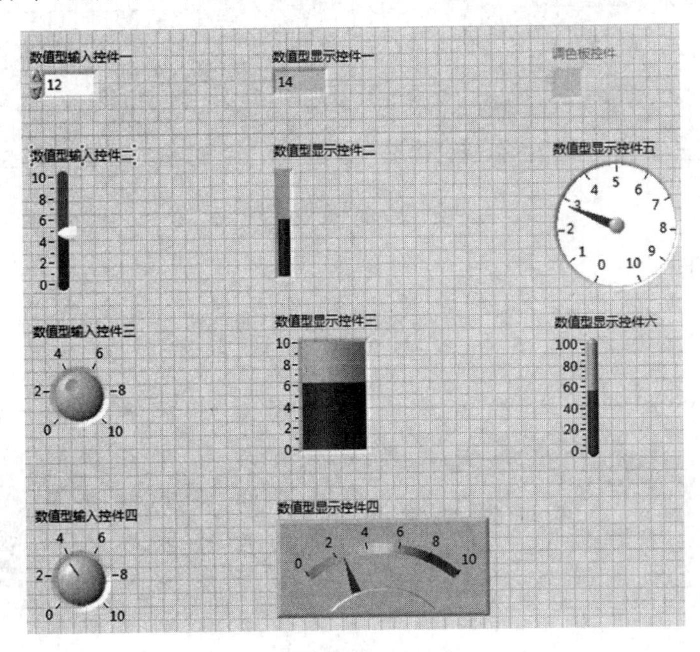

(a) 数值型控件的排列

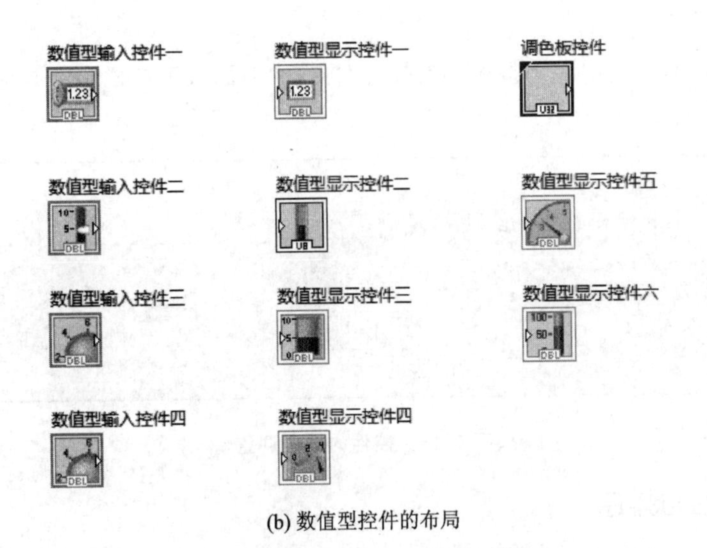

(b) 数值型控件的布局

图 2.10　数值型控件的排列与布局效果图

1. 控件排列

如图 2.11 所示，先选中要排列的控件，再选中前面板工具栏中对齐栏，即可对控件进行排列。

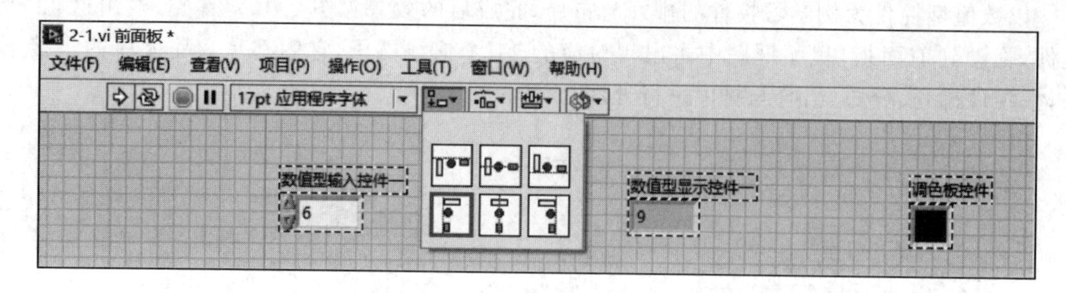

图 2.11 控件的排列

2. 控件分布

如图 2.12 所示，先选中要重新分布的控件，再选中前面板工具栏中的分布选项，即可对控件等间距排列。

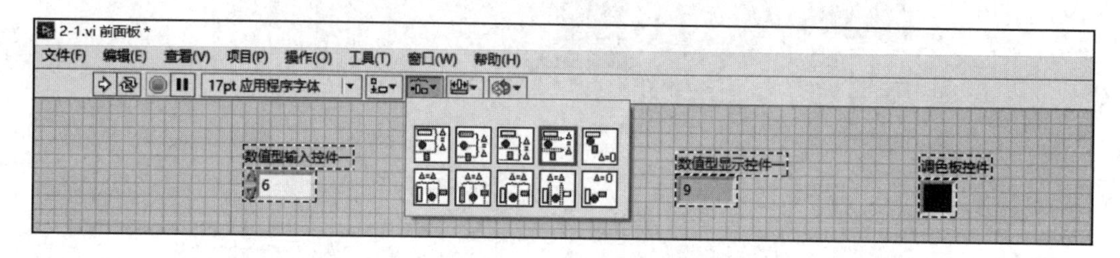

图 2.12 控件的分布

3. 调整控件大小

如图 2.13 所示，先选中要调整大小的控件，再选中前面板工具栏中的调整大小选项，即可按需要调整大小。

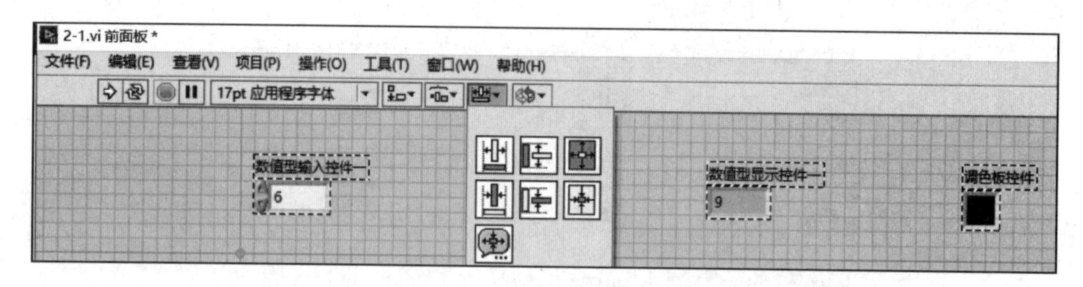

图 2.13 控件的大小调整

4. 控件组合与排序

如图 2.14 所示，先选中待组合与排序的控件，再选中前面板工具栏中的组合工具选项，即可进行组合与排序，组合工具选项下具体包含组、锁定、移至前面(顶层)、移至后面(底层)等选项。

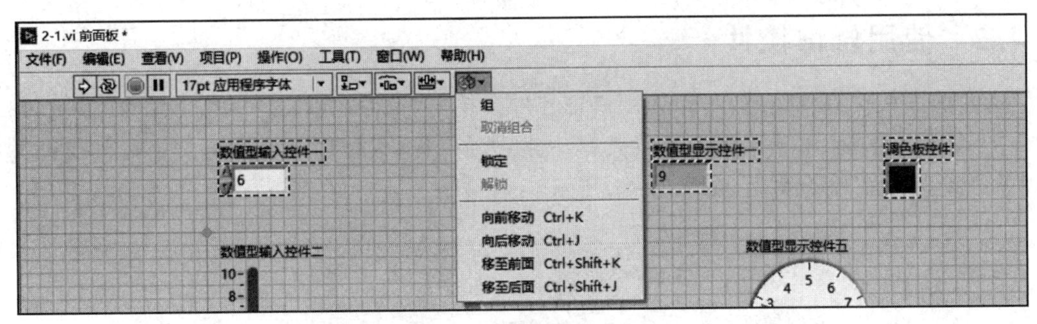

图 2.14　控件的组合

2.4　前面板的修饰

为使前面板更加美观，可设置颜色与字体，并使用修饰控件进行调整。

2.4.1　颜色及字体设置

LabVIEW 中各控件颜色、字体设置与 Office 软件操作相同。如图 2.15 所示，在工具栏中选中应用程序字体栏，弹出下拉菜单，可按需要进行选择设置。

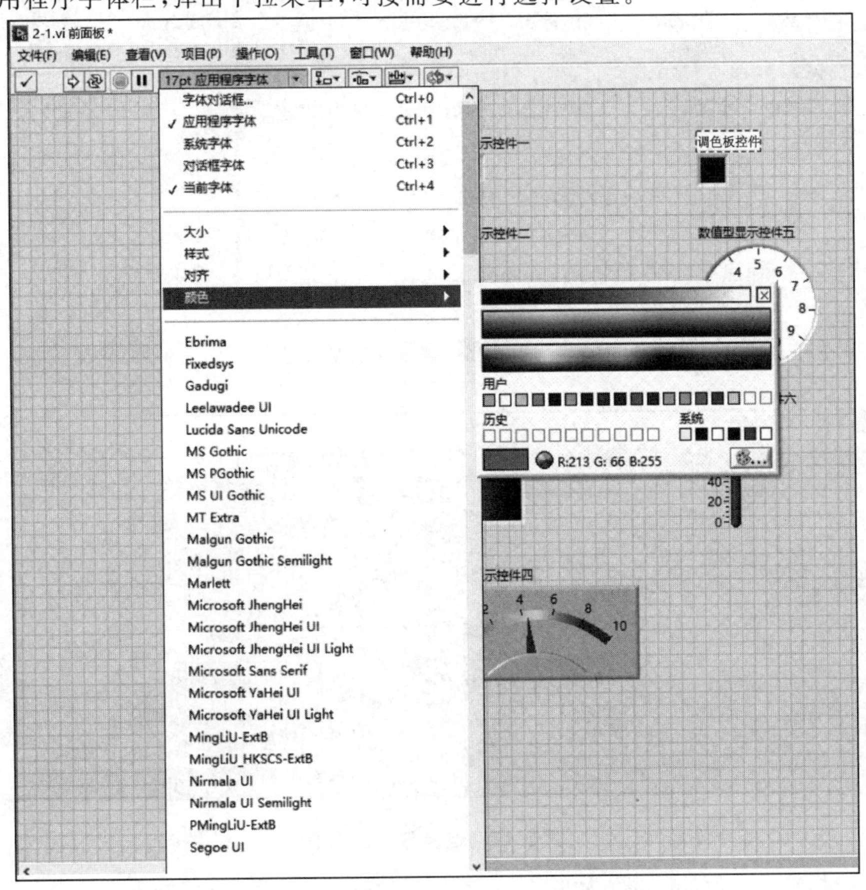

图 2.15　前面板控件的颜色及字体设置

2.4.2 使用修饰控件

为使前面板更有立体感，可以使用修饰控件。单击"控件选板(新式)"→"修饰"子选板，如图2.16所示。选择"垂直平滑盒"，将其移动至"数值型输入控件一"上，再选中控件组合与排序中的"移至后面"命令即可，如图2.17所示。

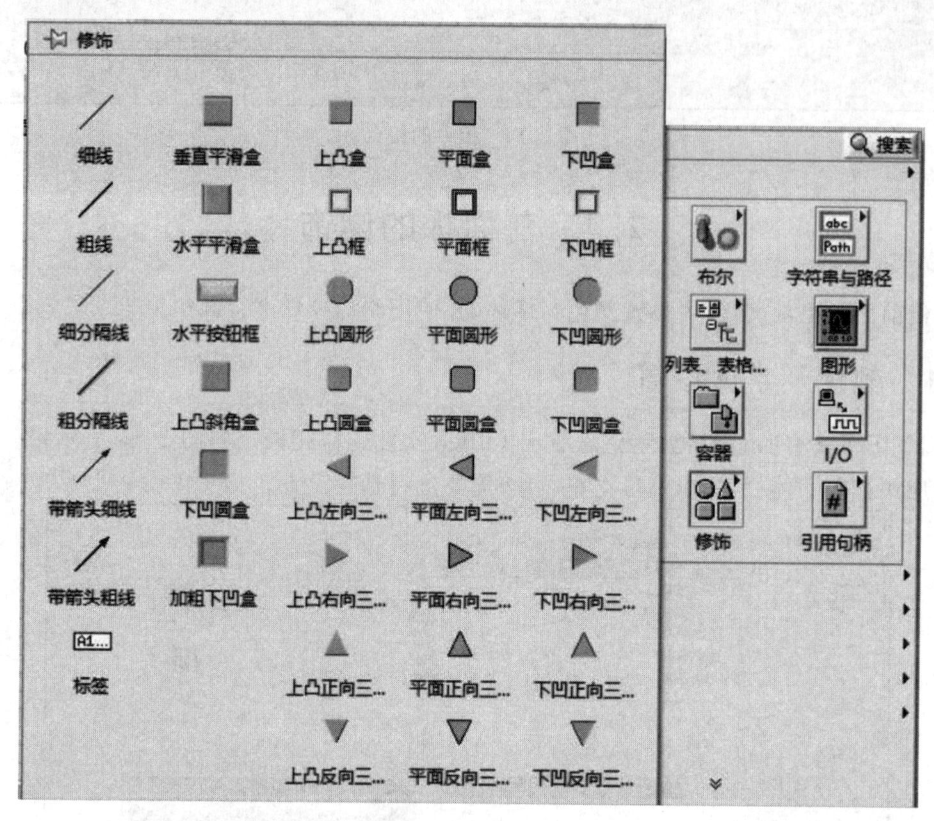

图2.16 修饰子选板

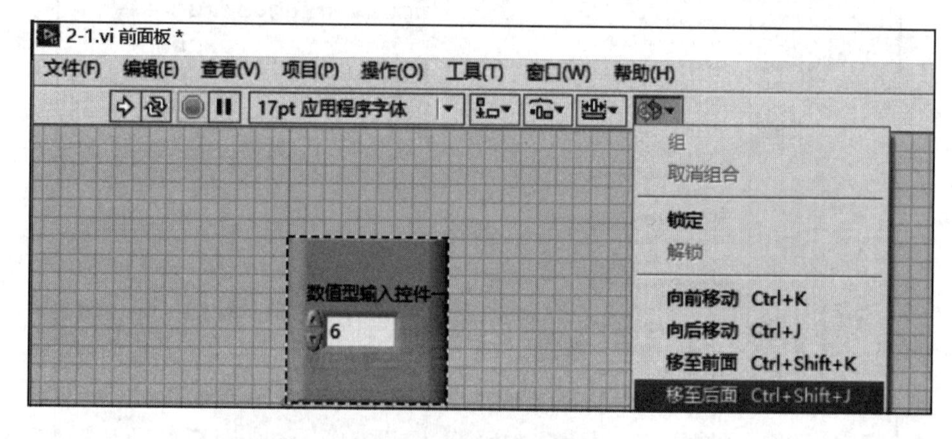

图2.17 组合与排序工具

2.5　交通灯的前面板设计

用前面所学知识完成交通灯的前面板设计。参考设计如图 2.18 所示,图上的主要控件有指示灯(布尔控件)、数值显示型控件和修饰控件。

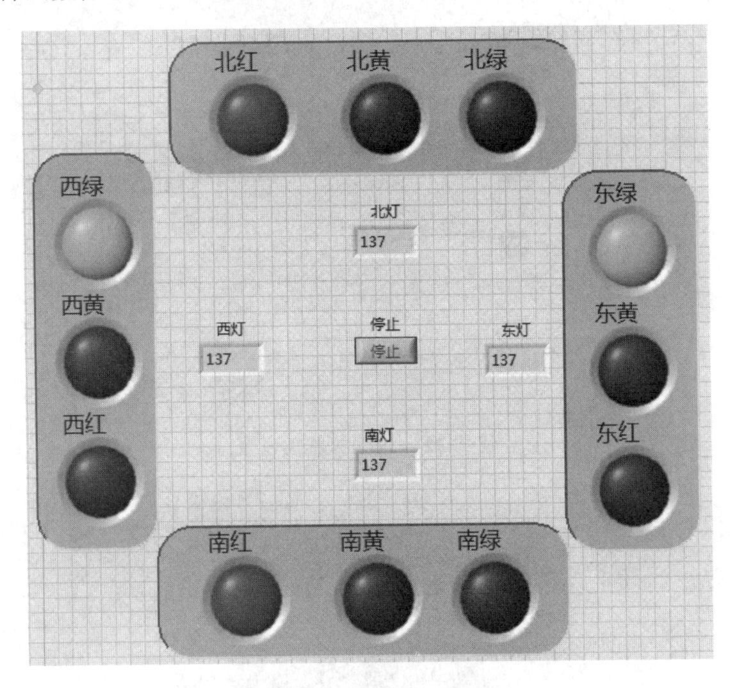

图 2.18　交通灯前面板设计图

操作步骤如下(以北灯为例):

① 拖动一个布尔灯到前面板。为使三个灯的大小相同,建议使用“编辑”菜单下的“复制”与“粘贴”命令,如图 2.19 所示。

② 组合北灯。使用组合工具,如图 2.20 所示。

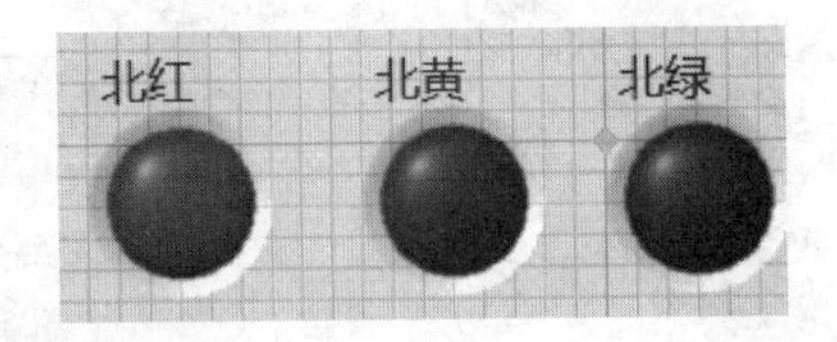

图 2.19　北灯设计

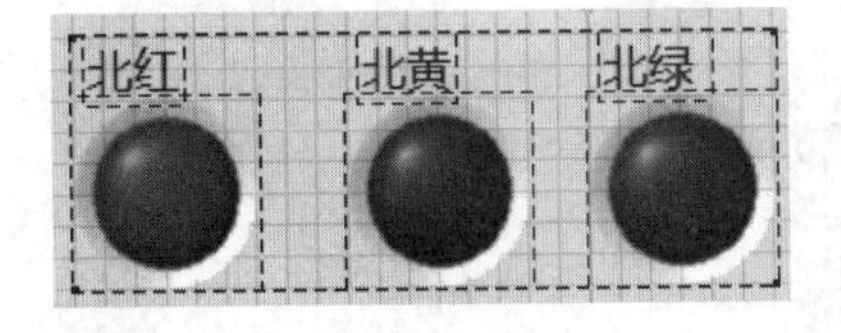

图 2.20　北灯的组合

③ 设置北灯属性。右击布尔灯,在“属性”快捷菜单中完成设置,如图 2.21 所示。

④ 添加修饰框,将北灯放入修饰框内,如图 2.22 所示。

⑤ 依次完成南灯、西灯、东灯的设计,如图 2.23 所示。

⑥ 添加显示计时的数值显示控件以及一个布尔停止按钮,此时设计完成,如图 2.24 所示。

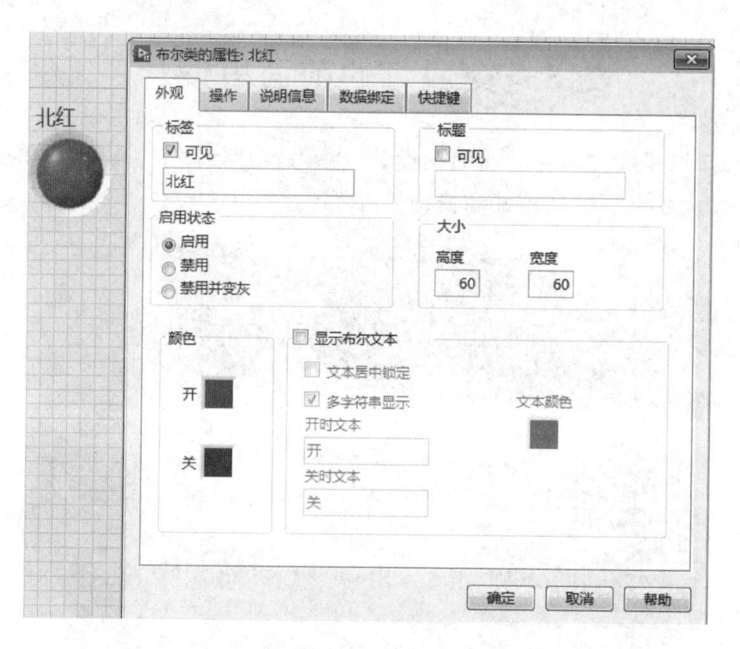

图 2.21　北灯的属性设置

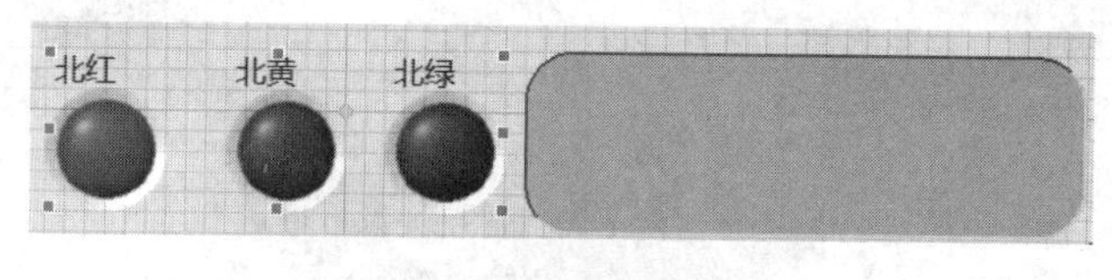

图 2.22　添加修饰框

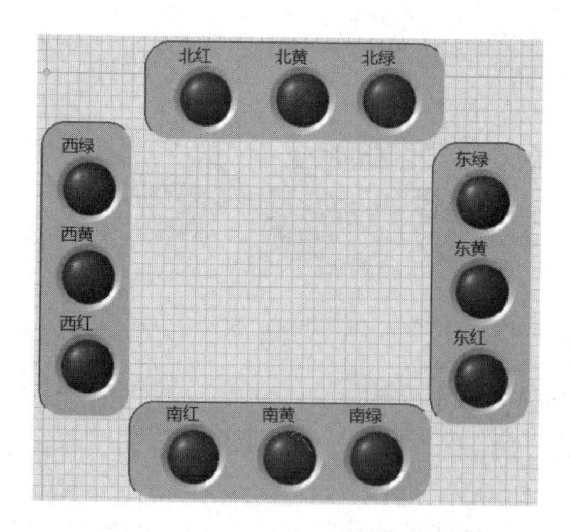

图 2.23　北灯、南灯、西灯、东灯的设计

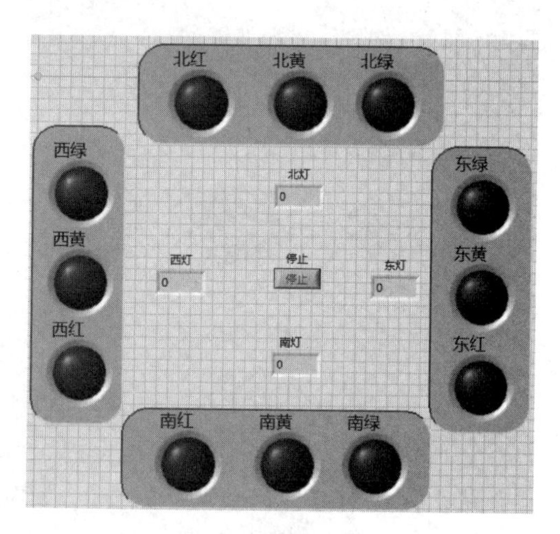

图 2.24　交通灯前面板设计完成图

本章小结

本章简要介绍了前面板控件的基本操作、常用控件的使用、各控件的排列与布局以及前面板的修饰，与 Office 软件的相应操作很像，都是在菜单及工具栏中进行选择、设置。

思考与练习

1. 完成数值型控件前面板设置，如图 2.25 所示。

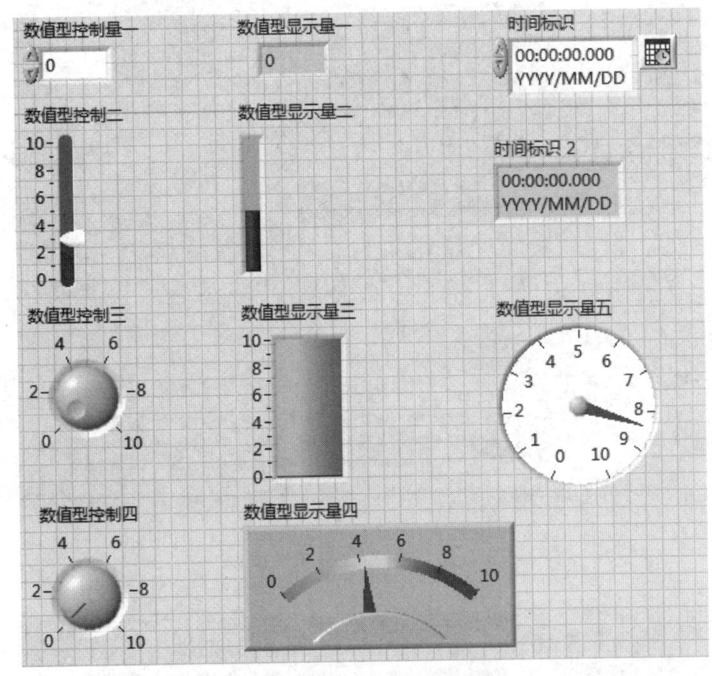

图 2.25　数值型控件前面板

2. 完成数字时钟的前面板设计，参考设计如图 2.26 所示。

图 2.26　数字时钟前面板设计

图中：数码管是布尔控件。为使每个数码管大小完全相同，使用“编辑”菜单中的“复制”“粘贴”命令；为使程序框图更简洁，将每8个数码管打包成一个簇整体（簇控件）。

3. 根据实验室用示波器，完成虚拟示波器的前面板设计，参考设计如图2.27和图2.28所示，图中采用选项卡控件。在发生器中，用枚举控件设置以下四种常用波形：锯齿波、三角波、方波、正弦波。

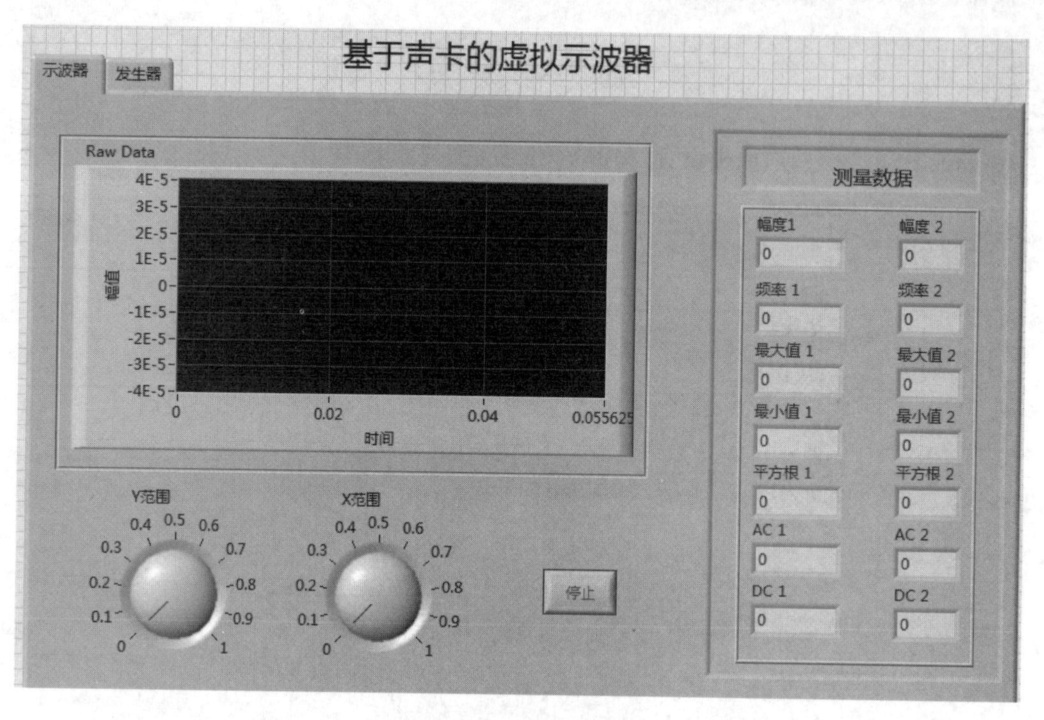

图 2.27　示波器前面板设计

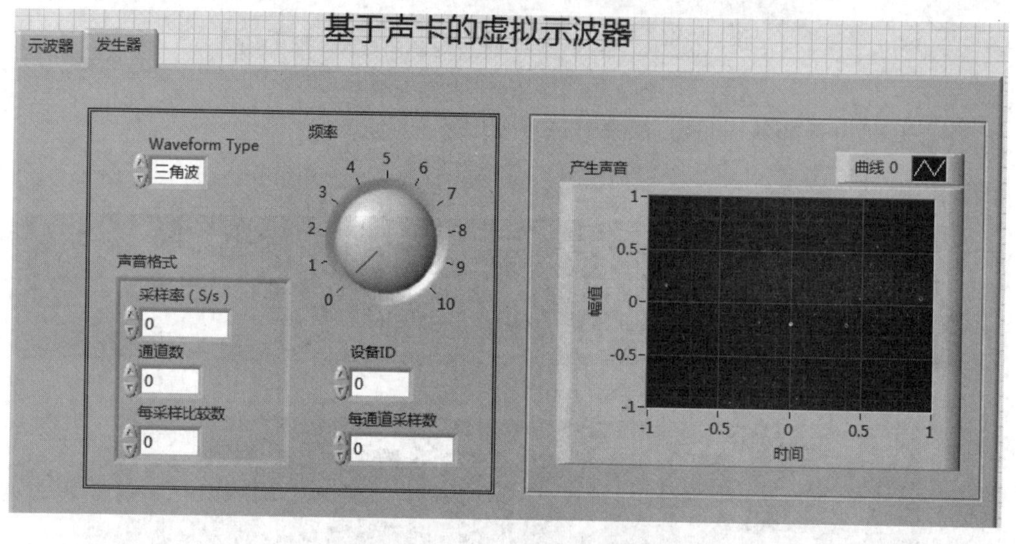

图 2.28　发生器前面板设计

第3章　程序框图设计

学习目标

- 掌握使用常用的数据运算方法；
- 会使用调试工具；
- 掌握创建全局变量和局部变量的方法；
- 掌握创建子 VI 的方法。

实例讲解

- 创建平均数子 VI。

3.1　数据类型及其运算

每种控件都有其对应的数据类型，而常量对象可看成是控制对象的一个特例。

3.1.1　数据类型

1. 常用数据类型

LabVIEW 前面板的所有控件，都会在程序框图中创建对应的图标（连线端子），端子的符号反映该对象的数据类型。例如，DBL 符号表示数据类型是双精度数；TF 符号表示布尔数；I16 、I32 符号表示 16 位、32 位整型数；ABC 符号表示对象数据类型是字符串等。

2. 常　量

每种数据类型都有其对应的常量，创建常量有两种方法，即由子选板拖动图标创建或者在右击快捷菜单选择相应的命令来创建。

3.1.2　数据运算

LabVIEW 中的数据运算包括基本数学运算、比较运算、逻辑运算。

1. 基本数学运算

LabVIEW 的数值子选板下有各类基本运算器和不同类型的数值常量（如图 3.1 所示），而且枚举与下拉列表常量也在内。更复杂的运算可在“编程”→“脚本与公式”子选板中，以及“数学”→“概率与统计”子选板中找到。

2. 比较运算

在 LabVIEW 的比较子选板中有大于、小于、最大值、最小值等比较器（如图 3.2 所示），更复杂的比较运算可在“数组”子选板中找到。

3. 逻辑运算

逻辑运算主要针对布尔量。在 LabVIEW 的“布尔”子选板中有“与”“或”“非”“异或”“与

非”“或非”等逻辑运算，以及真常量与假常量，如图 3.3 所示。

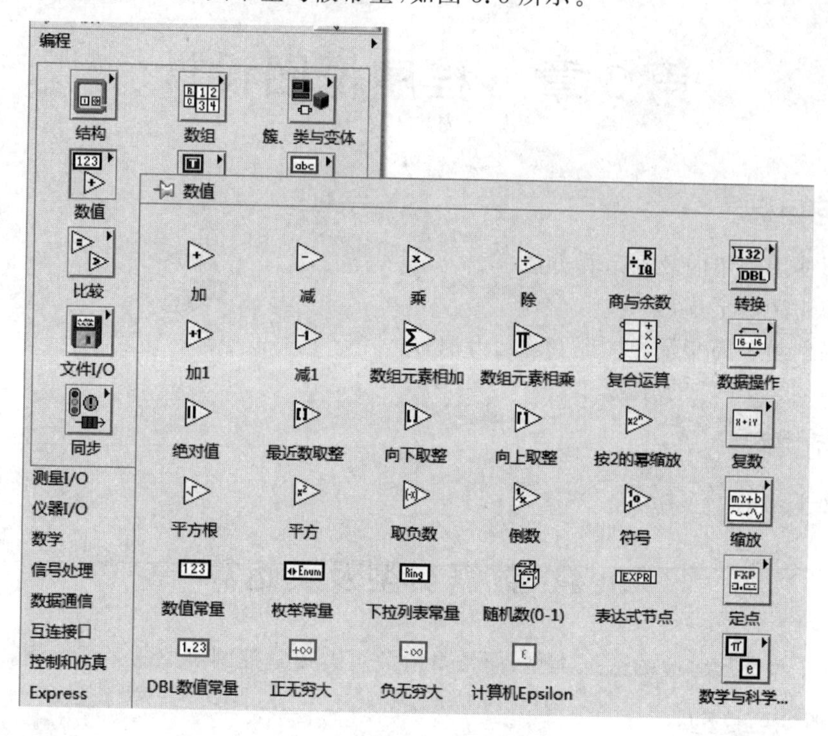

图 3.1　基本数学运算子选板

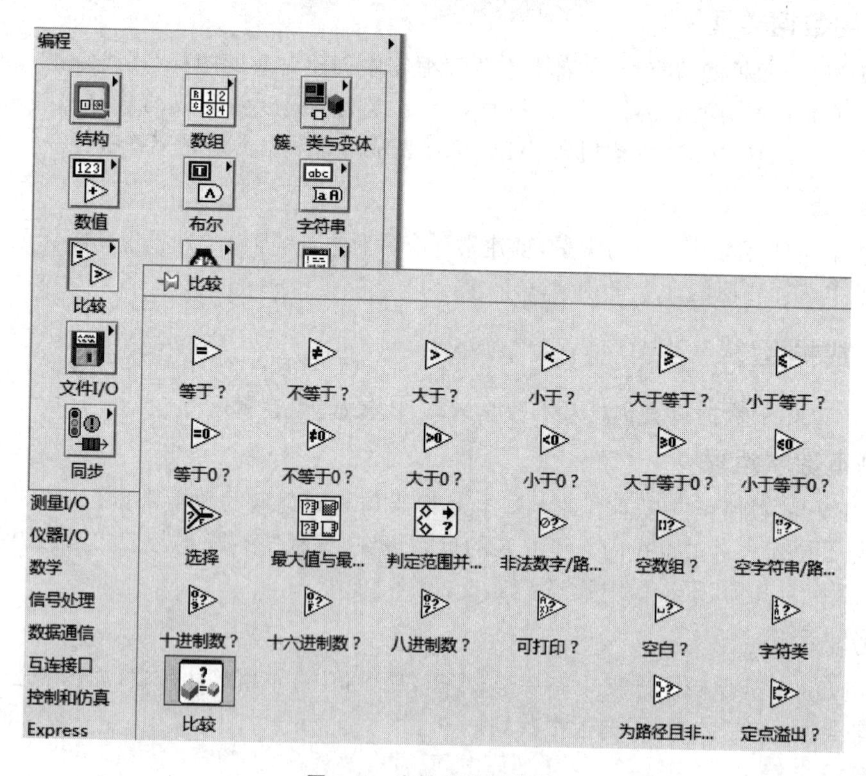

图 3.2　比较运算子选板

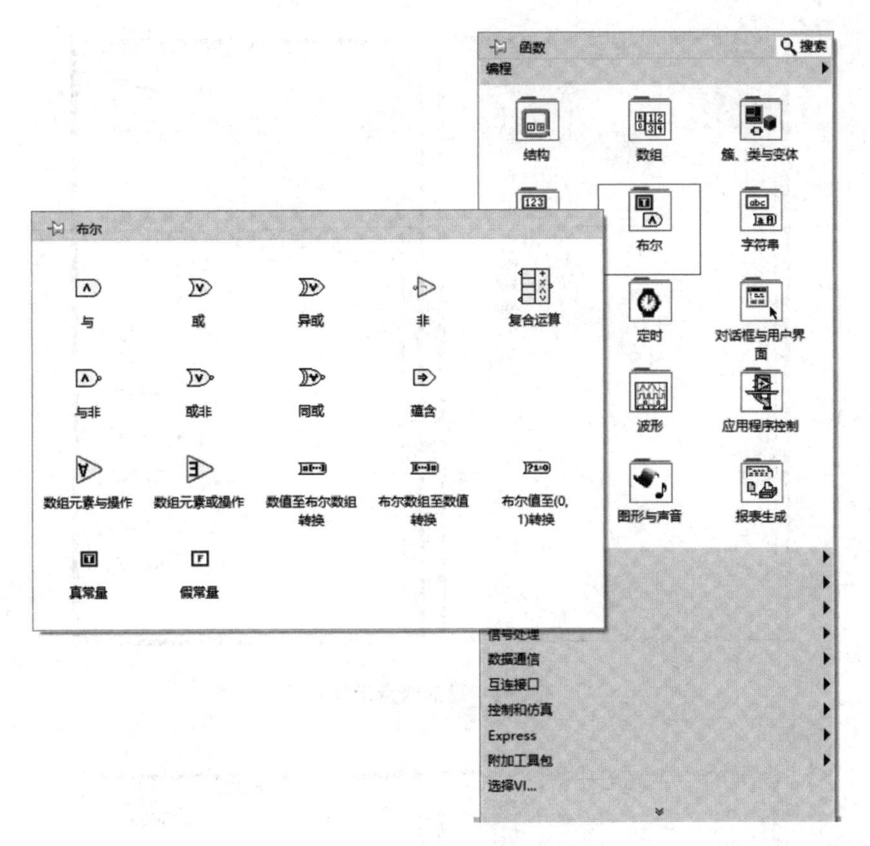

图 3.3 逻辑运算子选板

3.2 局部变量和全局变量

3.2.1 局部变量

LabVIEW 中,前面板中的一个控件对应程序框图中的一个连线端子。若要在同一个程序框图中多次用到同一个连线端子,则需要使用该连线端子的局部变量,如图 3.4 右半部分所示。创建局部变量的方法有多种,可进行右击连线端子→创建→局部变量操作创建,如图 3.5 所示;或者在编程子选板下选中局部变量,右击→选择项操作创建,如图 3.6 所示。

3.2.2 全局变量

若需要在不同 VI 间传递数据,就要用到全局变量。

示例:将平均数. vi 中的计算结果(a/b),通过全局变量传递到另一个 VI。

操作步骤如下:

① 逐级选择“编程”→“结构”→“全局变量”操作,如图 3.7 所示。

② 双击“全局变量”图标,打开“全局 10 前面板”(如图 3.8 所示),创建数值输入控件,保存为“变量 2”。

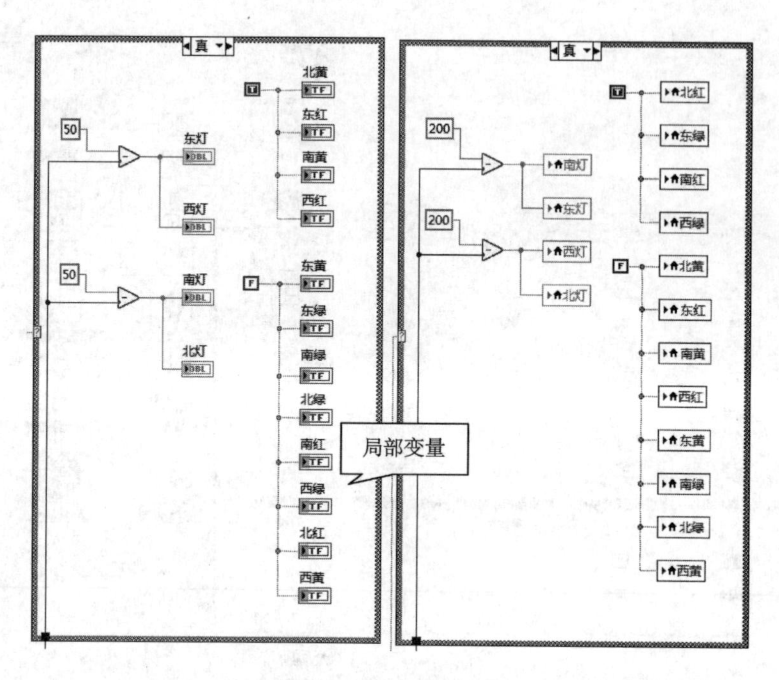

图 3.4　局部变量示意图

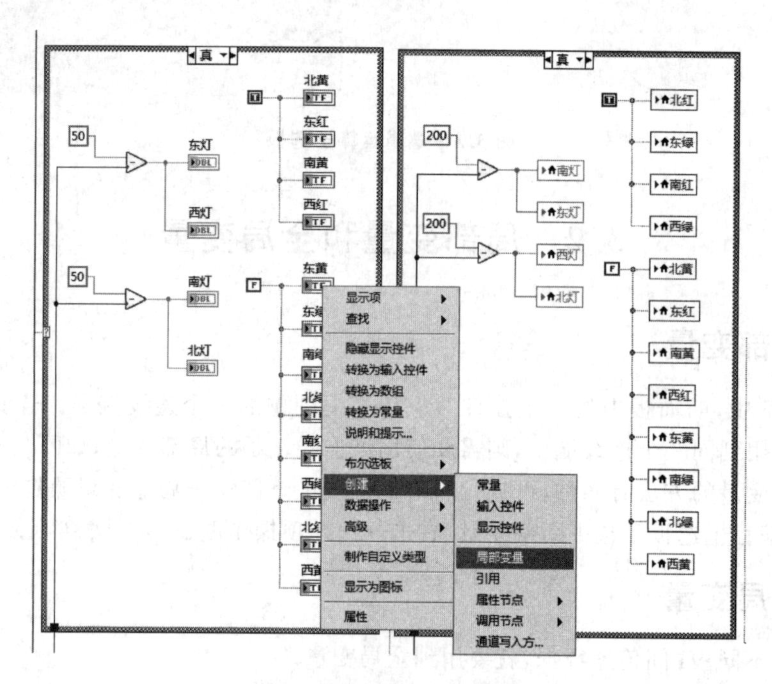

图 3.5　局部变量的创建方法一

图 3.6 局部变量的创建方法二

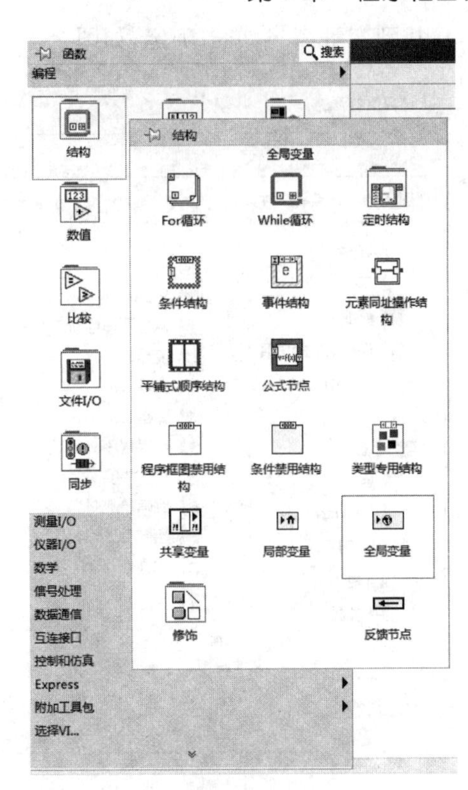

图 3.7 全局变量的连线端子

③ 在平均数.vi 程序框图中右击选择 VI，如图 3.9 所示。

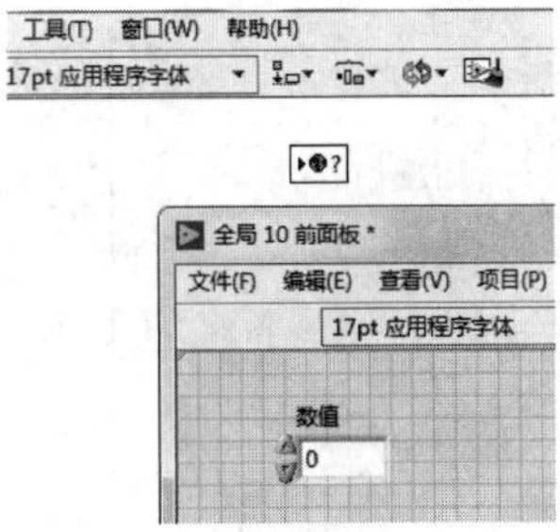

图 3.8 全局变量的前面板

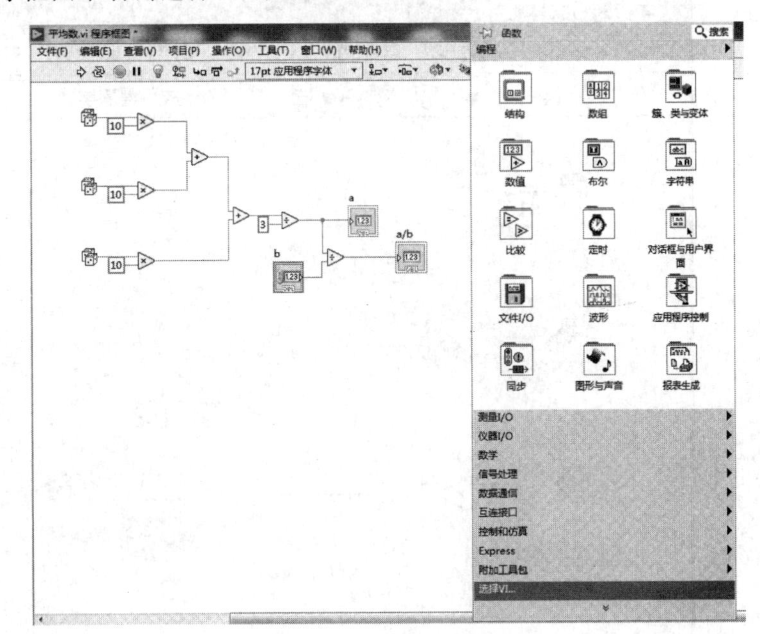

图 3.9 全局变量文件的选择

④ 找到变量 2. vi,单击确定,如图 3. 10 所示。

图 3.10　选中全局变量文件

⑤ 连线、完成创建,如图 3. 11 所示。

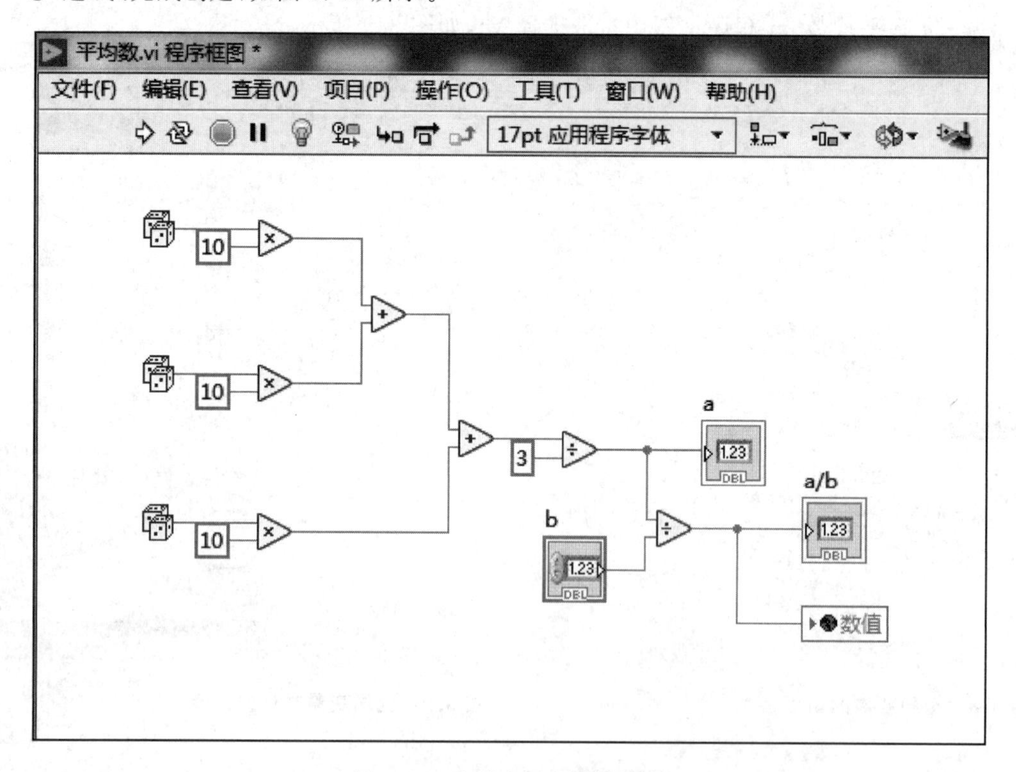

图 3.11　完成全局变量的创建

3.2.3 慎用局部变量和全局变量

局部变量和全局变量使编程更加灵活,但是应谨慎使用。

每一个局部变量和全局变量都是一份数据拷贝,使用过多局部变量会占用更多内存,尤其是当局部变量是数组这样的复合数据类型时。此外,局部变量会使程序的可读性变差,容易发生错误。

在多线程并行运行的程序中,局部变量还可能引起竞态条件。在图3.12中,无法确定两端并行代码的执行顺序,因此无法算出标签为 x 的输入控件中的最终值。一般可以使用顺序结构消除竞态条件。

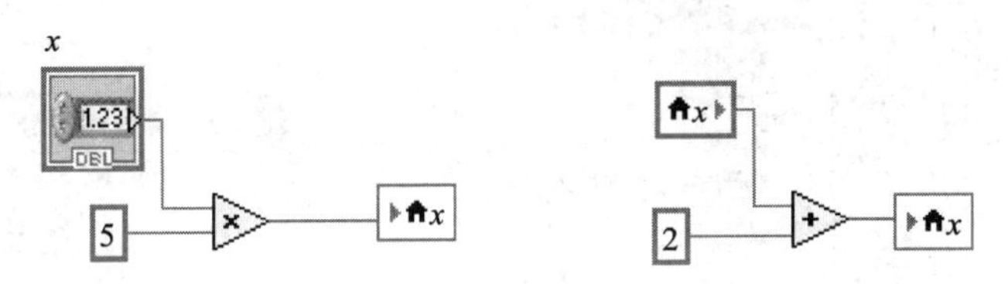

图3.12 局部变量引起的竞态条件

3.3 子VI的设计

在任意一个VI程序的框图窗口中,只要被调用的VI程序定义了图标和连线板端口,都可以把其他的VI程序作为子程序调用。

一个子VI程序,相当于普通程序的子程序。节点相当于子程序调用。子程序节点并不是子程序本身,就像一般程序的子程序调用语句并不是子程序本身一样。如果在一个框图程序中有几个相同的子程序节点,就像多次调用相同的子程序一样。注意:该子程序的拷贝并不会在内存中存储多次。

3.3.1 创建子VI

创建子VI有两种方法:设置连线板,编辑子VI图标;或者直接在程序框图中选定内容,单击编辑,选择创建子VI。

1. 设置连线板

在调用中,用图标表示子VI,因此必须要有一个正确连接连线端的连线板,用于和顶层VI交换数据。图3.13所示为连线板设置图。

连线板是一组接线端,是VI数据的I/O接口(前面板的每个控件都需要有一个连线端子),可以选择VI的端子数,并为每个端子指定对应的前面板控件。首先,右击前面板窗口中的连线板图标,打开快捷菜单;然后,按以下步骤进行设置:

(1) 选择模式

打开快捷菜单,单击选择模式进行选择。子VI最多可以用的接线端数为28个。

(2) 修改连线端模式

选择排列方式(水平翻转、垂直翻转等),单击带额外接线端的连线板模式(添加接线端),然后指定与公共输入端一致的连线板窗格。

(3) 指定接线端

一个接线端对应一个输入控件或显示控件，先单击接线端，再单击对应控件，如图 3.13 所示。

注意：可以选择接线端数量多于所需数量的模板，没有指定的接线端不会影响 VI 运行，且显示为白色，如图 3.14 所示。

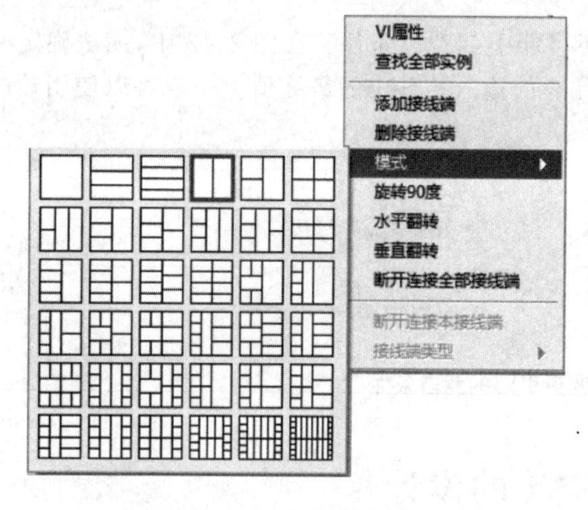

图 3.13　连线板设置

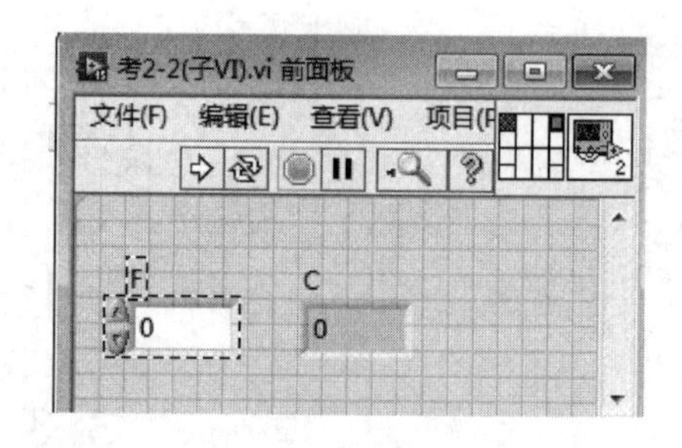

图 3.14　为控件指定接线端

(4) 设置输入和输出(必需、推荐和可选)

右击接线端，选择接线端类型。

① 必需：自动检测是否正确接入；若未接入，则阻止 VI 运行。

② 推荐：默认的类型，即使接线端未连接，VI 也运行，但出现警告信息。

③ 可选：连线端未连接时，VI 正常运行，不会出现警告信息。若接线端为输入端，则该接线端输入是默认值。

2. 编辑子 VI 图标

每个 VI 在前面板和程序框图的右上角都有一个默认的图标，编辑图标的方法为：右击默认图标，选择“编辑图标”命令进行编辑，如图 3.15 所示。

上述过程完成后便可保存文件。

3. 从选定内容创建子 VI

从选定内容创建子 VI，这是创建子 VI 的另一种方法。在程序框图中选择主 VI 的组件，将其组合成子 VI，进一步可创建层次化结构。

具体步骤如下：先选择定位工具，再选中转换成子 VI 的代码，然后选择“编辑”菜单中的“创建子 VI”命令，如图 3.16 所示。

完成后保存文件即可。

(a) 操作命令

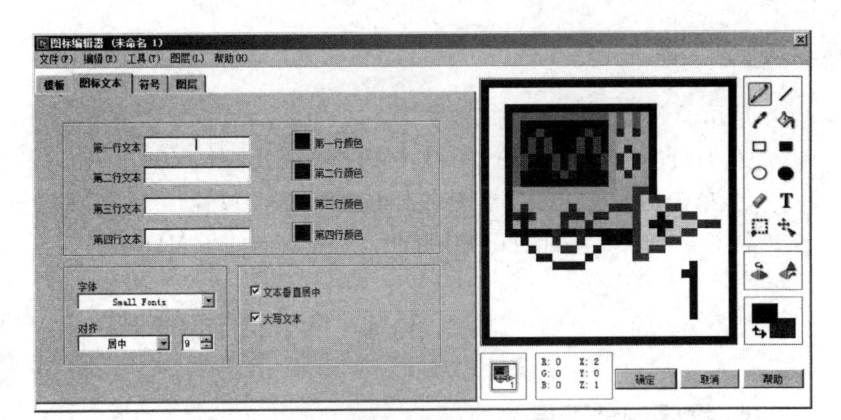

(b) “图标编辑器”对话框

图 3.15　编辑图标

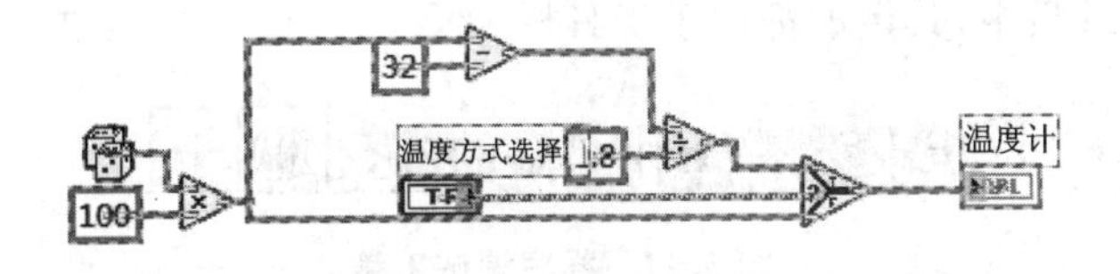

图 3.16　从选定内容创建子 VI

3.3.2 调用子 VI

调用子 VI 有以下两种方法：

① 打开“函数”选板，选择 VI，再选择子 VI 文件。

② 单击前面板或程序框图右上角图标，拖动放置。

注意：一个 VI 不能自己调用自己（作为自己的子 VI）。

3.4 VI 调试技巧

1. 程序调试工具

程序调试工具如图 3.17 所示，按钮从左到右依次为单次运行、连续运行、强行终止、暂停、高亮显示、开始单步执行、单步执行的下一个节点、单步步出、设置断点、使用探针。最末的设置断点、探针在工具选板中，其余的都位于工具栏。

图 3.17 程序调试工具

2. 设置断点

断点功能：在程序框图的 VI、节点或连线上放置断点，使程序运行到该处时暂停执行，如图 3.18 所示。

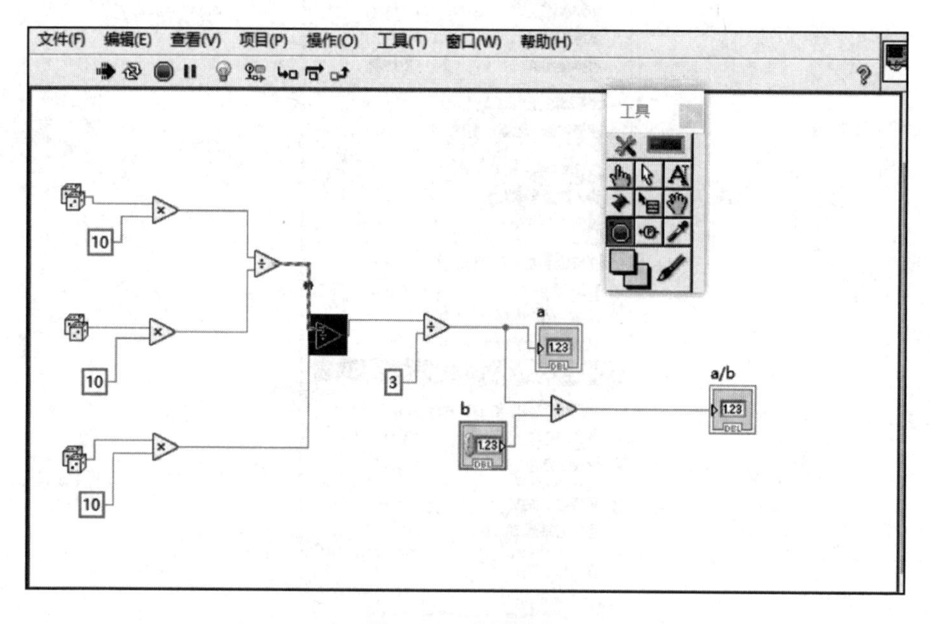

图 3.18 设置断点

在连线上设置断点，数据流经该连线且暂停按钮为红色时，程序将暂停执行。

在程序框图上放置断点，使程序框图在所有节点执行后暂停执行。此时程序框图边框变为红色,断点不断闪烁以提示断点所在位置。

VI 在某个断点处暂停时,LabVIEW 将把程序框图置于顶层显示,同时一个选取框将高亮显示含有断点的节点、连线或脚本。光标移动到断点上时,"断点"工具光标的黑色区域变为白色。

程序执行到一个断点时,VI 将暂停执行,同时暂停按钮显示为红色,VI 的背景和边框开始闪烁。此时可进行以下操作:

① 选择单步执行按钮进行单步执行程序,然后查看连线上在 VI 运行前事先放置的探针的实时值。

② 如启用了保存连线值选项,则可在 VI 运行结束后,查看连线上探针的实时值。

③ 改变前面板控件的值,检查调用列表下拉菜单,查看停止在断点处调用该 VI 的 VI 列表。

④ 单击暂停按钮可继续运行到下一个断点处或直到 VI 运行结束。

LabVIEW 将断点与 VI 一起保存,但断点只在 VI 运行时才有效。与其反复移除和创建断点,不如保存断点以反复使用。运行 VI 时,可能不需要所有断点均处于活动状态。禁用断点后,运行 VI 时执行就不会在断点处停止。选择查看→断点管理器,即可管理断点,如图 3.19 所示。

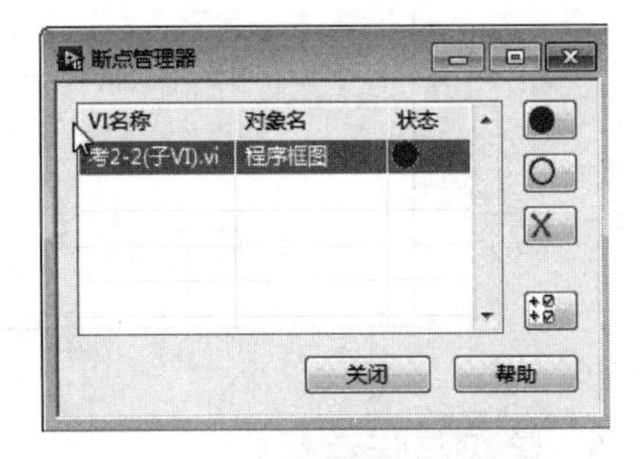

图 3.19　断点管理器

3. 设置探针

探针功能:用于检查 VI 运行时连线上的值。

若程序框图较复杂且包含一系列每步执行都可能返回错误值的操作时,则应使用探针工具。利用探针并结合高亮显示执行过程、单步执行和断点,可确认数据是否有误并找出错误数据。

如图 3.20 所示,从工具选板中选择探针,在程序框图中放置了 4 个,并通过探针监视器窗口可查看数据。

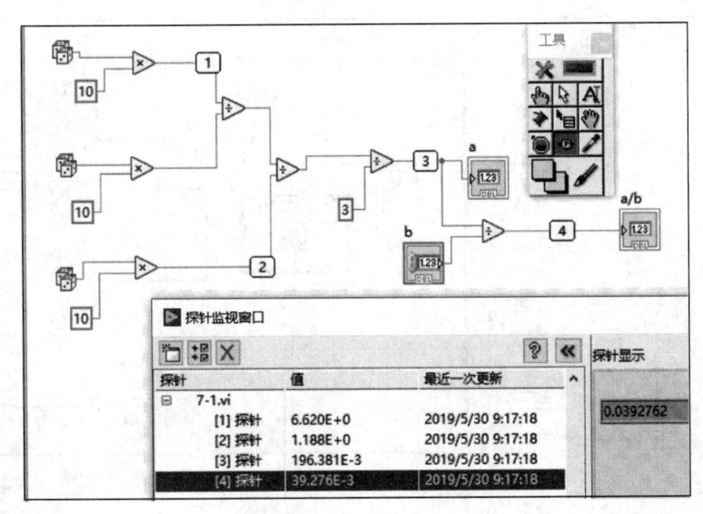

图 3.20　设置探针

4. 高亮执行

高亮执行功能:观察数据流,查看程序框图的动态执行过程。

如图 3.21 所示，高亮执行显示了数据在程序框图上从一个节点移动到另一个节点的过程。若结合单步执行，则可查看 VI 中的数据从一个节点移动到另一个节点的全过程。

注意：高亮执行会导致 VI 的运行速度大幅降低。如果 VI 运行速度低于预期，请确认是否已关闭 VI 与子 VI 的高亮执行功能 。

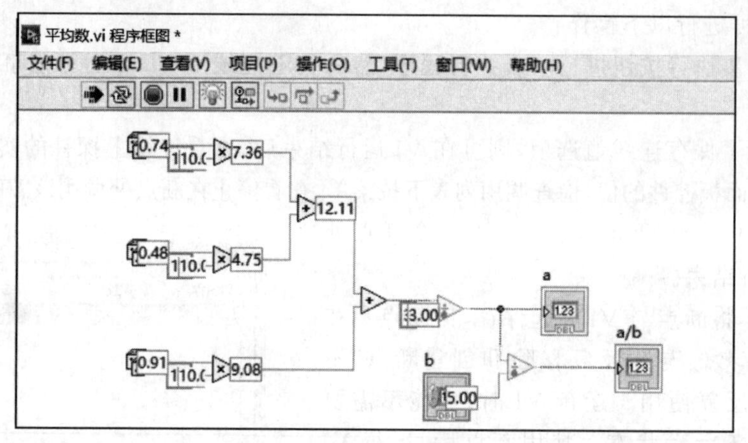

图 3.21　高亮执行

5. 单次与连续运行

单次运行：运行一次后停止。

连续运行：反复运行，直至人工干预停止。

6. 单步执行

单步执行：一个节点一个节点地执行程序框图。

单击单步按键完成框图节点的执行，当按下任何一个单步按键时，也按了停止按键。如图 3.22 所示。

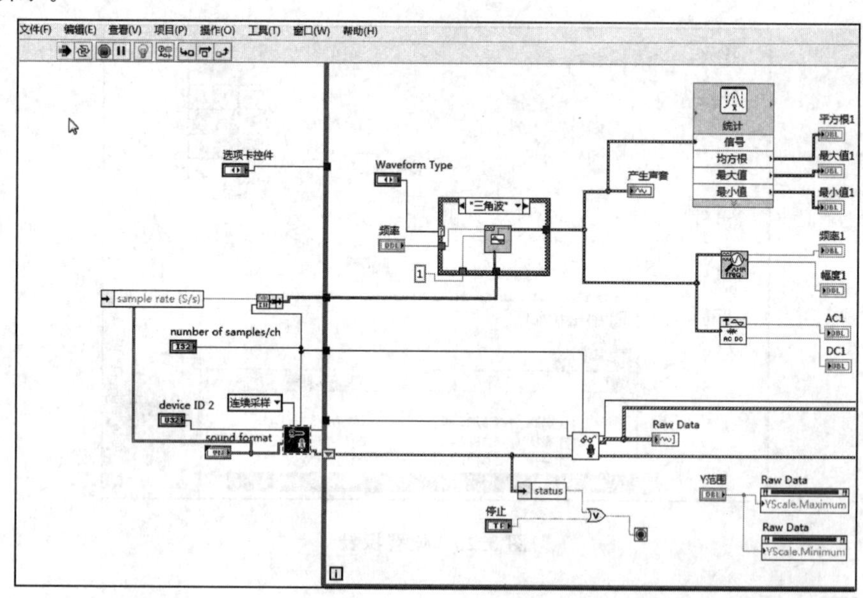

图 3.22　单步执行

3.5 创建平均数子 VI

根据程序框图 3.23 完成平均数.vi 的创建、运行，并将其保存为子 VI。

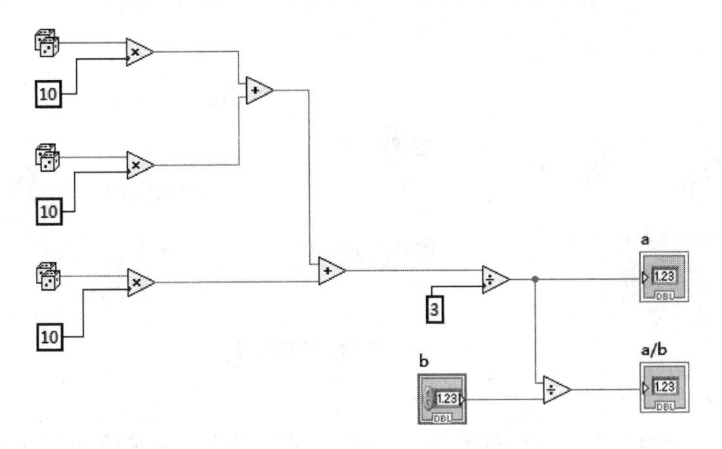

图 3.23 平均数.vi

具体操作步骤如下：

(1) 创建前面板

打开“控件”选板，选择“新式”→“数值”子选板，选择输入、输出数值控件，并拖动到前面板，然后编辑标签，如图 3.24 所示。

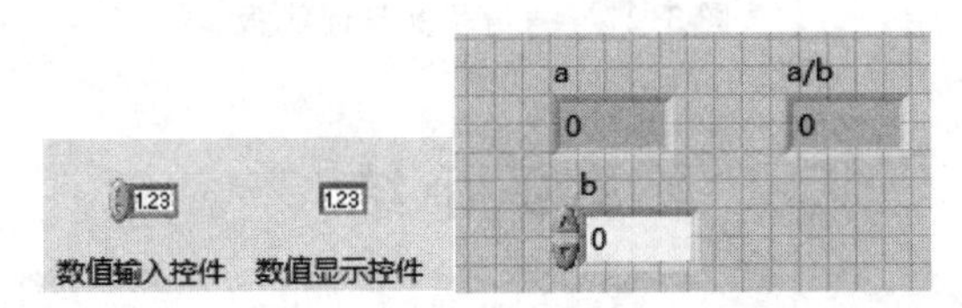

图 3.24 平均数.vi 前面板

(2) 创建程序框图

打开“函数”选板，选择“编程”→“数值”子选板，选中其中的加法、乘法、除法、数值常量和随机数，并拖动到程序框图中，完成连线，如图 3.25 所示。

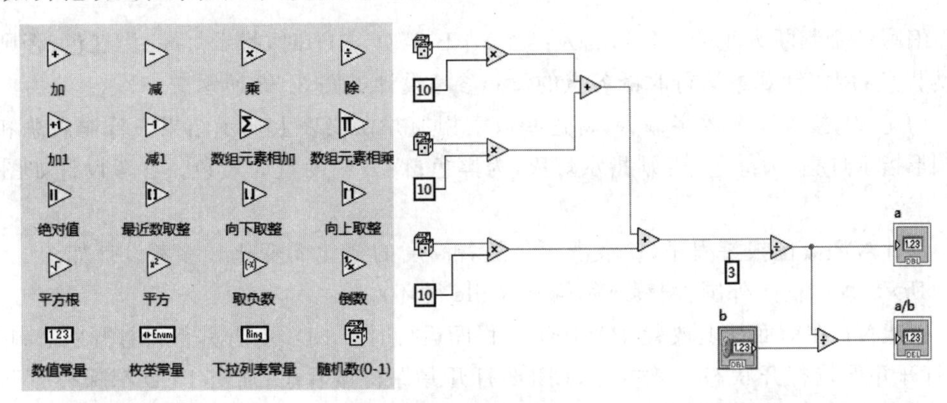

图 3.25 平均数.vi 程序框图

(3) 运　行

运行并观察结果(前面板的 b 设置成 5),如图 3.26 所示。

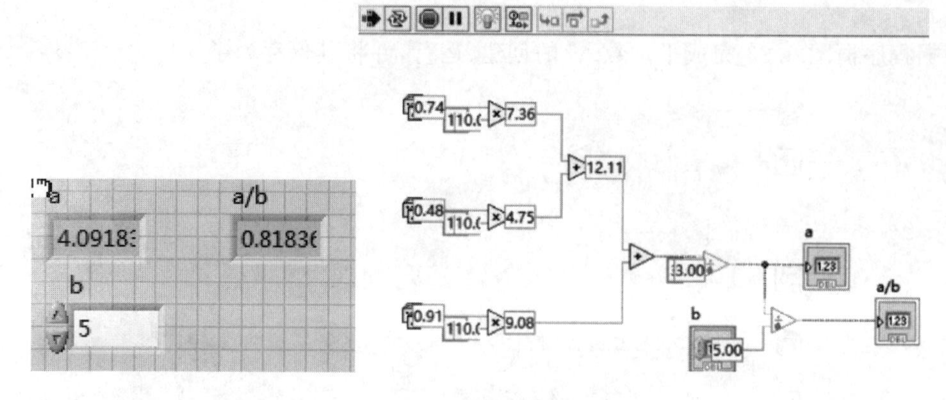

图 3.26　运行平均数.vi

(4) 将其保存为子 VI

编辑前面板的图标与连线板,选择有三个端口的连线板,完成后如图 3.27 所示,再选择“文件”菜单下的“保存”命令即可。

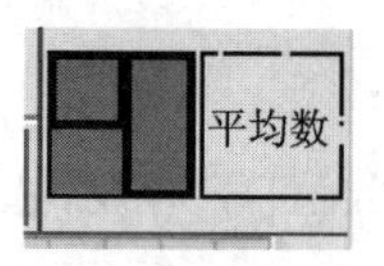

图 3.27　编辑图标与连线板

本章小结

本章学习了程序框图。重点和难点是局部变量与全部变量的区别、创建,子 VI 的设计,以及 VI 的调试技巧。

思考与练习

1. 编写一个判断大小的 VI,功能为:当(A+B)>(C+D)时,指示灯亮,为红色;否则指示灯灭,为黑色;用探针观察运行时的各点的值。参考设计如图 3.28 所示。

2. 构建 VI,接收 5 个数字输入,将这些数字相加并在仪表上显示结果。若输入总和小于 20,则圆形指示灯亮,为绿色;否则指示灯灭,为黑色;仪表刻度盘为黄色。参考设计如图 3.29 所示。

3. 设计液灌液位报警程序,使液灌颜色随着高度的变化而变化。参考设计如图 3.30 和图 3.31 所示(程序框图外围:编程→结构→While 循环)。

4. 创建 VI,在前面板上放置 3 个 LED。程序运行时,LED1 打开并保持打开状态;1 s 后,LED2 打开并保持打开状态;再过 2 s,LED3 打开并保持该状态;所有 LED 都保持打开状态 3 s。参考设计如图 3.32 所示(程序框图外围:编程→结构→平铺式顺序结构)。

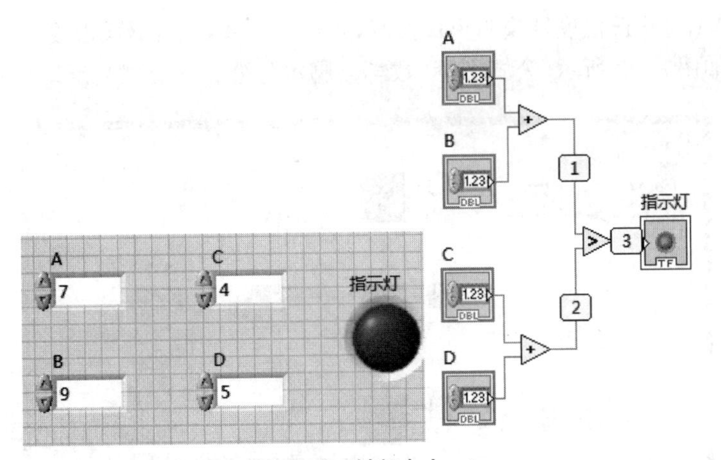

图 3.28　判断大小.vi

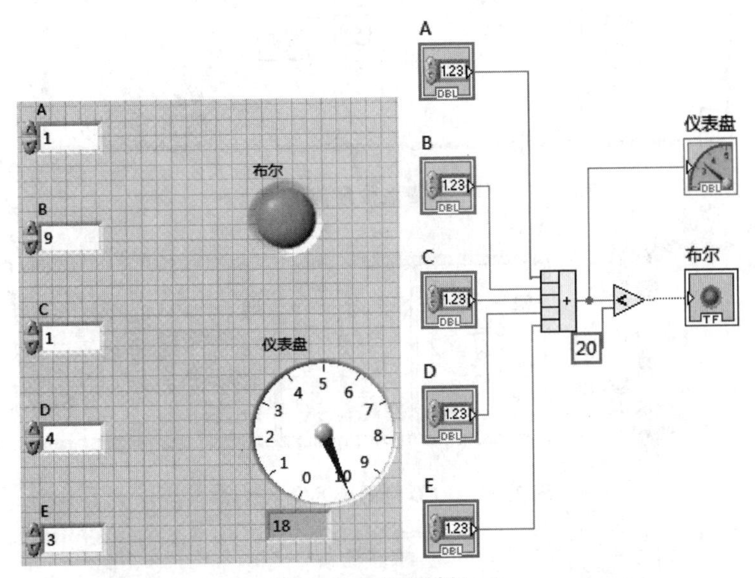

图 3.29　求和判断.vi

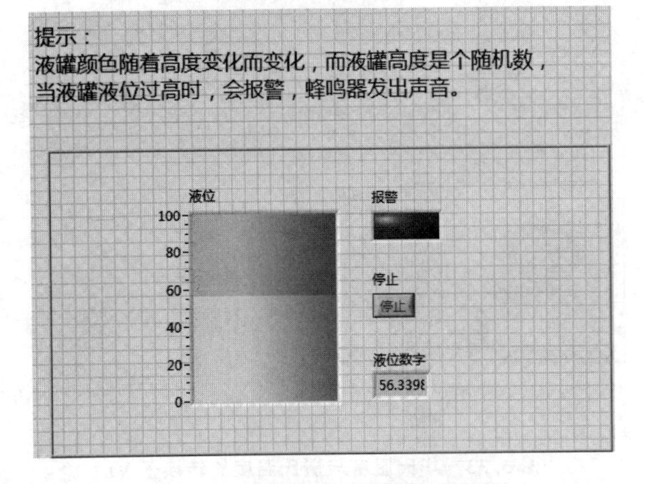

图 3.30　液灌液位报警程序前面板

5. 设计子 VI，将华氏温度转换为摄氏温度，其转换关系如下：摄氏温度=(华氏温度－32)/1.8。参考设计如图 3.33 所示（公式图标：数学→脚本与公式→公式）。

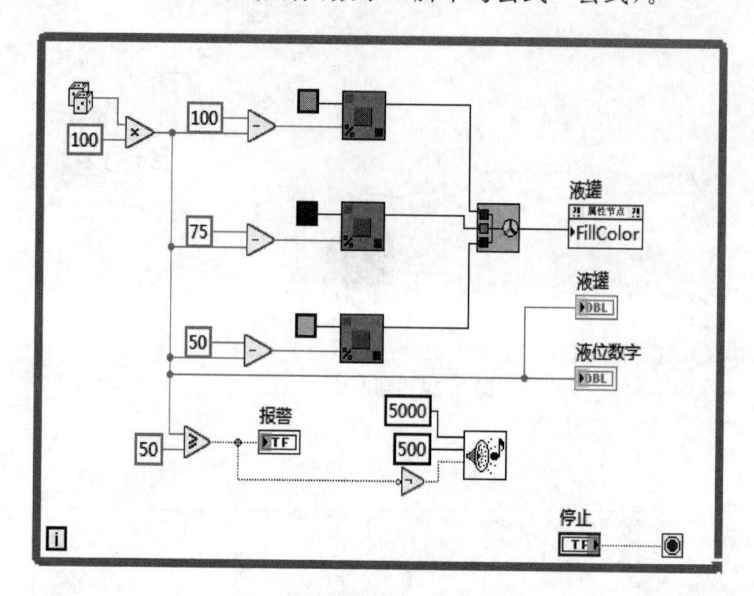

图 3.31 液灌液位报警程序框图

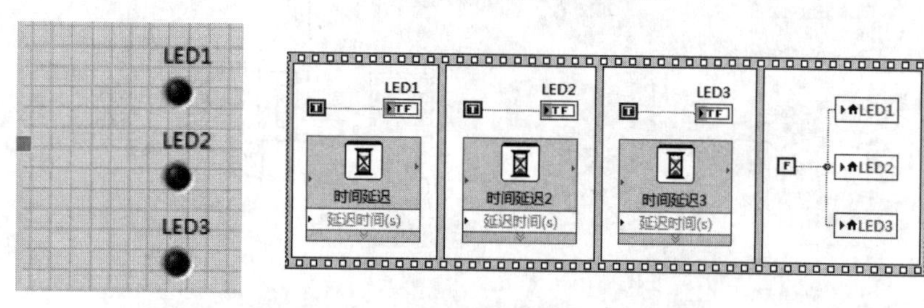

图 3.32 LED 灯的延迟发光程序

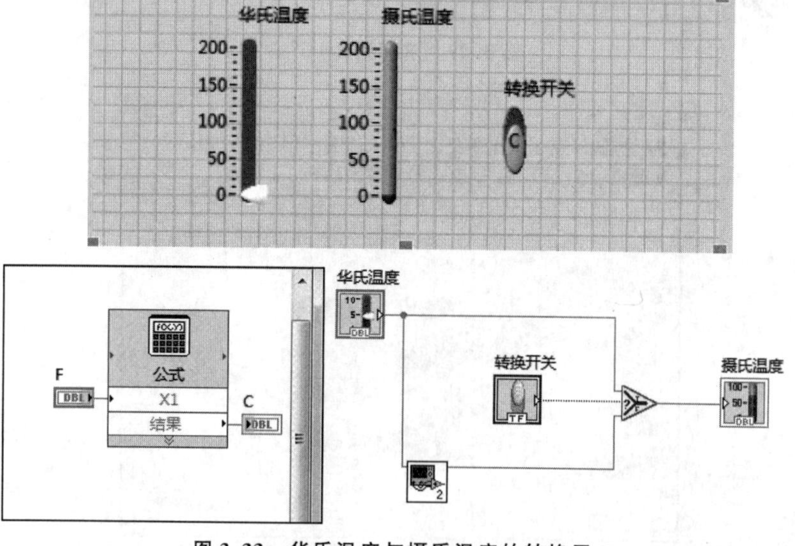

图 3.33 华氏温度与摄氏温度的转换子 VI

第 4 章　字符串运算

学习目标

- 掌握使用字符串常量；
- 使用字符串长度函数、连接函数、截取函数；
- 了解匹配模式和匹配正则表达式。

实例讲解

- 利用全局变量实现字符串的传递。

字符串是 ASCII 字符的集合，LabVIEW 内置的字符串函数用于屏幕显示、发送命令给仪器并接收命令和数据等，连线为粉色。本章主要介绍字符串常量和函数，学习正则表达式搜索字符串。

字符串控件子选板和字符串函数子选板如图 4.1 和图 4.2 所示。

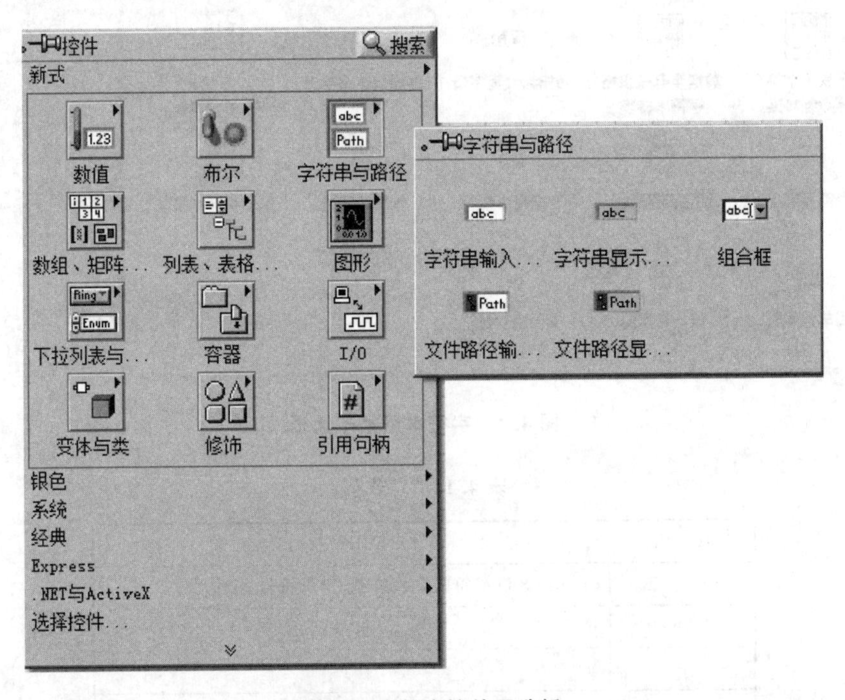

图 4.1　字符串控件子选板

右击字符串控件可改变字符串显示的类型，例如以密码或十六进制数显示。此外，还可使用文件 I/O 选板下的 VI 和函数，将字符串传递至文本文件或电子表格等外部文件。表 4.1 所列为“\”代码在 LabVIEW 中的执行含义。

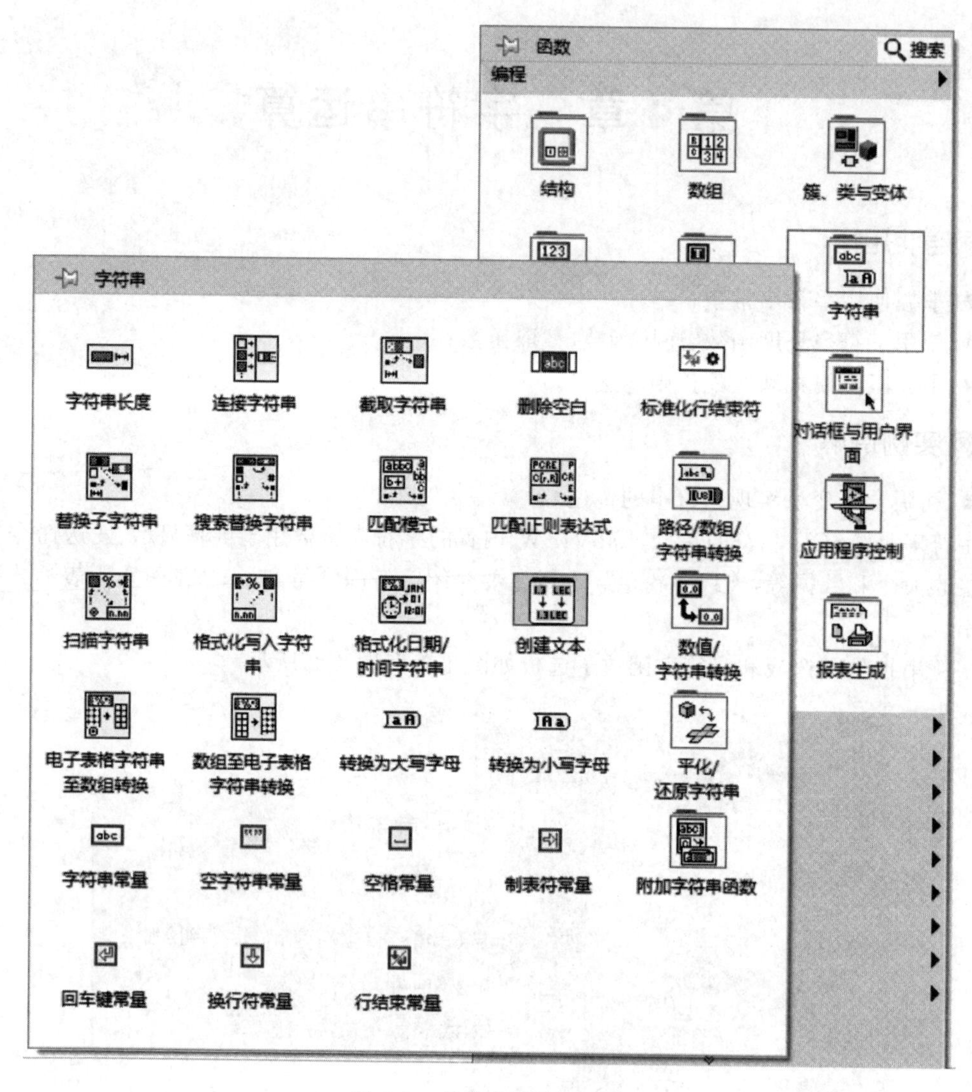

图 4.2　字符串函数子选板

表 4.1　“\”代码

代　码	LabVIEW 执行
\00 -\FF	8 位字符的十六进制,字母符号必须大写
\b	退格
\f	换页
\n	换行
\r	回车
\t	制表符
\s	空格
\\	反斜杠

4.1　常见字符串常量

常见的常量有字符串常量、空字符串常量、空格常量等。

若要显示固定文字，则使用字符串常量。如图 4.3 所示，在条件分支假中，显示文字“Normal Temp”。

若不需要任何显示，则使用空字符串常量，如图 4.4 所示。

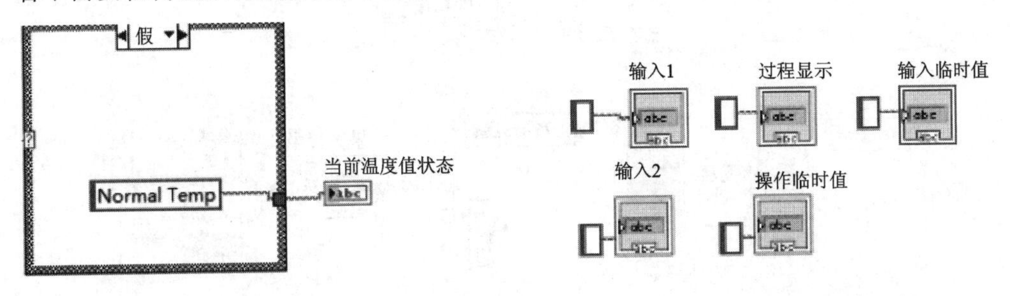

图 4.3　字符串常量示例

图 4.4　空字符串常量示例

4.2　常见字符串函数

常用函数有字符串长度函数、连接和截取字符串函数、格式化写入字符串函数、获取日期/时间字符串函数等。

1. 字符串长度函数

字符串长度函数可返回指定字符中字符的个数，如图 4.5 所示。

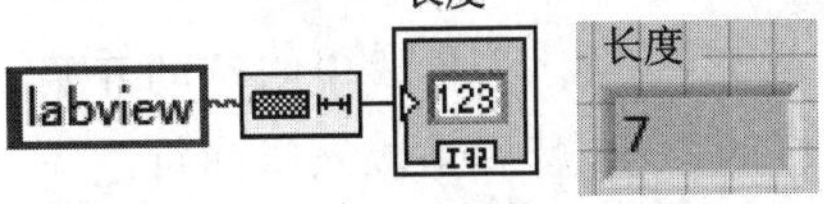

图 4.5　字符串长度函数示例

2. 连接和截取字符串函数

连接字符串函数：该函数把所有的字符输入连接成一个字符串输出，如图 4.6 所示。

截取字符串函数：返回输入字符串中的子字符串，从偏移量位置开始，包含长度个字符，如图 4.7 所示。

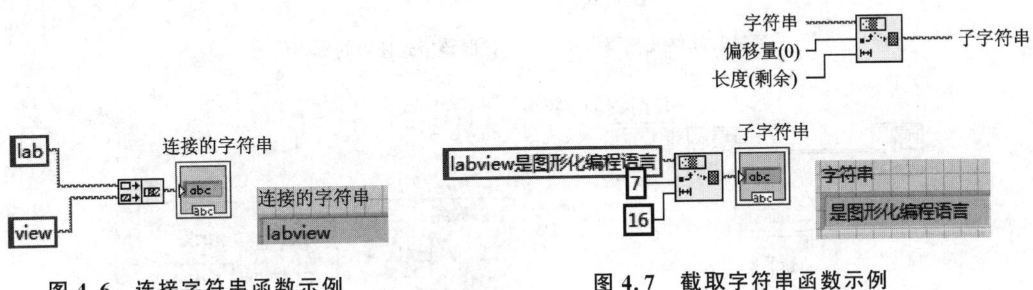

图 4.6　连接字符串函数示例

图 4.7　截取字符串函数示例

3. 函 数

格式化写入字符串函数使字符串路径、枚举型、时间标识、布尔或数值型数据格式化为文本，如图 4.8 所示，说明符规则如表 4.2 所列。

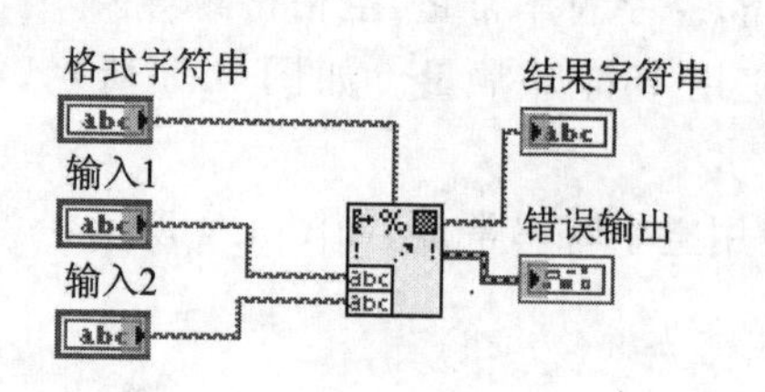

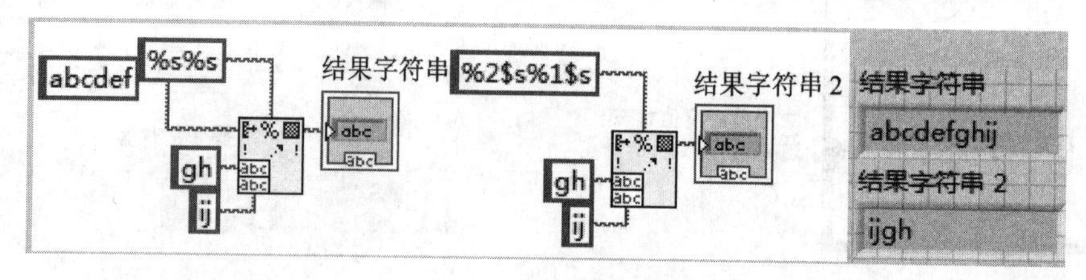

图 4.8 格式化写入字符串函数及示例

表 4.2 格式说明符的规则

输入 1	输入 2	格式字符串	返回字符串
first	second	%$ %$	first second
first	second	%2$ s %1$s	second first
first	second	%1$ s %1$s %1$s	first first first

表 4.2 中，%为格式说明符的开始；$（可选）为规定显示变量顺序的修饰符，包括代表变量顺序的位数，其后紧接该修饰符。

4. 格式化日期/时间字符串函数

该函数通过时间格式代码指定格式，按照该格式使时间标识的值或数值显示为时间，如图 4.9 所示。

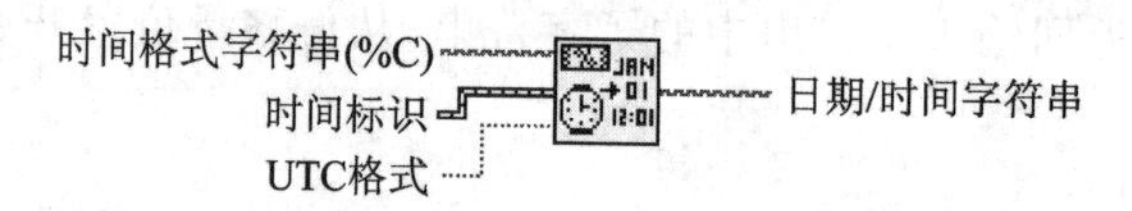

通过时间格式代码指定格式，按照该格式使时间标识的值或数值显示为时间。

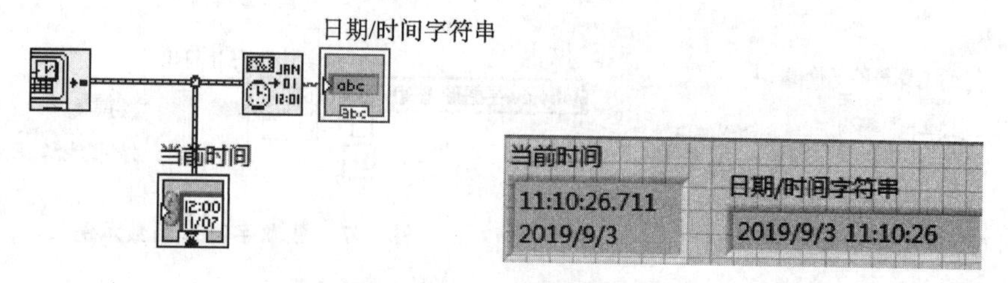

图 4.9 格式化日期/时间字符串函数示例

4.3　匹配模式和匹配正则表达式

4.3.1　匹配模式

该函数从偏移量起始的字符串中搜索正则表达式。若函数查找到匹配，则将字符串分隔为三个子字符串。正则表达式为特定字符的组合，用于模式匹配，如图 4.10 所示。

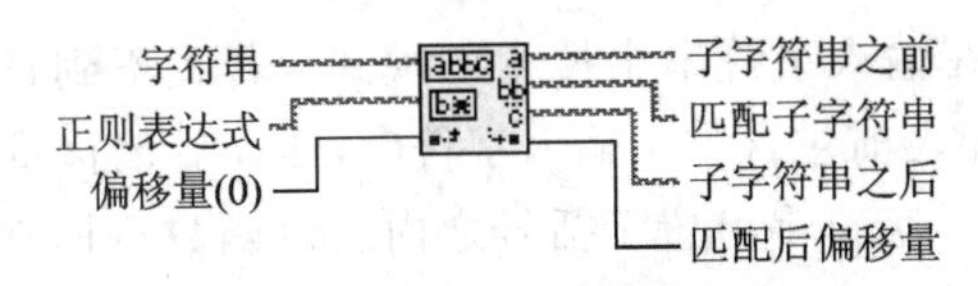

图 4.10　匹配模式函数

说明：

① 正则表达式：要在字符串中搜索的模式。若函数未找到正则表达式，则匹配子字符串返回空字符串，子字符串之前返回整个字符串，子字符串之后返回空字符串，匹配后偏移量返回－1。

② 匹配后偏移量：返回子字符串之后的第一个字符在字符串中的索引。若函数未找到匹配，则匹配后偏移量为－1。若空字符串是对正则表达式的有效匹配，则偏移量输入和匹配后偏移量输出必须相同。例如，若正则表达式为 b＊并且字符串输入为 cdb，则匹配后偏移量为 0。若字符串为 bbbcd，则匹配后偏移量为 3。匹配模式函数示例如图 4.11 所示。

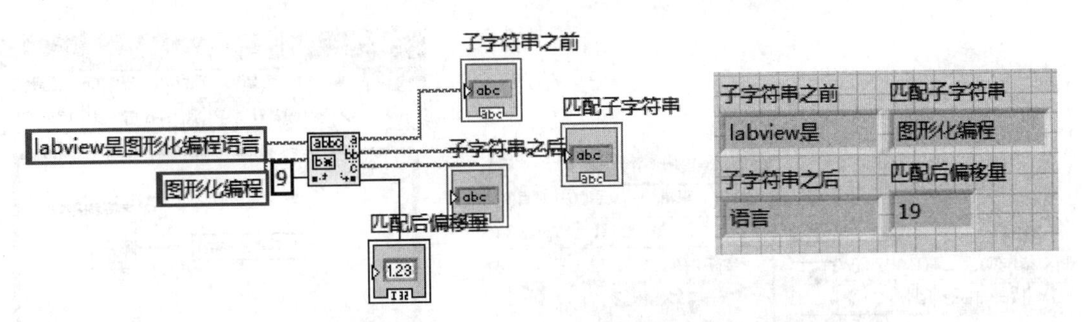

图 4.11　匹配模式函数示例

4.3.2　匹配正则表达式

该函数在输入字符串的偏移量位置开始搜索正则表达式。若找到匹配字符串，则将字符串拆分成三个子字符串和任意数量的子匹配字符串，如图 4.12 所示。执行速度比匹配模式函数慢。

说明：

① 忽略大小写？(F)：指定字符串搜索是否区分大小写。如果为 FALSE(默认)，则字符串搜索区分大小写。

② 输入字符串：指定函数搜索的输入字符串，且字符串中不能包含空字符。

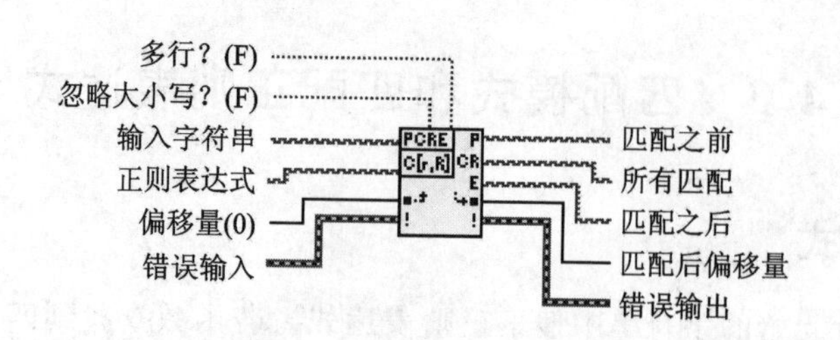

图 4.12　匹配正则表达式函数

③ 正则表达式：指定在输入字符串中搜索的模式。若找不到任何匹配，则所有匹配和匹配之后包含空字符串，匹配之前包含整个输入字符串，匹配后偏移量返回－1，所有子匹配输出返回空字符串。要搜索的子字符串可置于括号之内。该函数返回在子字符串 1..n 中找到的任何子字符串表达式。字符串中不能包含空字符。

④ 偏移量(0)：确定从输入字符串的第几个字符开始搜索字符串。

⑤ 错误输入(无错误)：表明节点运行前发生的错误。该输入将提供标准错误输入功能。

⑥ 匹配后偏移量：返回上一个匹配后的第一个字符在字符串中的索引。如 VI 未找到匹配，则匹配后偏移量返回－1。

4.4　利用全局变量实现字符串的传递

本节介绍利用全局变量"字符串发送端"实现字符串"祝你身体健康"的传递。前面板设计和程序框图设计如图 4.13 和图 4.14 所示(说明：全局变量没有程序框图)。

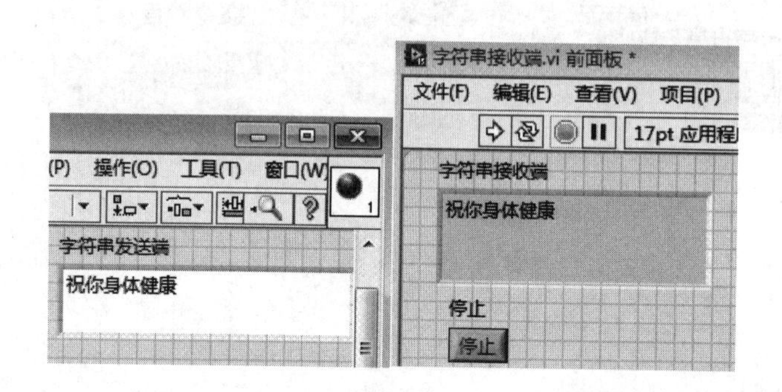

图 4.13　字符串发送端和接收端的前面板

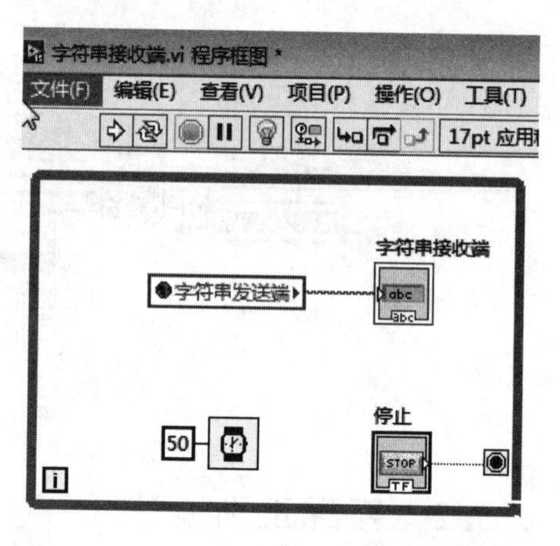

图 4.14　字符串接收端的程序框图

具体操作步骤如下：

(1) 创建全局变量"字符串发送端"

在程序框图中选择"编程"→"结构"→"全局变量"，如图 4.15 所示。双击"全局变量"图标，打开前面板，创建字符串输入控件，保存为"字符串发送端"如图 4.16 所示。

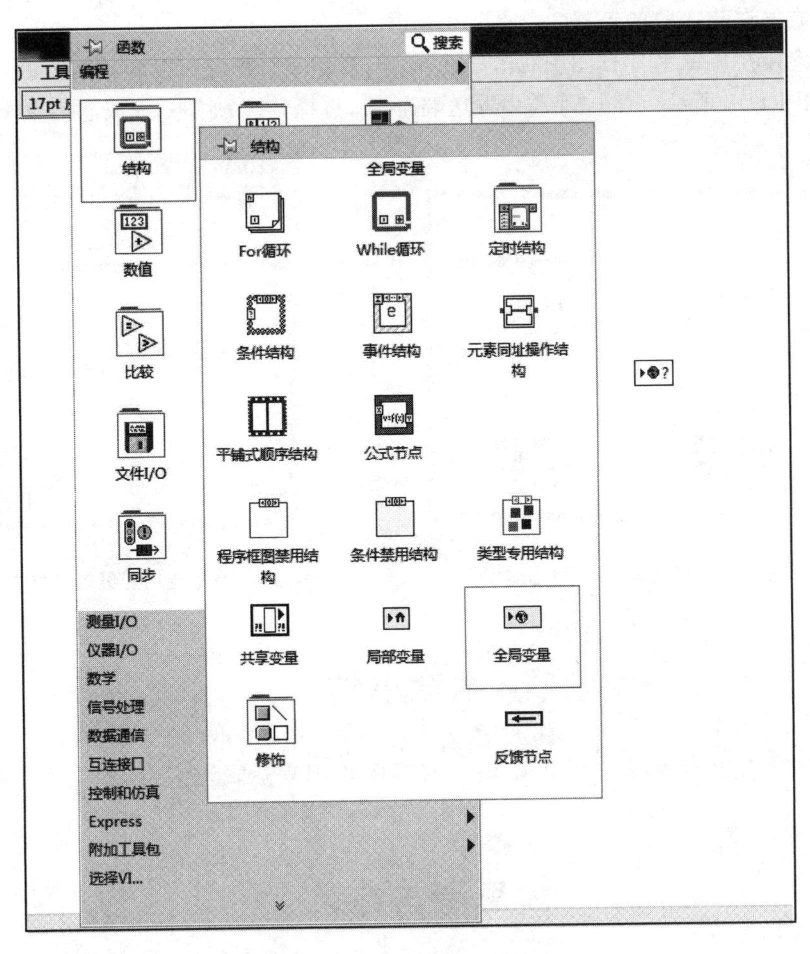

图 4.15　全局变量的连线端子

(2) 创建接收端

在前面板中放入一个字符串显示控件、一个布尔停止按钮来创建接收端，如图 4.17 所示。

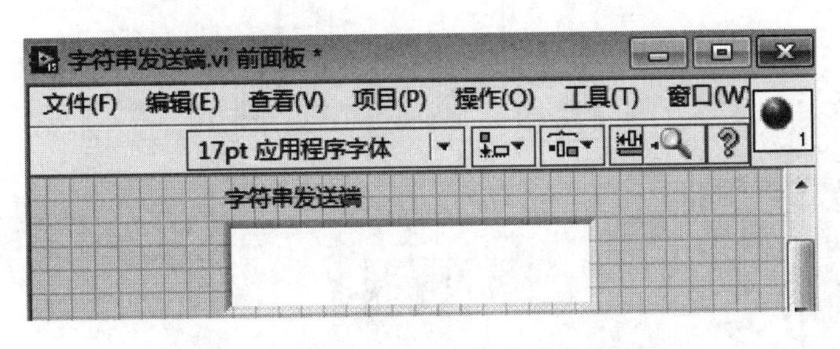

图 4.16　全局变量字符串发送端的创建

图 4.17　字符串接收端.vi 前面板创建

图 4.14 程序框图中最外围的 While 循环可在“编程”→“结构”子选板，定时工具位于“编程”→“定时”子选板(第 5 章讲解)中找到。

(3) 完成发送与接收的连接

在字符串接收端.vi 程序框图中右击→选择 VI,找到字符串发送端.vi,单击“确定”按钮,拖动到框图中,如图 4.18 所示。右击“字符串发送端连线”,选择转换为读取,完成连接,如图 4.19 所示。

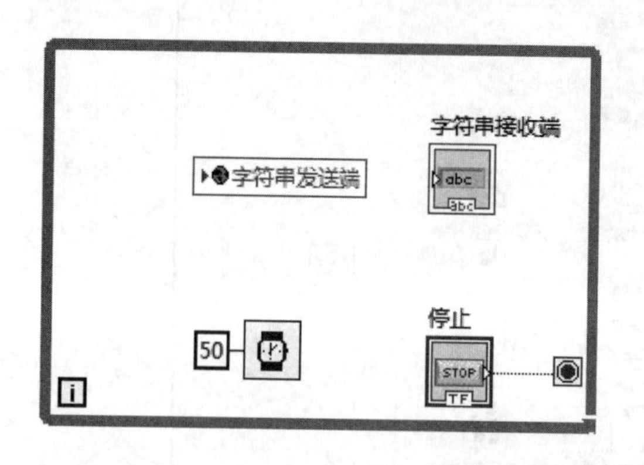

图 4.18 选中全局变量“字符串发送端”

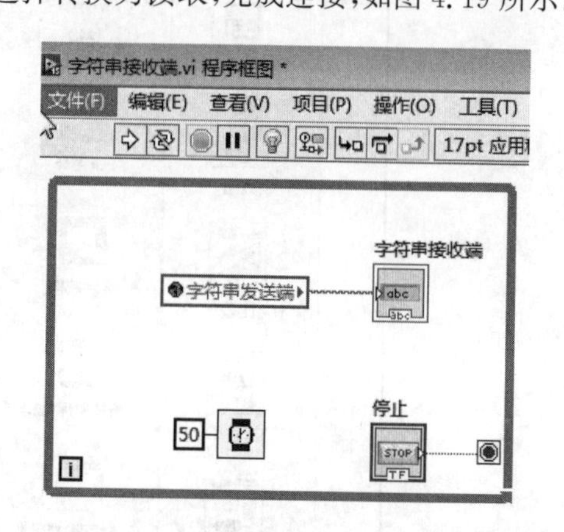

图 4.19 改写全局变量的读取方式,完成连接

本章小结

本章学习字符串函数,难点是匹配模式和匹配正则表达式,为后续的文件 I/O 部分储备知识。

思考与练习

设计一个字符串连接与子字符串显示窗口,参考设计如图 4.20 和图 4.21 所示。

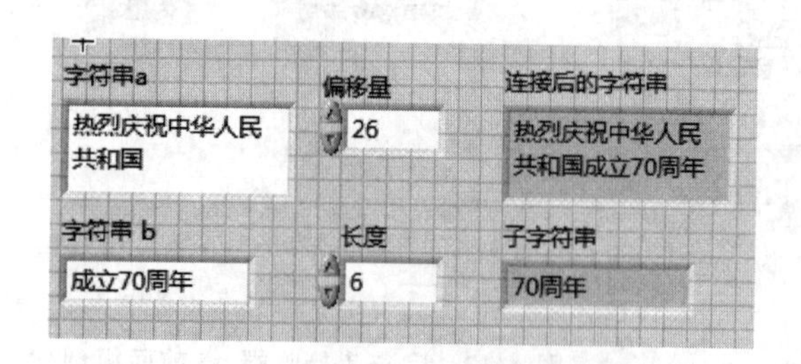

图 4.20 字符串连接与显示前面板

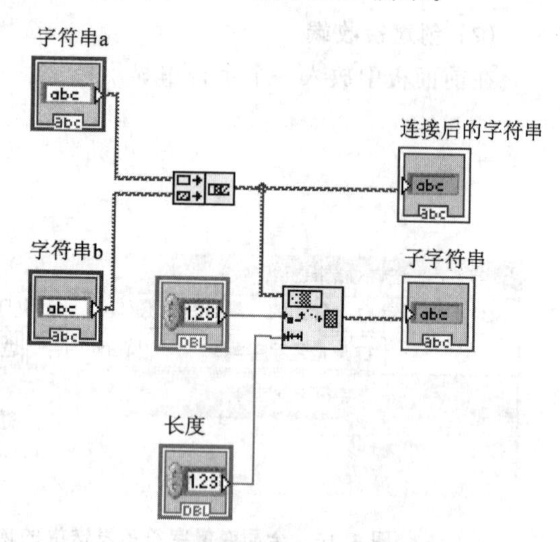

图 4.21 字符串连接与显示程序框图

第5章 循环与结构

学习目标

- 掌握 For 循环结构；
- 掌握 While 循环结构；
- 掌握顺序结构；
- 掌握事件结构；
- 掌握定时结构；
- 了解公式节点。

实例讲解

- For 循环进行数组运算；
- For 循环实现累加运算；
- 用 While 循环和图表获得数据，并实时显示；
- 创建一个可以在图表中显示运行平均数的 VI；
- 创建一个 VI 以检查一个数值是否为正数。

同其他计算机语言一样，LabVIEW 也有自己的程序结构。LabVIEW 的程序结构中有使程序循环执行的循环结构、能够顺序执行的顺序结构、根据条件选择程序执行的条件结构，还有 LabVIEW 事件结构、公式节点等。作为一种图形化语言，LabVIEW 的程序结构也是通过图形展现的。在编程过程中，程序结构的外形大小可以调节。本章将介绍 LabVIEW 的程序结构（如图 5.1 所示），包括 For 循环结构、While 循环结构、条件结构、事件结构、平铺式顺序结构、层叠式顺序结构、定时结构及公式节点等。

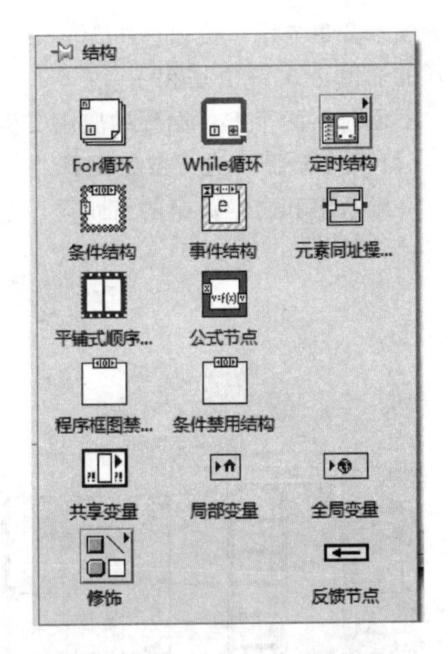

图 5.1 LabVIEW 的程序结构

5.1 循环结构

曾经学过编程语言的读者肯定熟悉循环结构，在循环结构中会执行重复一段代码。同样，在 LabVIEW 语言中，也有两种循环结构，即 While 循环和 For 循环，这两种结构框图内部的 VI 将在设定的某一个条件内重复执行多次。

5.1.1 For 循环

For 循环将其框图内的 VI 执行指定的循环次数，该次数由左上角的循环总数给定。可以从循环外部创建一个常量或一个输入控制来控制 For 循环的循环总次数。循环计数指当前循环完毕的次数，从 0～(n－1)。

For 循环用于将某段程序执行指定次数。与 While 循环一样，它不会立刻出现在流程图中，而是出现一个小的图标，然后可以修改它的大小和位置。具体的操作方法是，先单击所有端子的左上方，然后单击不松手，拖动出一个包含所有端子的矩形。释放鼠标时就创建了一个指定大小和位置的 For 循环。

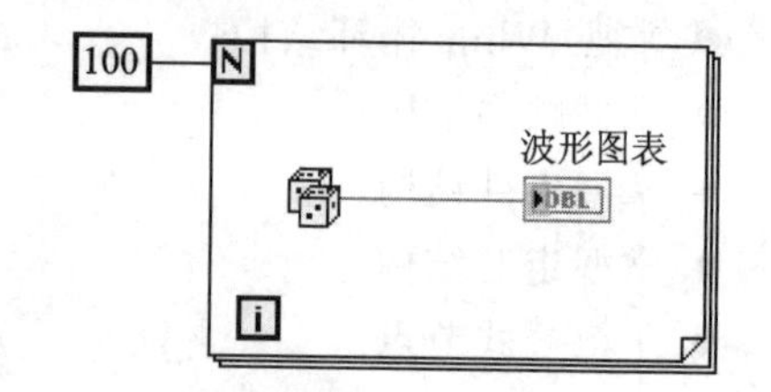

图 5.2 For 循环结构

图 5.2 所示为 For 循环结构，For 循环具有 N、i 两个端子：

N：计数端子(输入端子)——用于指定循环执行的次数。

i：周期端子(输出端子)——含有循环已经执行的次数。

图 5.2 也显示了可以产生 100 个随机数并将数据显示在一个图表上的 For 循环。在该例中，i 的初值是 0，终值是 99。

下面介绍两个 For 循环的应用实例。

(1) 用 For 循环进行数组运算

一维数组和二维数组的 For 循环运算分别如图 5.3 和图 5.4 所示。

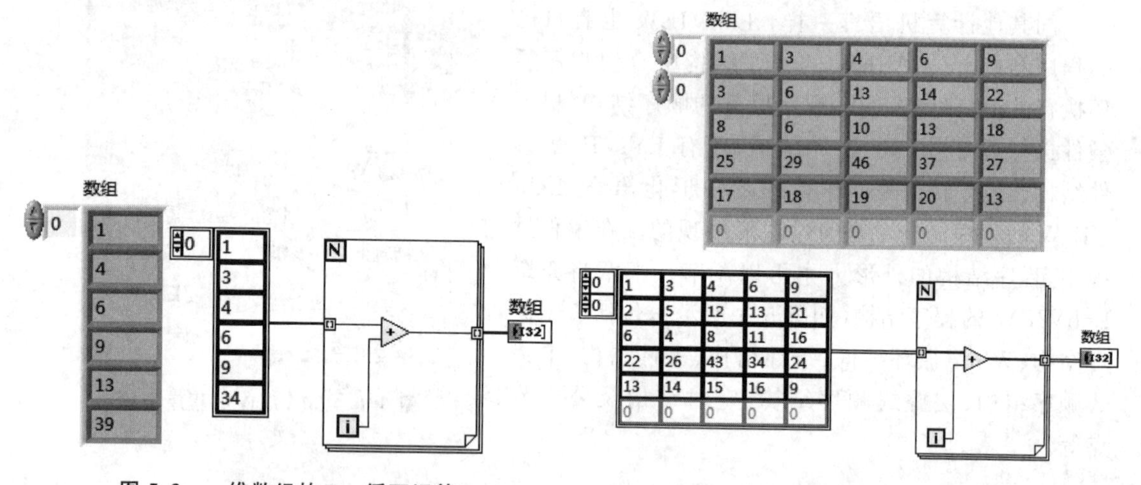

图 5.3 一维数组的 For 循环运算

图 5.4 二维数组的 For 循环运算

说明：循环隧道模式的选择如图 5.5 和图 5.6 所示。

(2) 用 For 循环实现累加运算

For 循环的累加运算如图 5.7 所示。

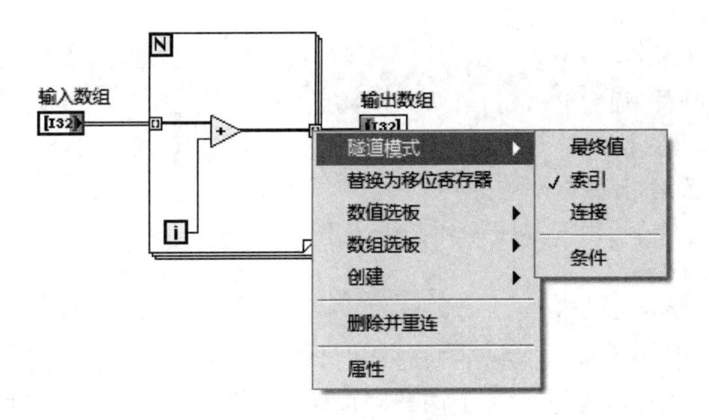

图 5.5　循环隧道模式选择索引

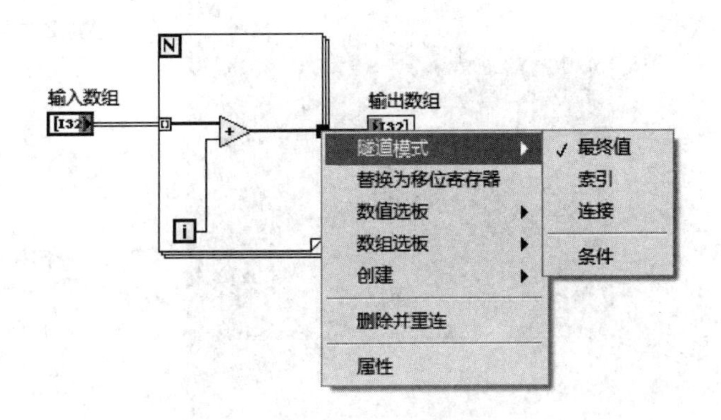

图 5.6　循环隧道模式选择最终值

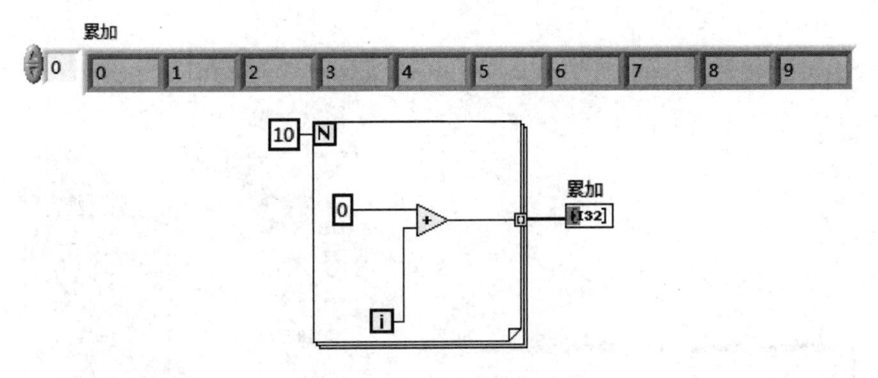

图 5.7　For 循环的累加运算

5.1.2　While 循环

While 循环可以反复执行循环体的程序，直至到达某个边界条件。它类似于普通编程语言中的 Do 循环和 Repeat - Until 循环。While 循环的框图是一个大小可变的方框(见图 5.8)，用于执行框中的程序，直到条件端子接收到的布尔值为 FALSE。

While 循环有如下特点：

① 计数从 0 开始(i=0)。

② 先执行循环体，而后 i+1，如果循环只执行一次，那么循环输出值 i=0。

③ 循环至少要运行一次。

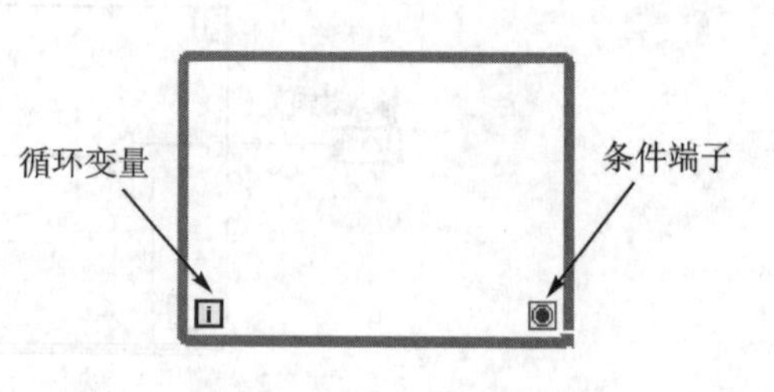

图 5.8　While 循环框图

下面介绍一个实例：用 While 循环和图表获得数据，并实时显示。

创建一个可以产生并在图表中显示随机数的 VI。前面板有一个控制旋钮，可在 0 ～10 s 范围为调节循环时间，还有一个开关可以中止 VI 的运行。需要学习怎样改变开关的动作属性，以便不用每次运行 VI 时都要打开开关。前面板和程序框图分别如图 5.9 和图 5.10 所示。

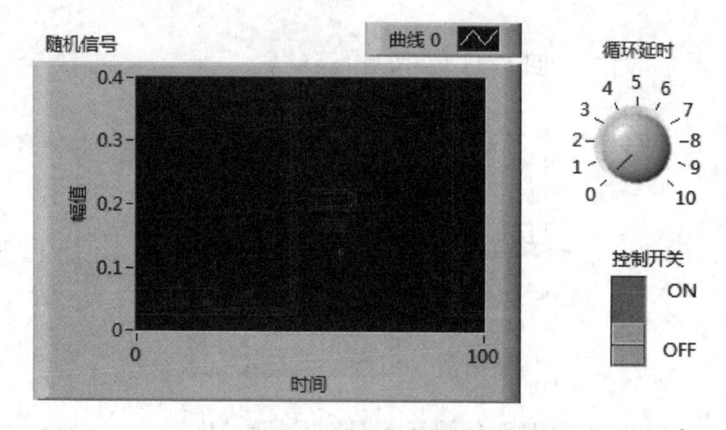

图 5.9　While 循环产生随机数的前面板

附注与说明：

布尔开关的机械动作：布尔开关有 6 种机械动作属性可供选择(默认第 1 种)，如图 5.11 所示。

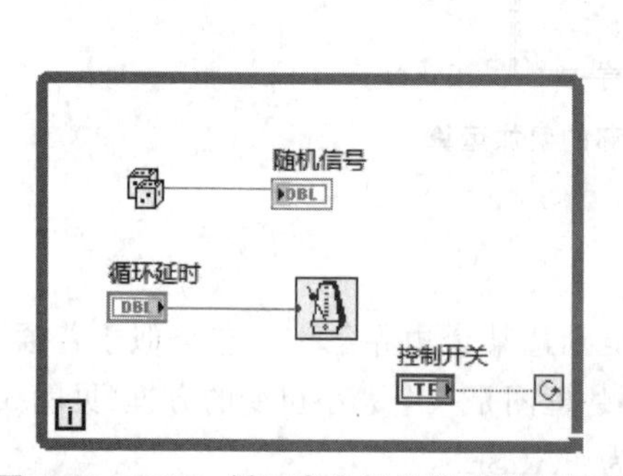

图 5.10　While 循环产生随机数的程序框图

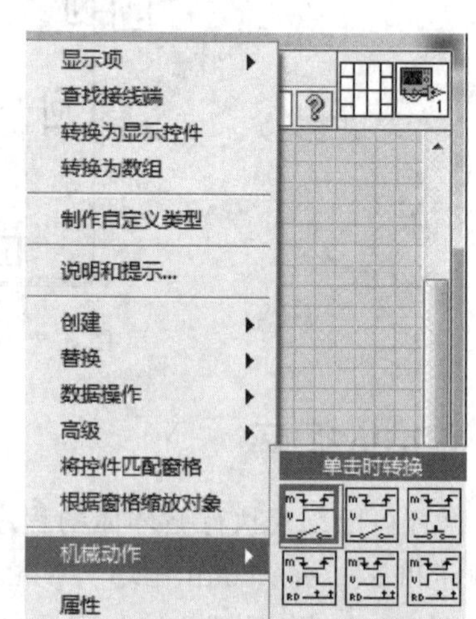

图 5.11　布尔开关的 6 种机械动作

5.1.3　移位寄存器

移位寄存器(shift register)可以将数据从一个循环周期传递到另外一个周期，在程序设计中经常要用到。创建一个移位寄存器的方法是，右击循环的左边或者右边，在弹出的快捷菜单中选择添加移位寄存器，如图 5.12(a)所示。移位寄存器在流程图上用循环边框上相应的一对端子来表示。右边的端子中存储了一个周期完成后的数据，这些数据在这个周期完成之后将被转移到左边的端子，并赋给下一个周期。移位寄存器可以转移各种类型的数据，如数值、布尔数、数组、字符串等，它会自动适应与它连接的第一个对象的数据类型。图 5.12(b)所示为它的工作过程。

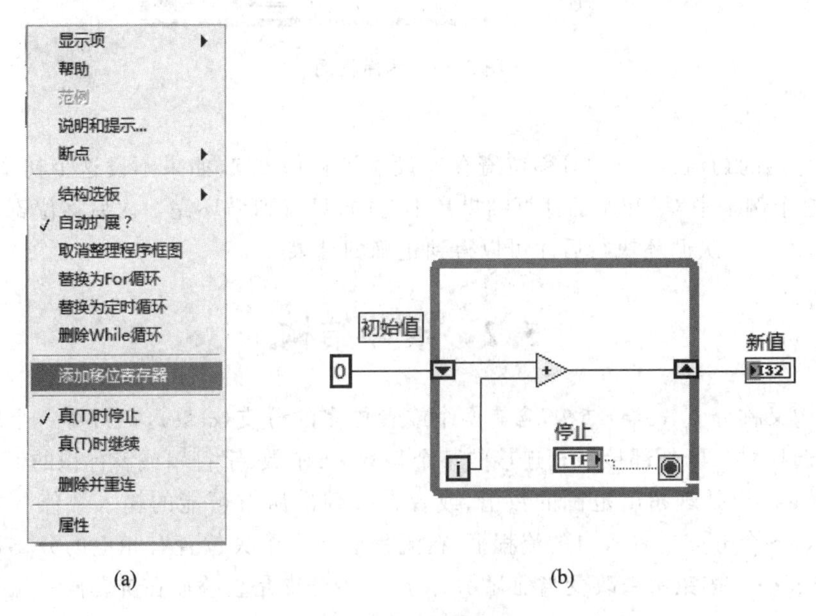

图 5.12　移位寄存器的添加及工作过程

下面介绍一个实例：创建一个可以在图表中显示运行平均数的 VI。

创建可以在图表中显示运行平均数的 VI 过程中的前面板和程序框图分别如图 5.13 和图 5.14 所示。

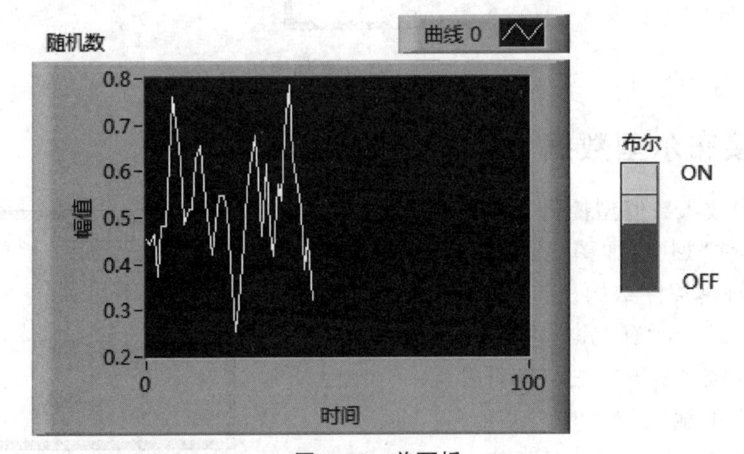

图 5.13　前面板

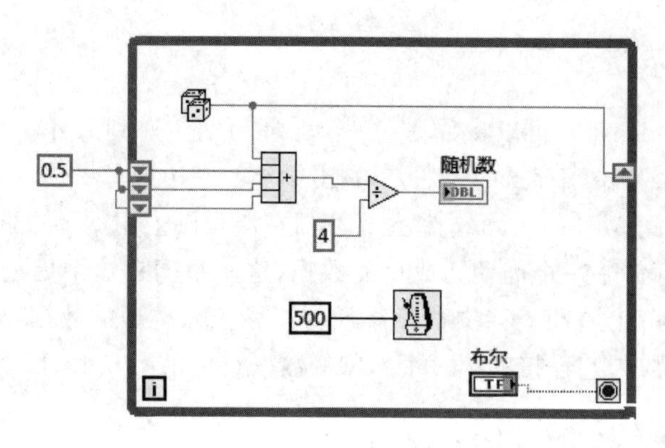

图 5.14　程序框图

注意：

移位寄存器的初值：练习中对移位寄存器设置了初值 0.5，如果不设这个初值，默认的初值是 0。在这个例子中，一开始的计算结果是不对的，只有到循环完 3 次后移位寄存器中的过去值才填满，即第 4 次循环执行后才可以得到正确的结果。

5.2　条件结构

条件结构又称分支(case)结构，含有两个或者更多的分支(case)，执行哪一个取决于与选择端子或者选择对象的外部接口相连接的某个整数、布尔数、字符串或者标识的值。必须选择一个默认的 case 以处理超出范围的数值，或者直接列出所有可能的输入数值。条件结构如图 5.15 所示，各个分支占有各自的流程框，在流程框上沿中央位置有相应的分支标识：Ture、False 或 1、2、3…。按钮用来改变当前显示的分支(各分支是重叠放在屏幕同一位置上的)。

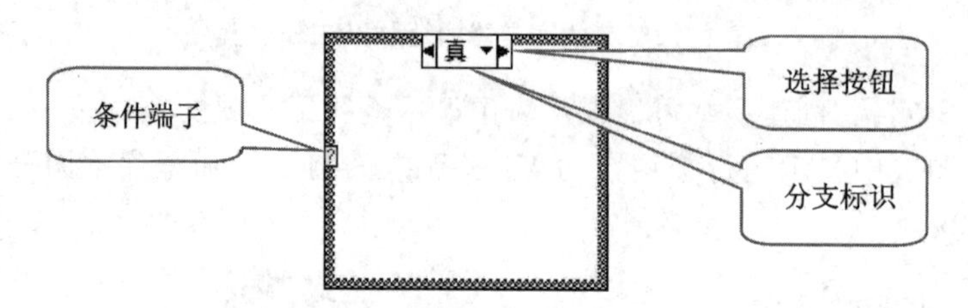

图 5.15　条件结构图

5.2.1　连接布尔型数据

在前面板中放入数值型控件“A、B、结果”和布尔型控件“加?”，如图 5.16 所示，在程序框图中创建条件结构。将“加?”接入条件端子接线端，在“真”分支内将 A 与 B 相加，“和”输出给“结果”。这时，可发现条件结构边框上的输出端子是空心的，这是因为还有分支没有给输出端子赋值。

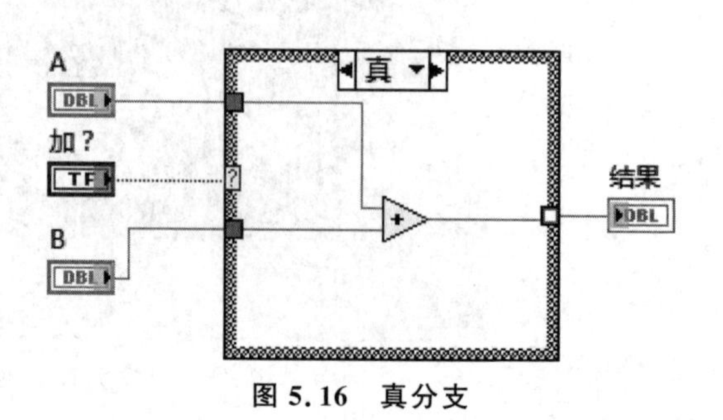

图 5.16　真分支

如图5.17所示，在“假”分支中，将A与B相减，“差”连接至边框的输出端子。这时，端子变成了实心的。如果在输出端子上右击，选择“未连接时使用默认”，那么在没有连接值的分支中会输出默认值0。图5.18所示为本实例的运行结果，当“加?”值为T时，“结果”是A加B；当“加?”值为F时，“结果”是A减B。

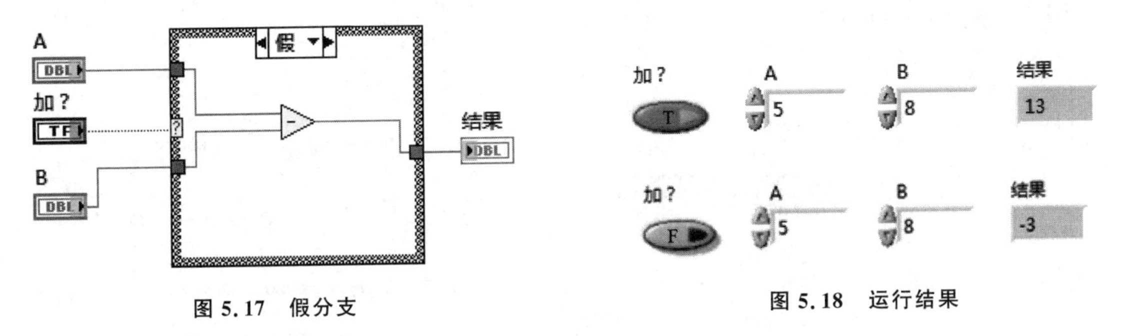

图5.17　假分支　　　　图5.18　运行结果

5.2.2　连接数值型数据

如图5.19所示，首先在前面板创建数值型控件“成绩”和字符串显示控件“等级”。然后在程序框图中，将“成绩”接线端连接至条件端子接线端，这时选择结构的两个分支变成了“0，默认”和“1”。如图5.20所示，将“1”分支的分支条件改成“0..59”，在该分支中创建“不及格”字符串常量，并连接至“等级”接线端即可。

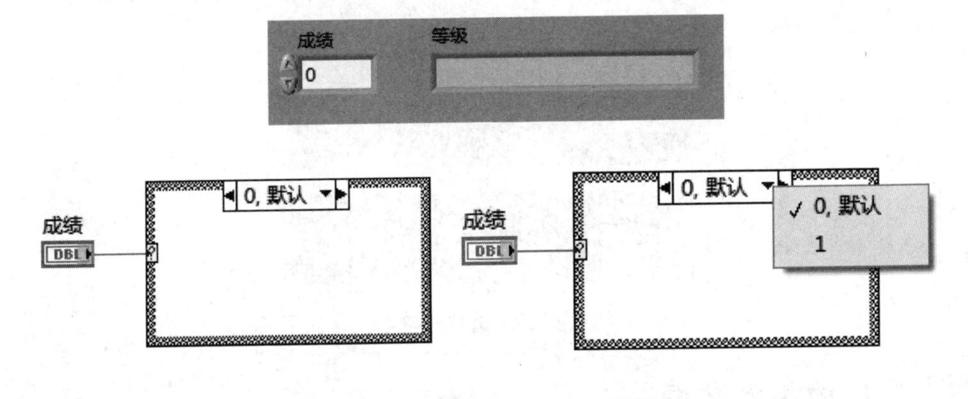

图5.19　条件端子接数值型控件

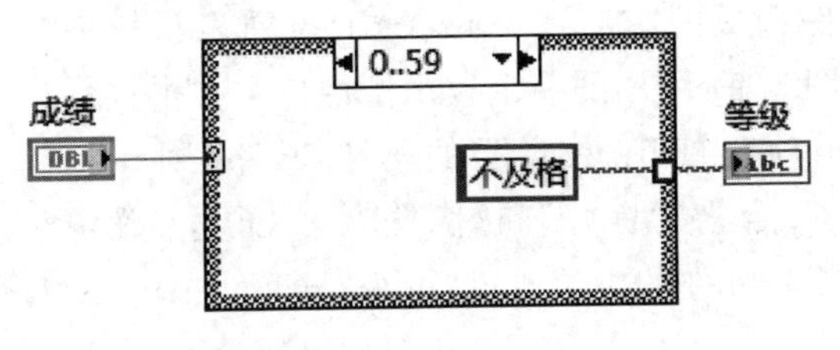

图5.20　编辑分支

如图5.21所示，在选择结构边框上右击，在弹出的快捷菜单中选择“在后面添加分支”。在新分支中，分支条件为“60..69”，输出“合格”字符串常量。按照同样的方法，继续添加分支，“70..84”分支输出“良好”字符串常量，“85..100”分支输出“优秀”字符串常量。最后将原来的

"0,默认"分支条件改成"－1,默认",将输出"分数输入不正确"字符串常量(见图 5.22)。

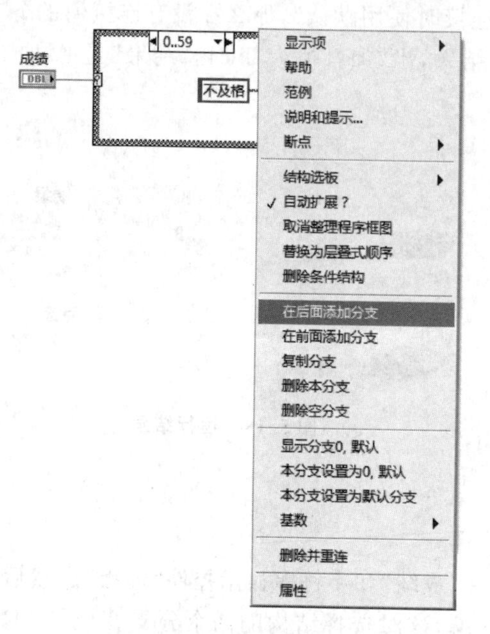

图 5.21　添加分支

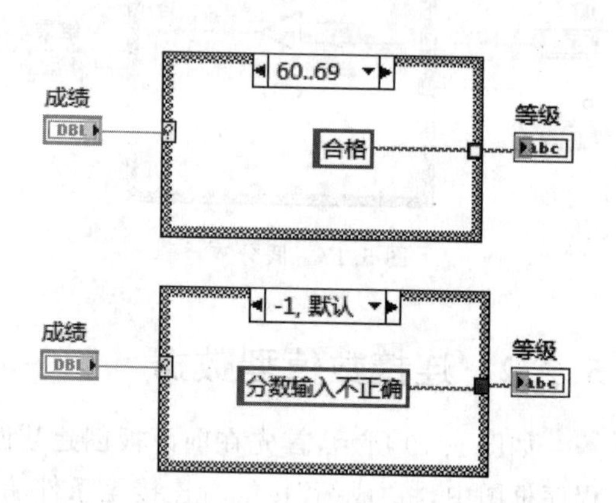

图 5.22　编辑其他分支

图 5.23 所示为运行结果:当在"成绩"中输入 80 时,运行结果为"良好";当在"成绩"中输入 145 时,显示"分数输入不正确"。

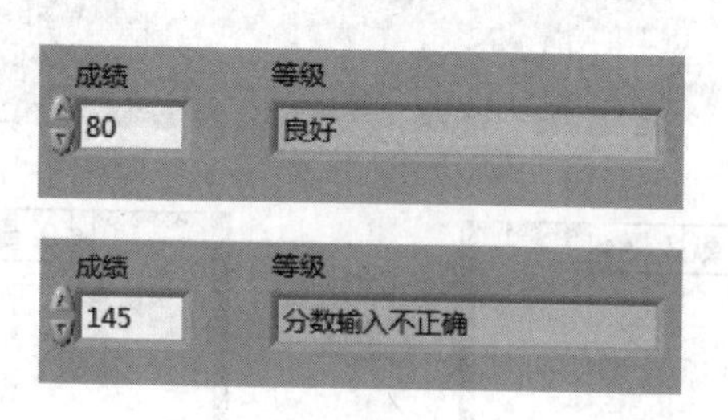

图 5.23　运行结果

5.2.3　连接枚举型数据

枚举型控件位于控件选板的"控件→新式→下拉列表与枚举"中。在前面板中创建如图 5.24 所示的一个枚举型控件。右击控件,在快捷菜单中选择"编辑项",打开"枚举类的属性:枚举"对话框。在对话框中插入"不及格""合格""良好"和"优秀"4 项,单击"确定"按钮,退出对话框,并将枚举控件的标签改成"等级"即可,如图 5.25 所示。

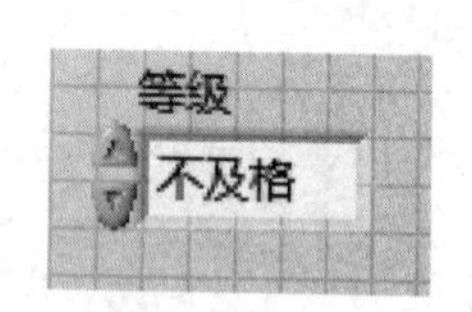

图 5.24　枚举型控件

在程序框图中将"等级"接入条件端子接线端,如图 5.26 所示。单击分支条件上的下三角按钮可以看到选择结构有"不及格,默认"和"合格"两个分支。如图 5.27 和图 5.28 所示,在"合格"分支中,创建"大于等于 60,小于 70"字符串常量并连接至"分数范围"。在"不及格"分支中创建"60 分以下"字符串常量并连接输出端子。然后继续添加"良好"和"优秀"分支,分别输出“大于等于 70，小于 85”和“大于等于 85，小于等于 100”。

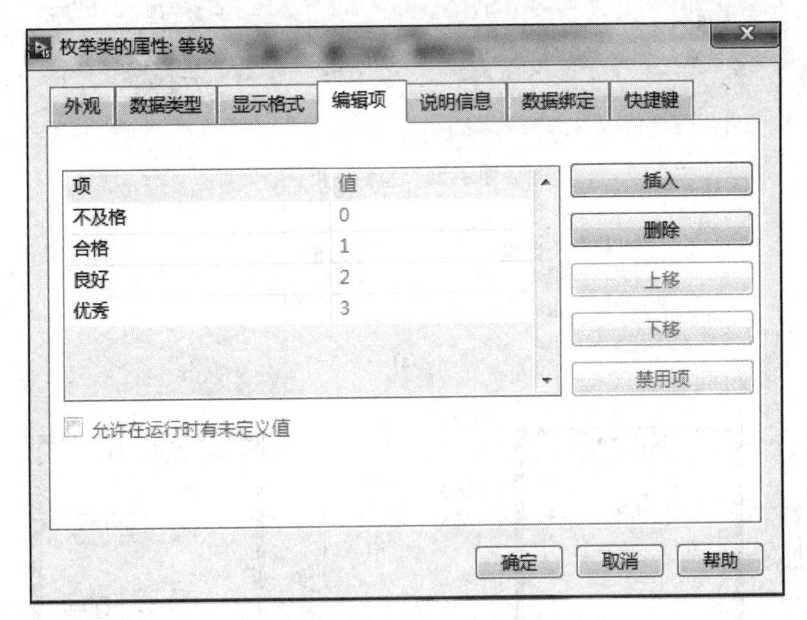

图 5.25　“枚举类的属性:等级”对话框

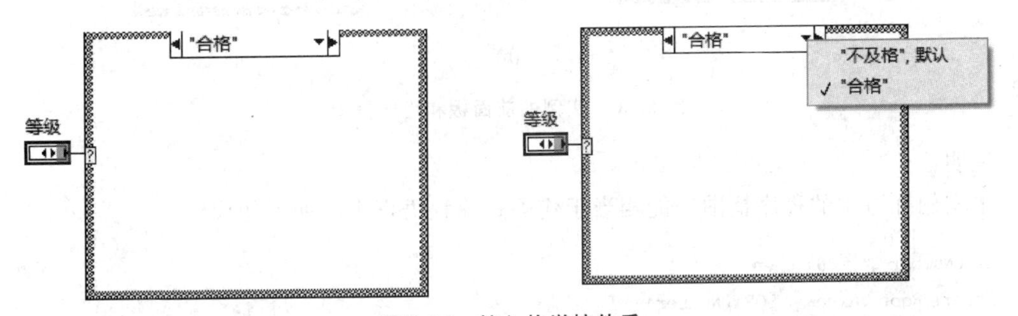

图 5.26　接入枚举控件后

程序框图编辑完后，运行程序。图 5.29 所示为程序运行结果。

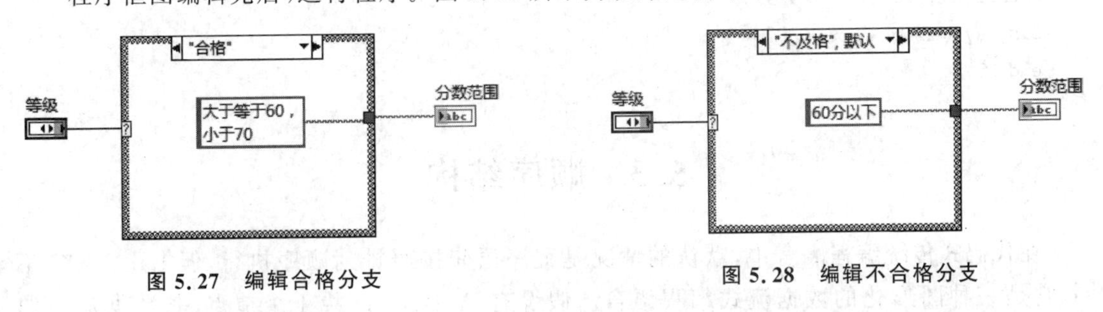

图 5.27　编辑合格分支

图 5.28　编辑不合格分支

下面介绍一个实例：创建一个 VI，以检查一个数值是否为正数。如果它是正数，则 VI 计算它的平方根，反之则显示出错。

实例的前面板和程序框图如图 5.30 所示。

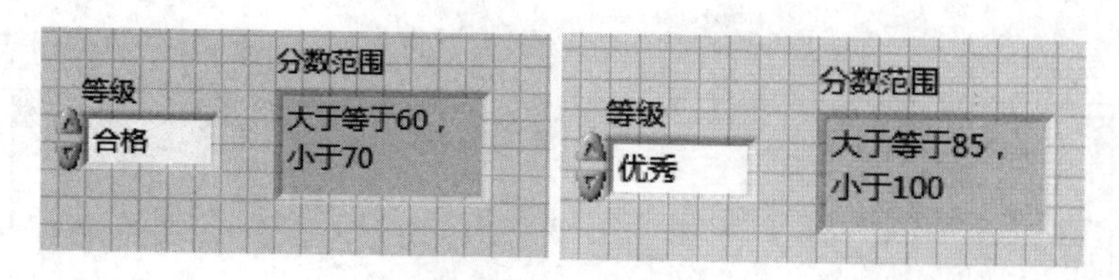

图 5.29　运行结果

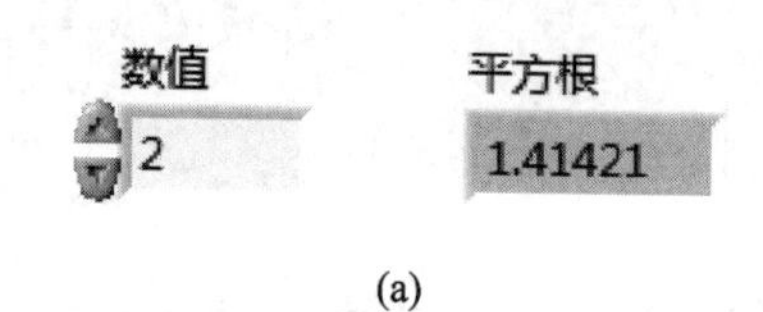

(a)

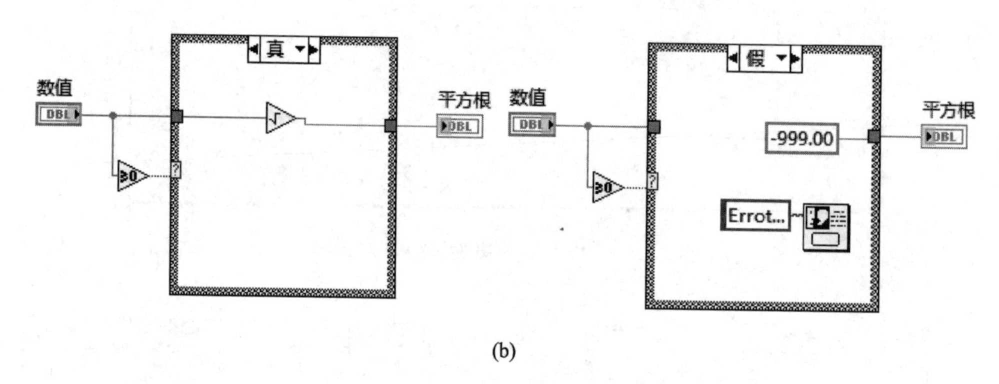

(b)

图 5.30　实例的前面板和程序框图

说明：

本实例练习中的程序框图功能相当于代码式编程语言中的如下伪代码：

```
if (Number >= 0) then
Square Root Value = SQRT(Number)
else
Square Root Value = -999.00
Display Message "Error.. "
end if
```

5.3　顺序结构

在代码式传统编程语言中，默认的情况是程序语句按照排列顺序执行，但 LabVIEW 不同，它是一种图形化的数据流式编程语言。假设有 A、B、C、D 共 4 个节点，其数据流向如图 5.31 所示。按照数据流式语言的约定，任何一个节点只有在顺序结构的输入数据有效时才会执行，因此在图中，当且仅当 A、B、C3 个节点执行完，使得 D 节点的 3 个输入数据都到达 D 节点时，D 节点才执行。但是要注意，这里并没有规定 A、B、C 共 3 个节点的执行顺序。在 LabVIEW 中有这种情况时，A、B、C 的执行顺序是不确定的，如果需要对它们规定一个确定的顺序，那就需要使用“顺序结构”。

顺序结构有两种(见图5.32)。由图5.32可以看出,顺序结构的外形像电影的胶片,可以按顺序逐帧执行。平铺式顺序结构是把所有的帧都平铺在程序结构中,使所有的程序尽收眼底。但是如果程序很大,帧很多,那么平铺式顺序结构占用的空间就很大。层叠式顺序结构会把所有的帧都堆叠在一起,可以通过调节帧的编号来查看各个帧中的内容。因此,层叠式顺序结构占用的空间较少。

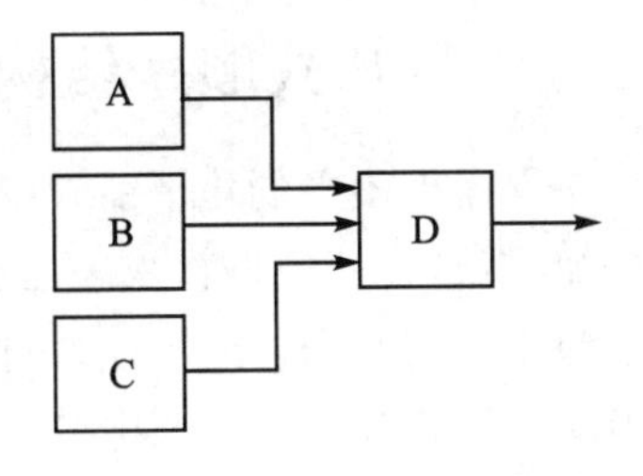

图5.31　顺序结构流程图

顺序结构的创建方法与For循环、While循环相同。刚刚创建的顺序结构只有一帧,一般可以通过顺序结构的右键快捷菜单来给顺序结构添加帧,如图5.33所示。

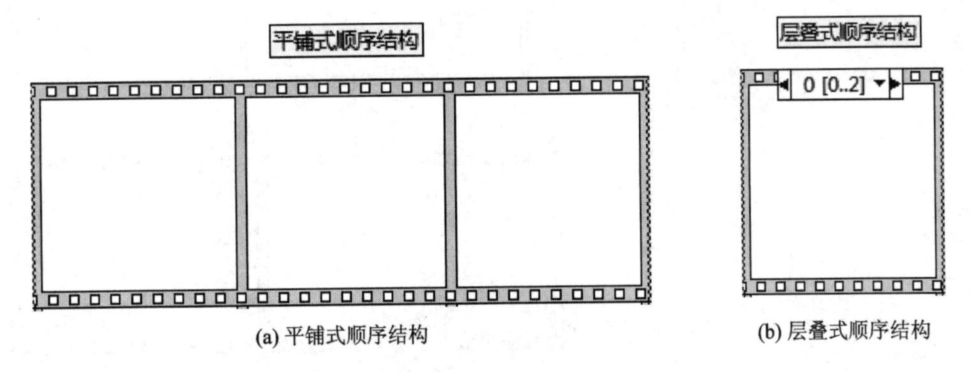

图5.32　顺序结构

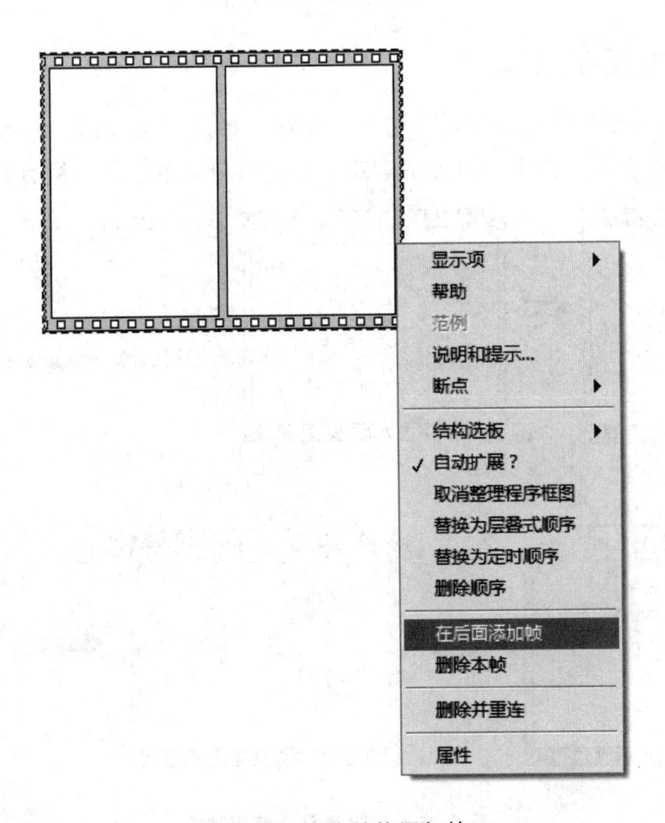

图5.33　顺序结构添加帧

5.3.1 平铺式顺序结构

在程序框图中创建平铺式顺序结构(见图 5.34),先在第一帧中编辑加法运算,然后在后面添加一帧,在帧中编辑减法运算,且减法运算的被减数为第一帧中的和。平铺式顺序结构中两个帧之间的数据传递可以通过直接连线的方法来实现。因此,可以将第一帧中加法函数的输出端直接连接到第二帧中减法函数的被减数输入端口上。

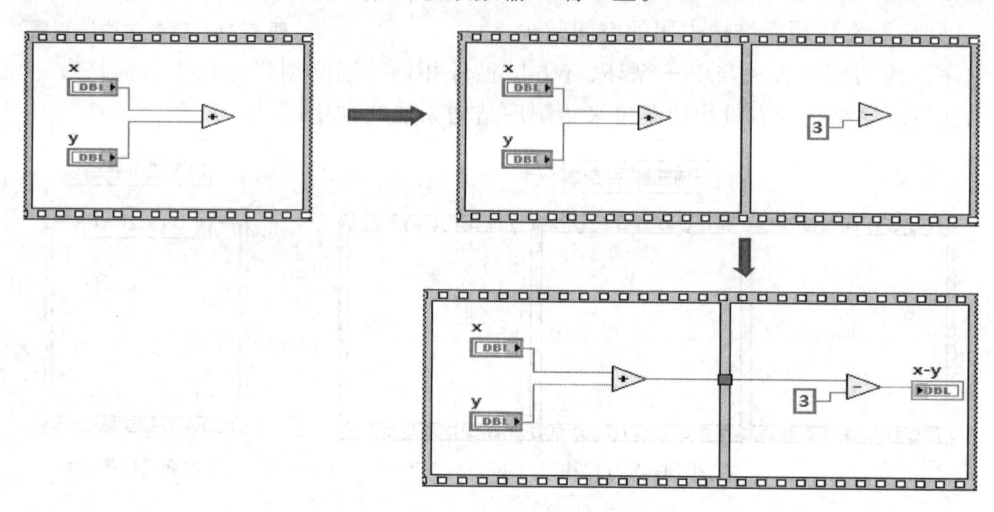

图 5.34 创建平铺式顺序结构

5.3.2 层叠式顺序结构

可应用层叠式顺序结构来实现($x+y-3$)功能。如图 5.35 所示,首先,在程序框图中创建层叠式顺序结构,在第一帧中编辑加法运算。通过快捷菜单添加一帧后,在第二帧中编辑减

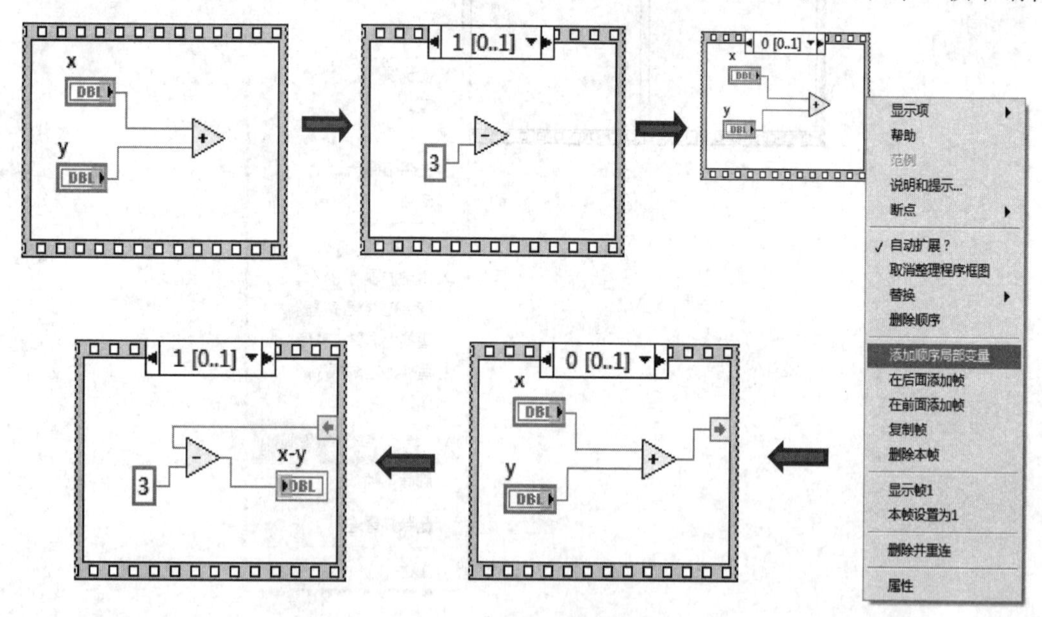

图 5.35 创建层叠式顺序结构

法运算。同样，第二帧减法运算的被减数为第一帧的和。层叠式顺序结构各个帧之间的数据是通过顺序局部变量进行传递的。在第一帧的边框上右击，调出层叠式顺序结构的右键快捷菜单，选择“添加顺序局部变量”。至此，顺序结构的边框上会出现黄色的顺序局部变量端子。将加法函数的输出端与端子连接后，端子变为橙色的输出箭头。在第二帧的边框上也会发现同样的顺序局部变量端子，只是端子中的箭头表示输入。将端子与减法函数的被减数输入端连接便完成了帧之间的数据传递。

5.4 事件结构

5.4.1 功能介绍

事件结构的功能是等待直至某一事件发生，并执行相应条件分支从而处理该事件。事件结构可以有一个或多个事件分支。当事件结构执行时，仅有一个子程序框图或分支在执行。

如图 5.36 所示，事件结构创建后默认的事件 0 是超时事件，即等待一定的时间。在这段时间内，如果没有任何事件发生，那么就执行“超时”事件分支中的程序。图 5.36 中左上角的超时端子接超时等待时间，以 ms 为单位，默认值为－1，即永不超时；左下角是该事件的一些当前事件数据；上端是当前触发事件分支。右击结构边框，可通过快捷菜单添加或删除事件分支，也可以编辑事件分支。

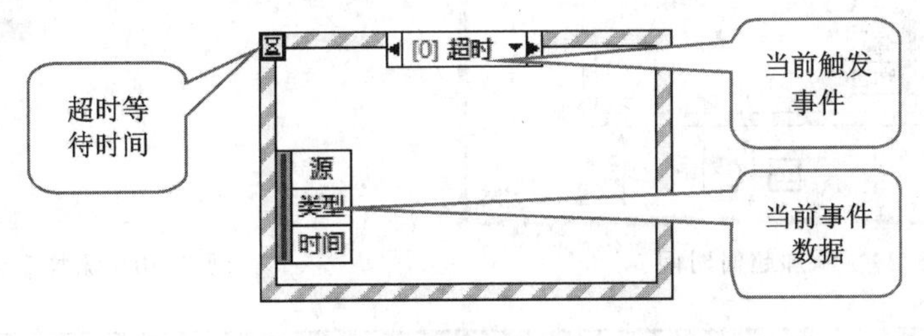

图 5.36 事件结构

5.4.2 具体设计步骤

如图 5.37 所示，在前面板创建“确定”“停止”和“计数”三个控件。本实例的功能是实现每单击一次“确定”按钮，“计数”便加 1；而单击“停止”按钮时，程序便停止执行。由于程序执行以后就要开始检测是否单击了“确定”按钮，因此程序一直在循环执行，这里需要用到 While 循环。

首先，在程序框图中创建 While 循环，将“停止”接线端接至 While 循环的循环终止条件端子。然后，给 While 循环添加一个定时器，在 While 循环中创建事件结构(见图 5.38)。最后，将“确定按钮”移动至 While 循环框中，给“超时”端子赋值(见图 5.39)。超时事件中不用编辑程序，表示超时后不用执行任何操作。

如图 5.40 所示，在事件结构框上右击，选择“添加事件分支..”，接着会弹出“编辑事件”对话框，如图 5.41 所示。在“编辑事件”对话框的事件源中选择“确定按钮”，在事件中选择“值改变”，然后单击“确定”按钮，新事件就添加成功了。

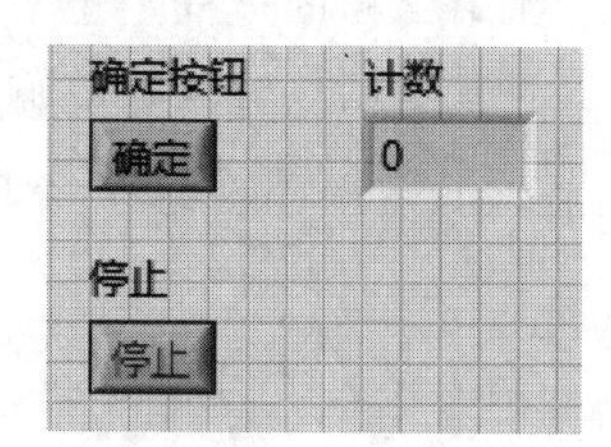

图 5.37　程序前面板

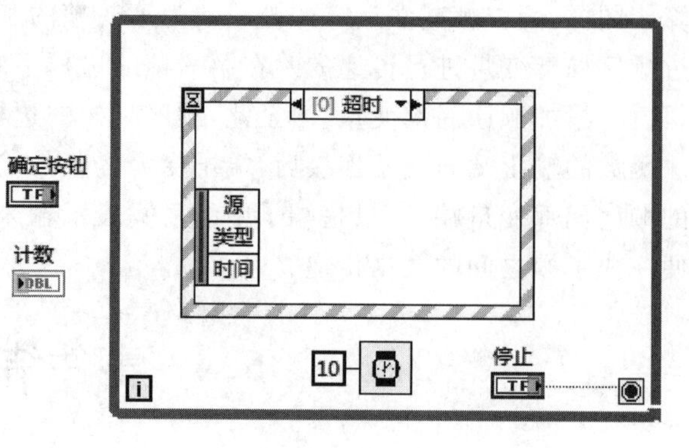

图 5.38　While 循环中创建事件结构

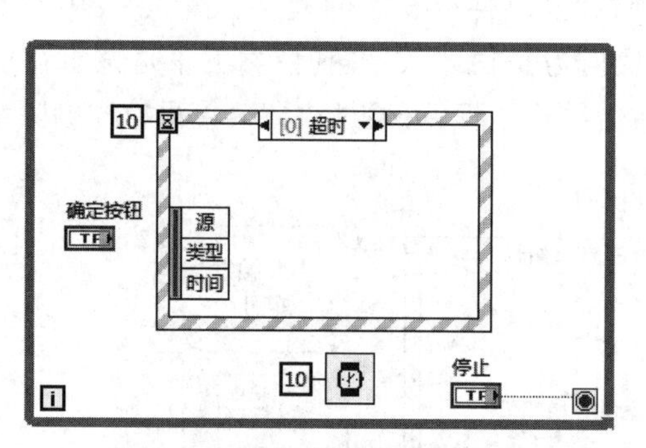

图 5.39　添加超时时间

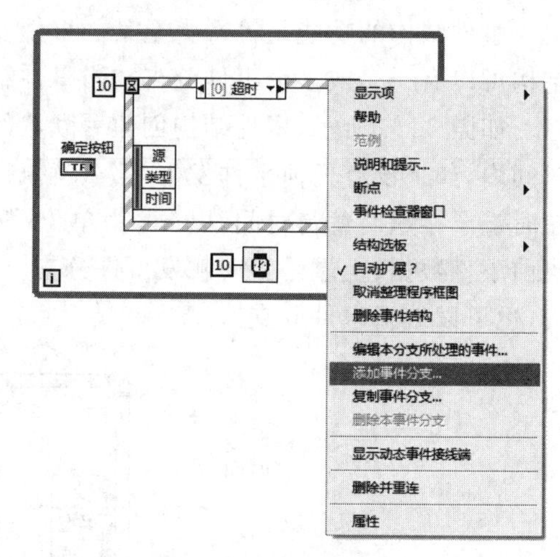

图 5.40　添加事件分支

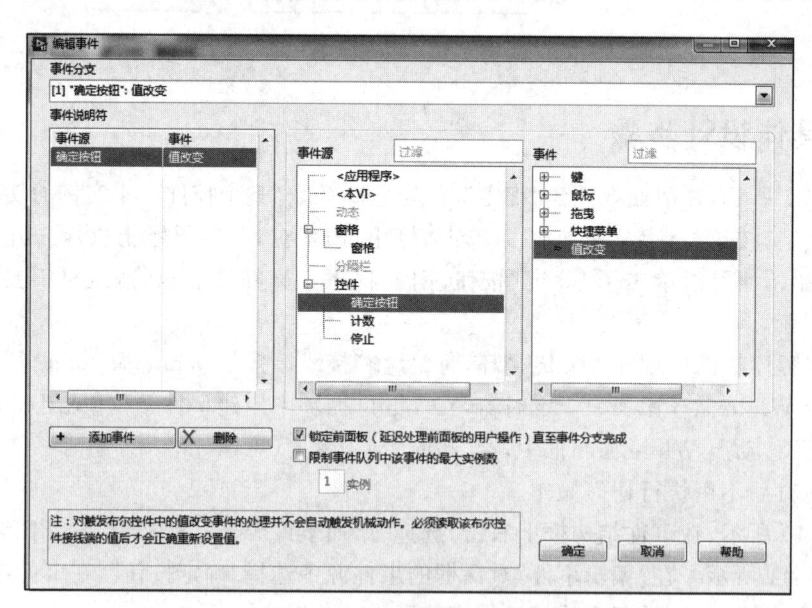

图 5.41　“编辑事件”对话框

事件添加成功后，单击当前事件的下三角按钮，可以弹出事件列表（见图5.42）。在事件列表中可以选择相应的事件对其进行编辑。按照图5.43所示的程序框图编辑值改变事件的程序。在该程序中，每当执行这个事件时，“计数”的值都在原有的基础上加1。

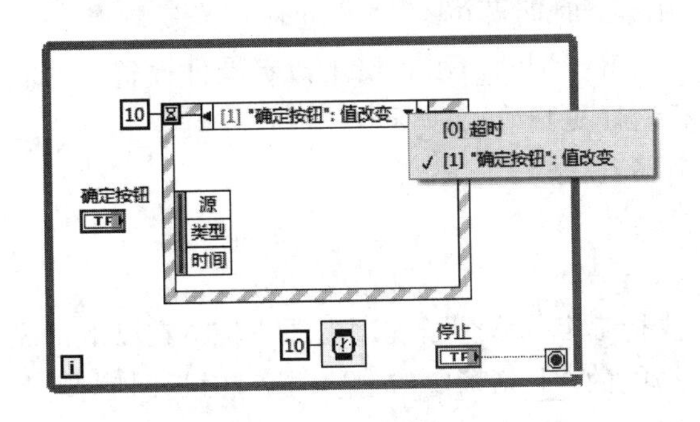

图5.42 弹出事件列表

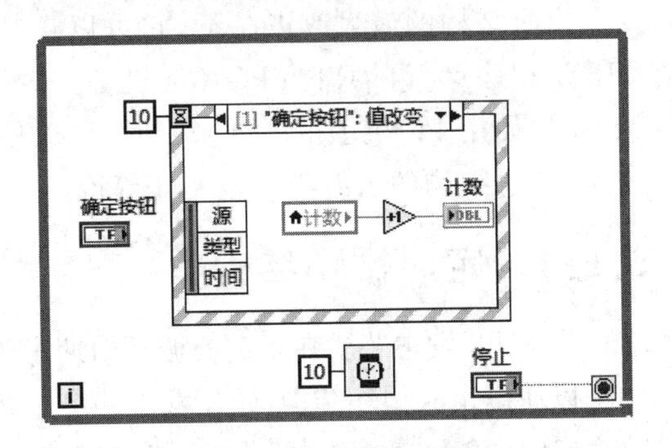

图5.43 演示程序框图

在执行While循环之前，必须给“计数”控件赋初始值0，只有这样程序才能正确执行。因此，这里又用到了顺序结构。如图5.44所示，在顺序结构的第一帧中给“计数”赋值0，然后再执行第二帧中的内容。图5.45所示为程序运行结果。

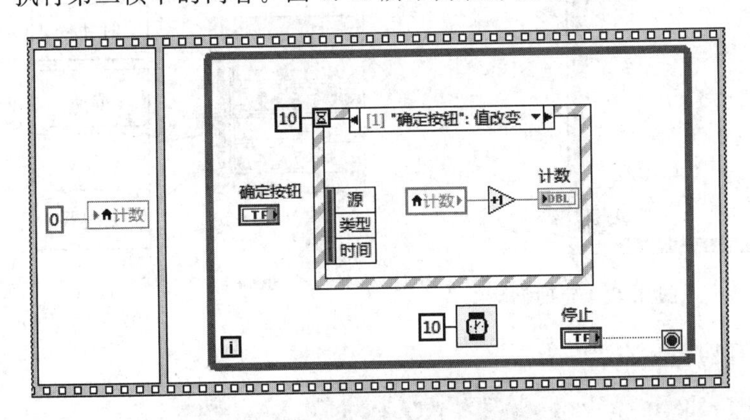

图5.44 演示程序框图添加顺序结构

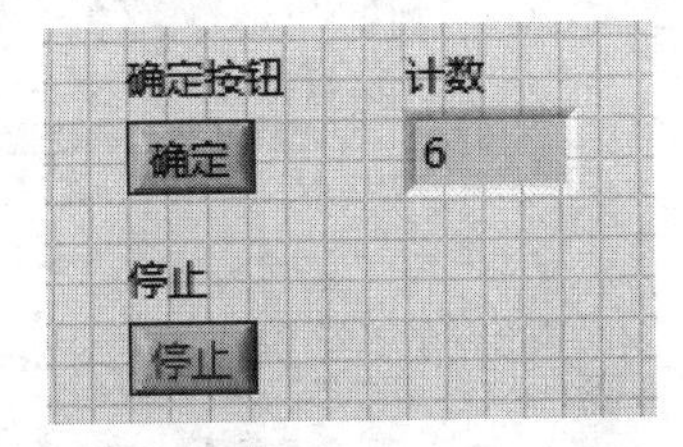

图5.45 演示程序前面板

5.5 定时结构

定时结构和VI用于控制定时结构在执行其子程序框图、同步各定时结构的起始时间、创建定时源，以及创建定时源层次结构的速率和优先级。打开定时结构的函数面板（见图5.46），最上面是定时循环和定时顺序结构，下面是与控制时间结构相关的VI。

顾名思义，定时结构与时间控制有关。LabVIEW中原本有一些用于延时或定时的函数，比如等待(ms)、等待下一个整数(ms)函数等，它们均位于定时面板中。利用这些函数，基本可以实现与使用时间结构相同的功能。

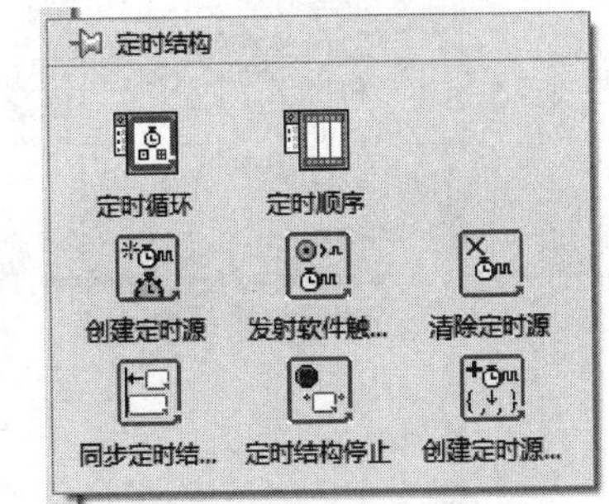

图5.46 时间结构的函数面板

在没有硬件定时器的情况下，Windows 操作系统的时间精确度取决于计算机本身的计时精度，一般能达到的最高精度为 1 ms。利用系统时间计算时间差精度是比较高的，一般计算机系统时间源误差在 1 min 以内。

定时结构的最大改进在于，它可以选择使用哪个时间源（硬件）来定时。尤其是当 LabVIEW 程序运行在 RT、FPGA 等设备上时，这一点就特别有用了。使用指定硬件设备上的时钟，相比使用 PC 机上的时钟来定时，可以使运行时序更精确。即便同样都是在普通计算机上使用，定时结构的定时效果也要比等待（ms）函数精确得多。

5.5.1 定时循环结构

在 VI 开发中若要在指定的循环周期中顺序执行一个或多个子程序框图或帧。在以下情况中可以使用定时循环结构，如开发支持多种定时功能的 VI、精确定时、循环执行时返回值、动态改变定时功能或者多种执行优先级。右击结构边框可添加、删除、插入或合并帧。图 5.47 所示为定时循环结构。

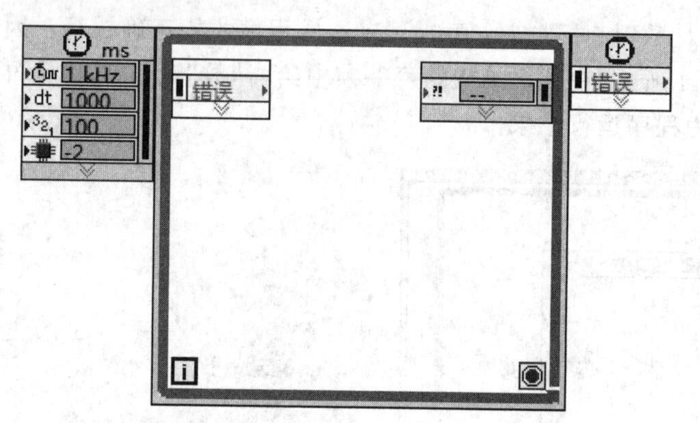

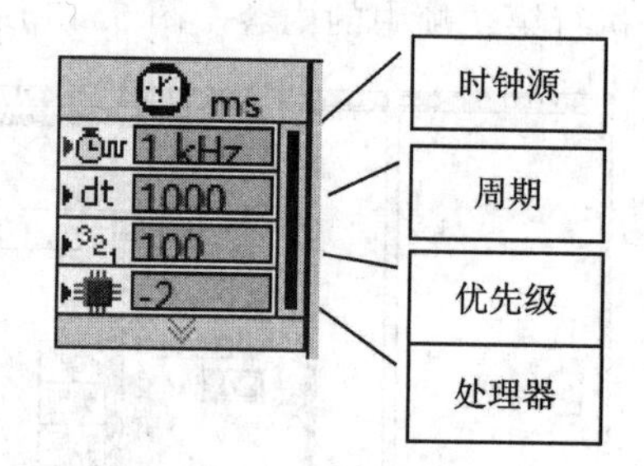

图 5.47　定时循环结构

定时循环结构重要参数配置如图 5.48 所示。

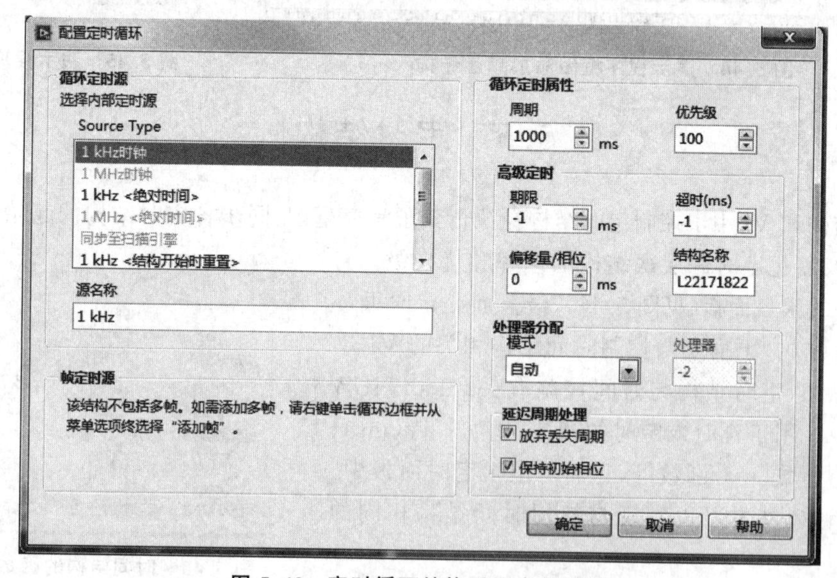

图 5.48　定时循环结构重要参数配置

注意：Windows 操作系统中软件定时只能使用 1 kHz 时钟。

图 5.48 中几个重要参数定义如下：

① 周期：设置每次循环的间隔时间，单位为 ms。

② 优先级：当同时存在多个定时循环时，优先级别高的先运行，默认值为 100。

③ 结构名称：可以自由命名，唯一标识定时结构。

④ 处理器分配模式：指定如何分配执行的处理器，可以选择自动模式和手动模式。

- 自动模式：LabVIEW 自动分配处理器执行。
- 手动模式：指定用于处理执行的处理器数量。必须在处理器控件中指定 0～255 范围内的值。

⑤ 期限：用于设定每次循环允许的最长时间。如果某次循环未在指定期限内完成，则“延迟完成?”在下一次循环中返回 True。

⑥ 超时：指定定时循环等待定时源触发事件的最长时间。如超时前定时循环没有开始执行，定时循环可执行未定时循环，并在下一次循环的“唤醒原因”端子返回超时报警信息。

⑦ 延迟周期处理：指定定时循环的延迟循环模式。

- 放弃丢失周期：放弃在丢失周期中产生的任何数据。
- 保持初始相位：返回初始配置的相位。

注意：

① 定时循环不但可以实现单帧循环，还可以实现多帧循环，每一帧中都可以设定相对于上一帧的起始时间，下一帧的起始时间表示该帧的延迟时间。在没有超时的情况下，各帧延迟之和等于一个循环周期。

② 当“期限”或“超时”设置为－1 时，表示这两个参数将采用周期设定的值。

③ 可以通过定时循环名称控制定时循环的启动和停止。定时循环允许不连接“循环条件”端子，通过“实时结构停止”函数停止定时循环。另外“同步定时结构开始”函数可以同步多个定时结构的启动时间。

5.5.2　定时顺序结构

定时顺序结构由一个或多个子程序框图或帧组成，在内部或外部定时源控制下按顺序执行。与定时循环不同，定时顺序结构的每个帧只执行一次，不重复执行。定时顺序结构适用于开发只执行一次的精确定时、执行反馈、定时特征等动态改变或有多层执行优先级的 VI。右击定时顺序结构的边框可添加、删除、插入或合并帧。图 5.49 所示为定时顺序结构。

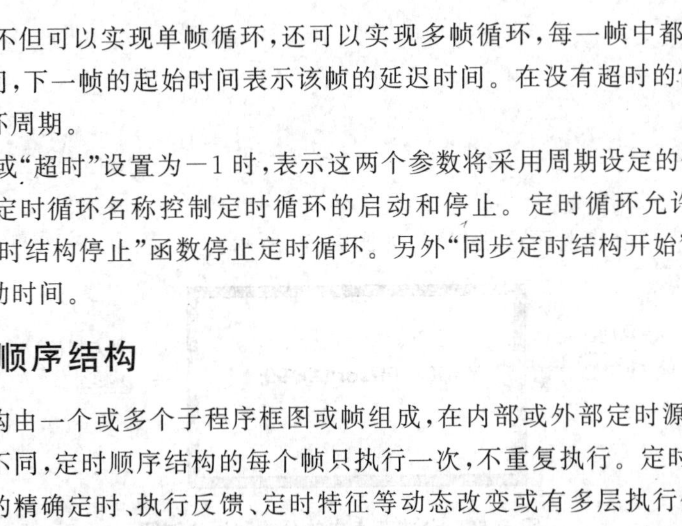

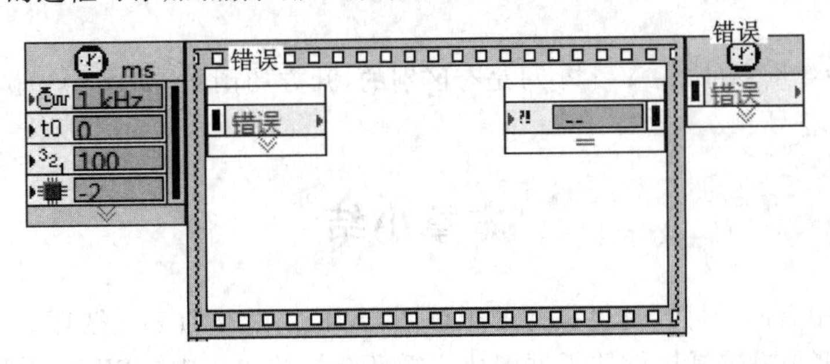

图 5.49　定时顺序结构

5.6 公式节点

公式节点是一种便于在程序框图上执行数学运算的文本节点。用户无须使用任何外部代码或应用程序，且创建方程时不必连接任何基本算术函数。除接受文本方程表达式外，公式还支持C语言编程者所熟悉的If语句、While循环、For循环和Do循环的文本输入。这些程序的组成元素与在C语言程序中的元素相似，但并不完全相同。

利用公式节点可以直接输入一个或多个复杂的公式，而不用创建流程图的子程序，使用文本编辑工具即可输入公式。创建公式节点的输入接线端和输出接线端的方法如下：右击公式节点的边框，从快捷菜单中选择添加输入或添加输出，再在节点框中输入变量名称，变量名称对大小写敏感。然后在结构中输入方程。注意：每一个方程表达式都必须以分号“;”结尾。

公式节点的帮助窗口中列出了可供公式节点使用的操作符、函数和语法规定。一般来说，它与C语言非常相似，大体上一个用C语言写的独立的程序块都可以用到公式节点中。但是，仍然建议不要在一个公式节点中写过于复杂的代码程序。

公式节点可以根据不同的条件处理不同的情况。下面的示例显示了如何在一个公式节点中执行不同条件时的数据发送。如下程序代码表示，如果X为正数，它将算出X的平方根并把该值赋给Y，如果X为负数，程序就给Y赋值－99：

```
If (x >= 0) then
y = sqrt (x);
else
y = -99;
end if
```

可以用公式节点取代上面这段代码，如图5.50所示：

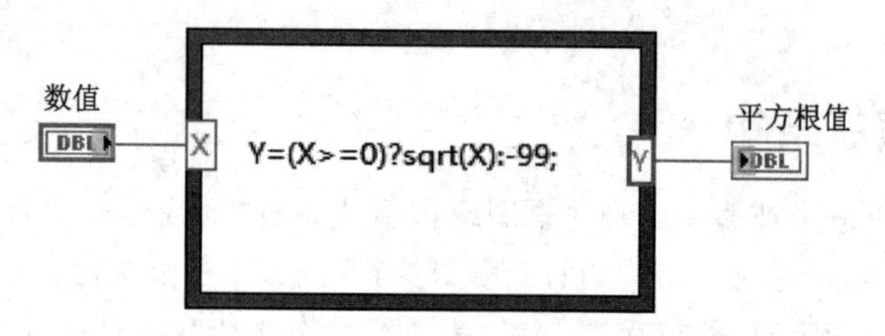

图5.50 公式节点中的公式和语法注解

注意：

公式节点中变量字母X、Y大小写是有区别的，开方的函数sqrt(X)中函教名称是小写。符号为英文标点符号。

本章小结

LabVIEW中有两种可以重复执行的子框图：While循环和For循环。两种结构都是大小可变的方框，都是将重复执行的子框图放入循环结构的边框内。While循环一直执行到条件端子值变为Fase(或者True，取决于其配置)，For循环会执行指定的次数。

移位寄存器只能在While循环和For循环中使用,它从一次迭代的末尾传送值到下一次循环的开始。要想访问前几次循环的数值,必须添加新元素到移位寄存器左侧接线端。可以使用多个移位寄存器存储多个变量。

LabVIEW有两种结构可以控制数据流,即顺序结构和条件结构。顺序结构应避免过度使用,尽可能只使用平铺式顺序结构。使用条件结构时,要根据输入条件选择器中的值来转移至不同的分支,就像传统编程语言中的if-then-else结构。

定时子选项卡提供了控制和监视VI的定时函数。定时结构则能控制结构定时执行分支的速率和顺序以及定时结构的同步启动。

公式节点可以在框图中直接输入公式。在表达复杂的函数方程时,是一个非常有用的特性。切记,其对变量名是大小写是很敏感的,而且每个公式表达式必须以分号";"结束。

思考与练习

1. 参照图5.51创建VI,在1 s内,每0.2 s产生一个0~1范围内的随机数,将生成数字的5倍显示出来,并显示出计数节点的数值。再将其进行循环5次,之后输出数组,在第二次循环之外输出第一次循环后的结果,观察其不同点。

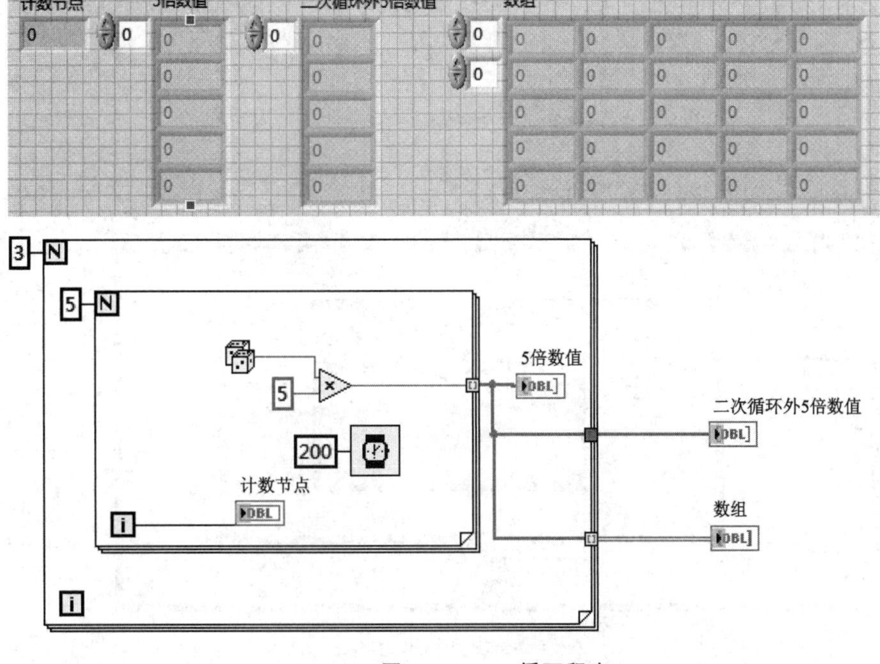

图5.51 For循环程序

2. 参照图5.52构建VI,利用选项卡控件,在布尔条件下,当开关按钮为开的状态时,指示灯亮;在另一个事件结构下,选择不同的波形(正弦波、三角波、方波),波形图上相应地出现该线形。

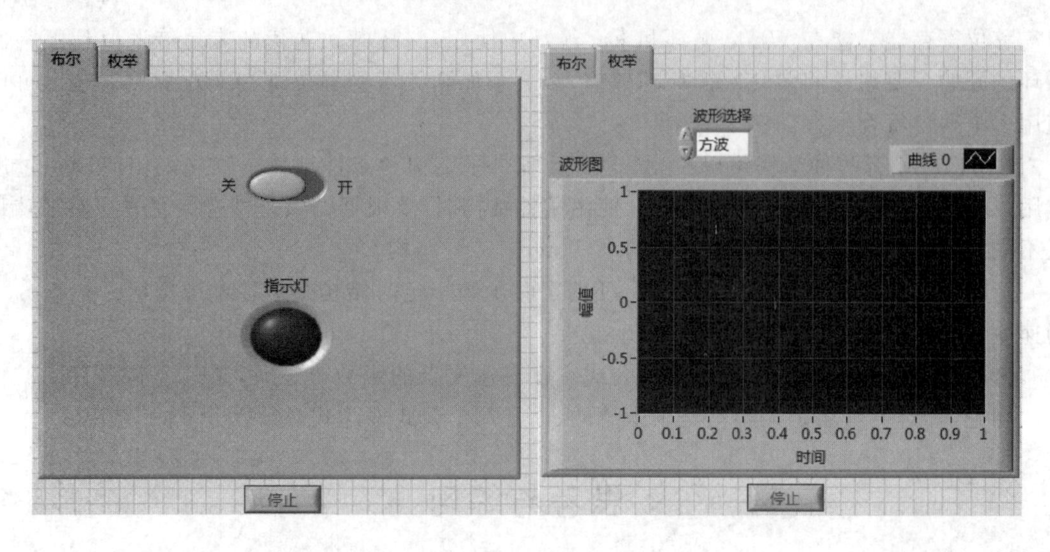

(a) 选项卡

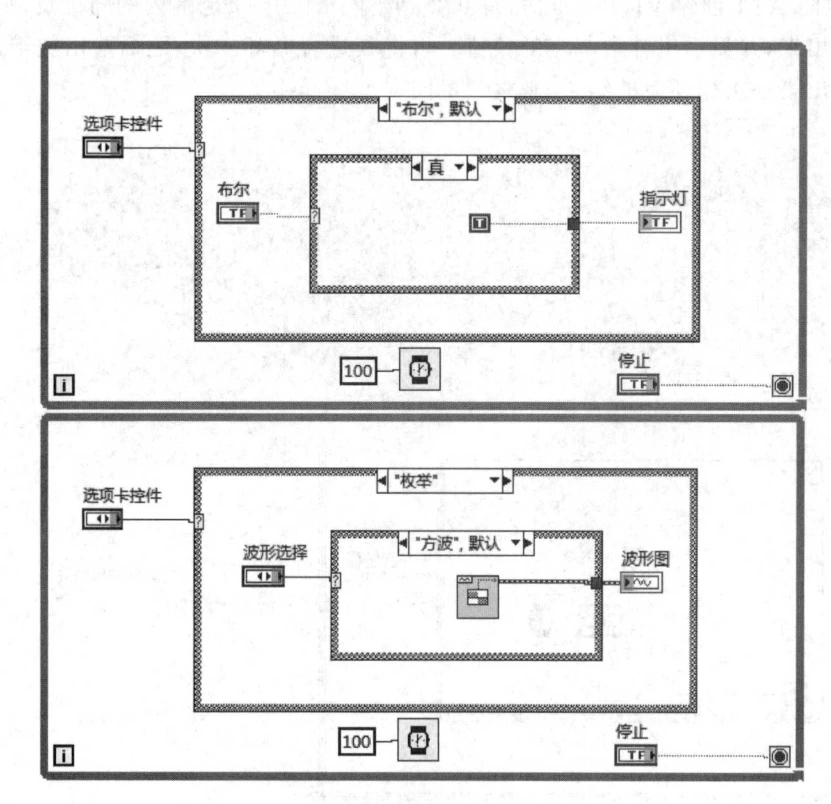

(b) 条件结构程序图

图 5.52　选项卡及条件结构程序图

3. 参照图5.53创建VI,实现求平均数功能。每0.5 s随机产生0～1之间的随机数,所产生的数字进行求平均值,直到单击停止按钮后停止产生数值。将所产生的随机数及平均数显示在图表上。

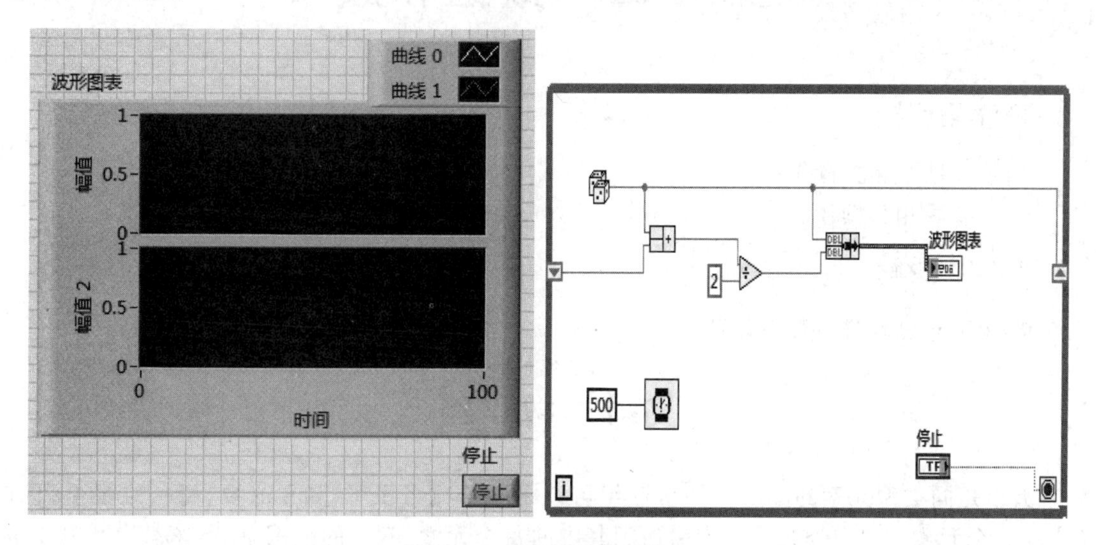

图5.53　随机数及其平均值

4. 参照图5.54创建VI,实现一个心形流水灯。

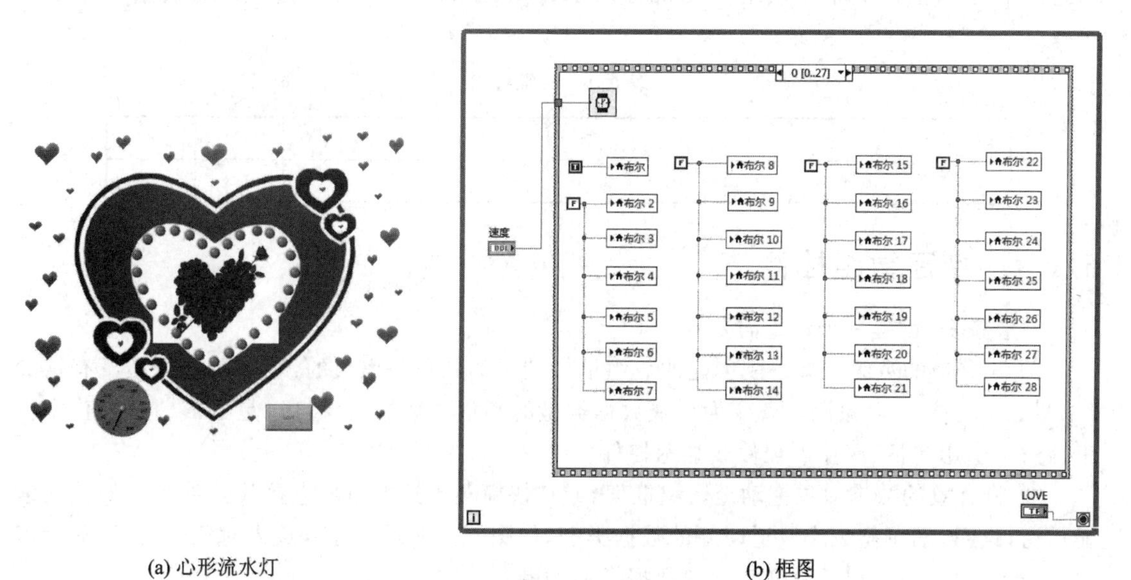

(a) 心形流水灯　　(b) 框图

图5.54　心形流水灯及框图

第 6 章　数组和簇

学习目标

- 掌握数组相关操作；
- 掌握簇相关操作。

实例讲解

- 用 For 循环进行数组运算。

6.1　数　组

数组是同类型元素的集合。一个数组可以是一维或者多维，如果必要，每一维最多可有($2^{31}-1$)个元素。可以通过数组索引访问其中的每个元素，索引的范围是 0～($n-1$)，其中 n 是数组中元素的个数。表 6.1 所列为由数值构成的一维数组。注意 第一个元素的索引号为 0，第二个为 1，依此类推。数组的元素可以是数据、字符串等，但所有元素的数据类型必须一致。

表 6.1　一维数组

索　引	0	1	2	3	4	5	6	7	8
电压/V	0.4	0.9	1.4	0.8	−0.1	−0.7	−0.3	0.3	0.2

6.1.1　创建数组控件

一般说来，创建一个数组需要两步：

① 建立空的数组框架。刚创建的数组框架端子的颜色是黑色的，表示数据类型没有定义(见图 6.1)。放入对象以后就变为反映数据类型的颜色。数据对象可以是数值、布尔值、字符串、路径、引用句柄、簇输入控件或显示控件。

② 将有效的数据对象拖动至数组框架，或从快捷菜单选取对象直接放到数组框架。元素显示窗口会自动调整大小以适应新的数据类型，如图 6.2 所示。在未放入对象时，元素显示窗口为灰色，放入对象以后就变为反映数据类型的颜色。

注意：

所有元素要么都是输入控件，要么都是显示控件，不能混合使用。使用调整工具可以将对象调整到能显示所希望数量的数组元素。单击索引框的上下箭头可以浏览整个数组。数组连线比传送单个数值的连线粗。

如果要清除数组输入控件、显示控件或者常数中的数据，可以右击索引框，在弹出的菜单中选择数据操作→清空数组。

如果需要插入或删除数组输入控件、显示控件或常数里的元素，可以在右击数组元素的弹出菜单中选择数据操作→在前面插入元素。

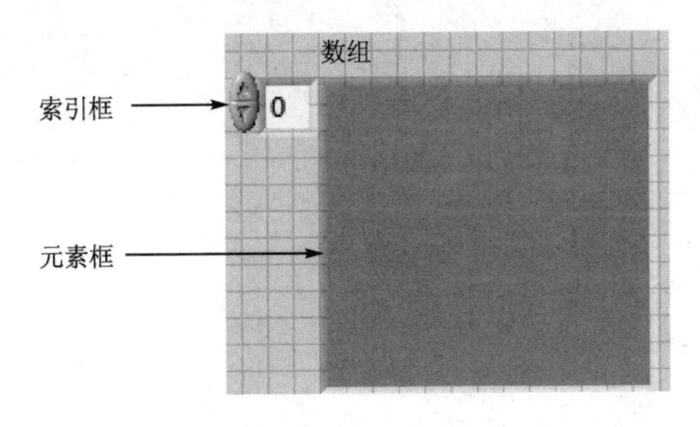

图 6.1 数组框架

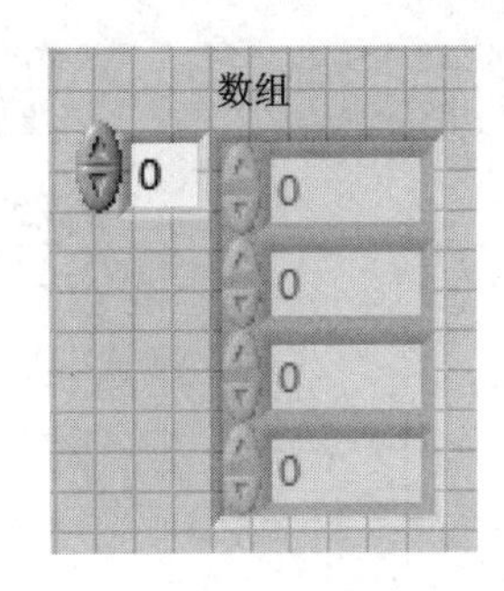

图 6.2 在数组外框中放置一个数值控件

6.1.2 自动索引

索引是循环边界对数组自动建立索引并累加的能力。在循环的每次迭代中创建数组的下一个元素。循环执行完成后,将数组从循环内输出到显示控件中(粗的橙色连线)。如果选择最终值,将只传送最后一个值,创建的是数值显示控件(细的橙色连线),如图 6.3 所示。注意连线的粗细变化。

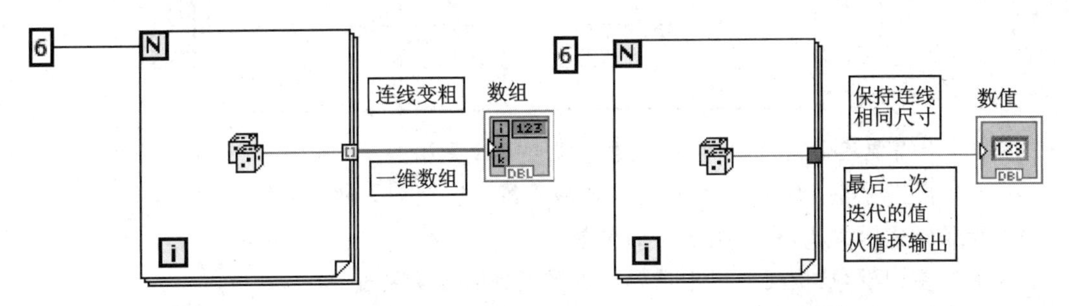

图 6.3 自动索引数组与启用最终值时的循环输出隧道

在图 6.3 中,For 循环执行的次数与数组中元素数目相同。通常,如果 For 循环的计数接线端没有连线,运行箭头是断开的。但是这里没有断开,因为 For 循环一次可以处理数组中的一个元素。所以,LabVIEW 会将计数接线端设置为数组大小。For 循环经常用来处理数组,所以在数组连线到 For 循环时,LabVIEW 默认启用自动索引。在 While 循环中,LabVIEW 默认启用最终值。如果要打开 While 循环的自动索引,必须右击数组隧道,在弹出菜单中选择索引。要特别注意自动索引的状态,否则会产生难以发现的错误。

将数组连线到循环时也常使用自动索引。如果在循环中打开自动索引,循环每次迭代时从数组中取出一个值(注意在连线进入循环时是如何变细的)。在循环中禁用索引,整个数组一次性输入到循环中。

如果有多个隧道启用自动索引,或对计数接线数组端进行连线,计数值将取其中较小的值。如图 6.4 所示,有两个启用自动索引的数组进入循环,数组 1 和数组 2 分别含有 10 和 100 个元素,即使将值 100 连接到计数接线端,该循环只执行 10 次,并且数组 2 仅索引前 10 个元素。

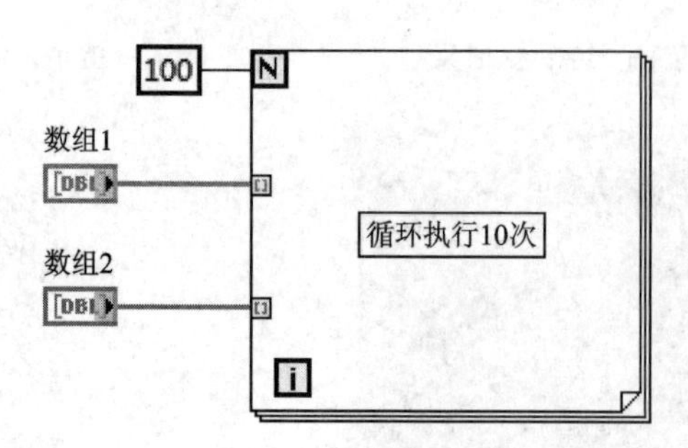

图 6.4　For 循环将执行 10 次

6.1.3　二维数组

前面讲的都是一维数组。二维数组存储元素于网格之中,需要一个行索引和一个列索引来定位一个元素。表 6.2 列出了如何表示包含 24 个元素的 6 列 4 行数组。

表 6.2　具有 24 个元素的 6 列 4 行数组

	0	1	2	3	4	5
0						
1						
2						
3						

三维数组需要三个索引,通常 n 维数组需要 n 个索引。

在前面板上创建一个多维数组,增加或减少维数有以下三种方法:

① 调整索引框大小,直至出现所需维数。

② 右击索引框,从快捷菜单中选择添加维度或者删除维度。

③ 在数组属性的大小子选项卡里修改。

如果不想在前面板上输入数值,可以用两个嵌套的 For 循环来创建二维数组。外部 For 循环创建行元素,内部 For 循环创建列元素,如图 6.5 所示。注意:二维数组的连线是两条线,比一维数组的连线要粗。

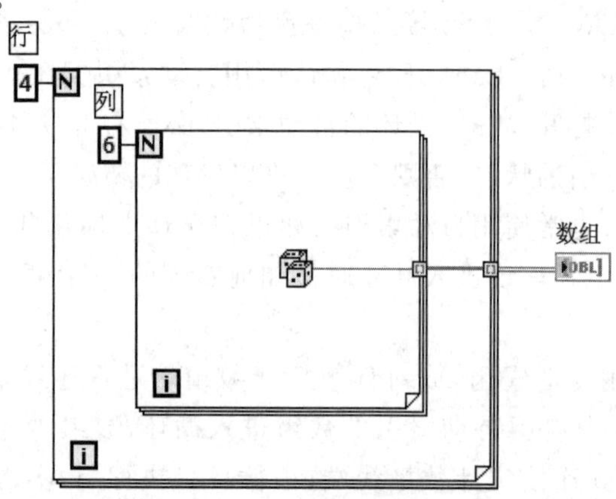

图 6.5　创建二维数组

6.1.4 数组处理函数

有许多内部函数可以用于数组操作，一般在函数→编程→数组子选项卡里面。数组选项卡如图6.6所示。下面介绍几个经常用到的数组函数。

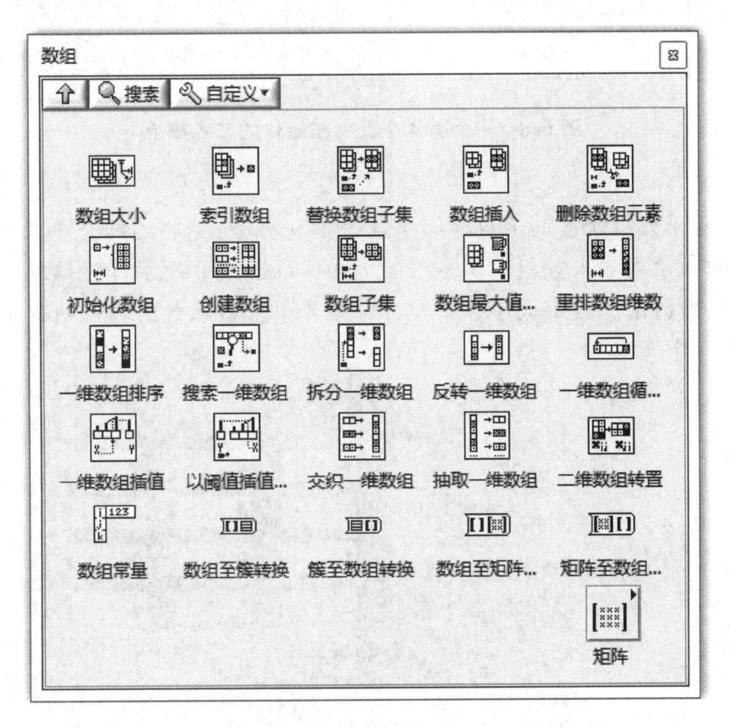

图 6.6　数组选项卡

(1) 初始化数组

初始化数组以用户指定的元素值创建 n 维数组，数组中所有的元素值初始化成一个值。一个未初始化的数组包含固定的维数，但不包含任何元素。图6.7所示为一个未初始化的二维数组输入控件。注意：元素都是灰色，表示数组未初始化。

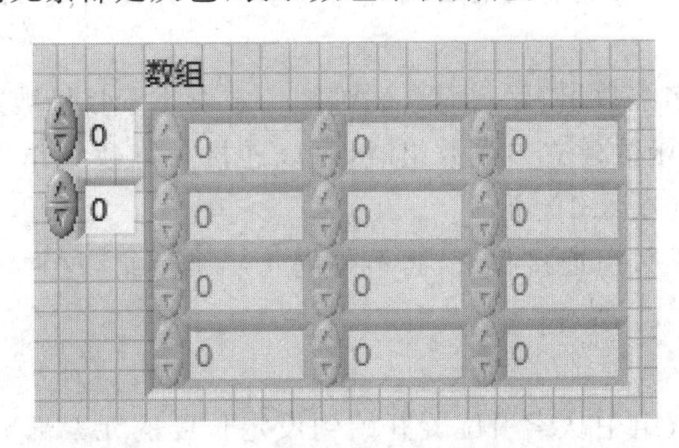

图 6.7　未初始化的二维数组

在图6.8中，使用初始化数组函数初始化了4个元素。每个元素都是浮点型的，函数具有给数组分配内存的作用。例如：当用移位寄存器将数组从一个迭代传送到另一个迭代时，可以使用该函数初始化移位寄存器。

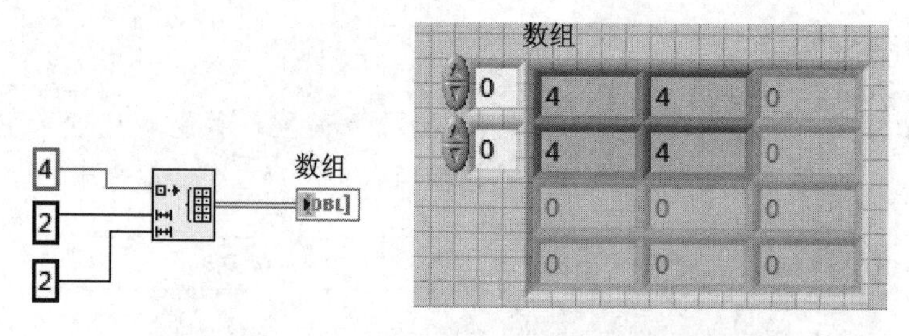

图 6.8　一个有 4 个元素初始化的二维数组

(2) 数组大小

数组大小可返回数组元素的个数。如果是一个 n 维数组，将返回一个具有 n 个元素的一维数组，数组中的元素为输入数组的每一维的大小。如图 6.9 所示，使用数组大小里函数测量了一个 4×3 的二维数组。数组大小显示控件中第 1 个值显示数组每一列有 4 个元素，第 2 个值显示每一行有 3 个元素。

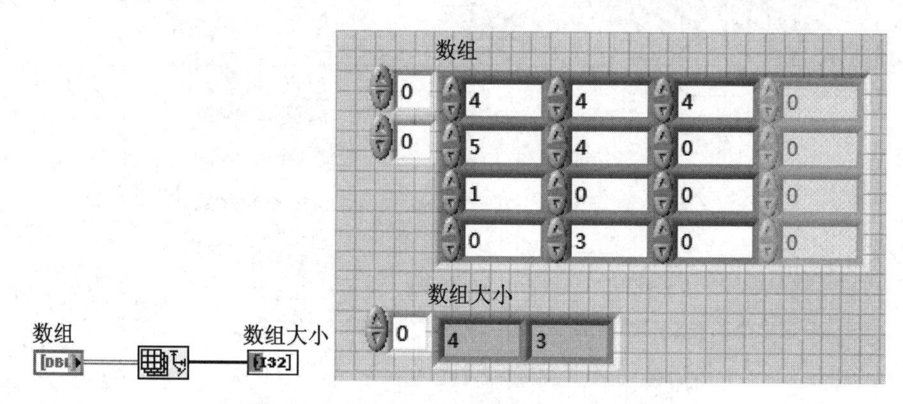

图 6.9　使用数组大小函数测量一个二维数组

(3) 创建数组

创建数组函数用于合并多个数组或给数组添加元素。创建数组函数可以输入数组和单值元素（标量），以便将数组和单值输入集成到一个数组。合并元素或数组时，将按出现的顺序从顶到底合并。

如果要添加元素到多维数组，那么元素的维数一定要小于目标数组（如添加一维元素到二维数组）。使用创建数组函数建立二维数组时，可以连接一维数组作为元素（每个一维数组将作为二维数组的一行），如图 6.10 所示。

有时候要将许多一维数组连接起来，而不是创建二维数组，这种情况下，选择创建数组函数连接输入即可，如图 6.11 所示。

(4) 数组子集

数组子集用于返回数组中从索引位置开始到设定长度的元素部分。如图 6.12 中索引为 2，数组子集的长度为 4。因为数组的索引是从 0 开始的，所以索引为 2 是数组中的第三个元素。这里数组子集是由从 5 开始的 4 个元素 5、7、1、4 组成的。

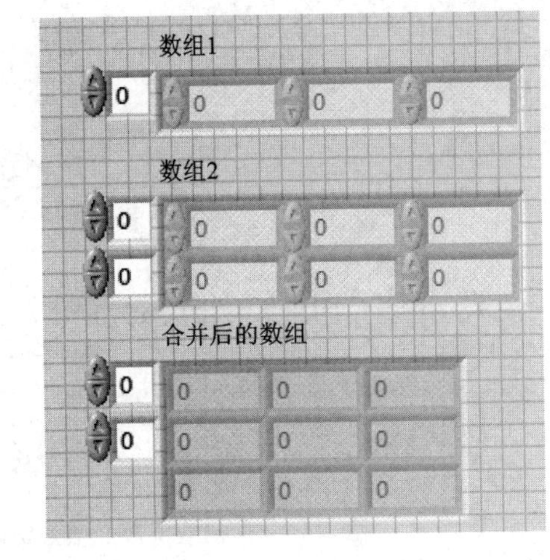

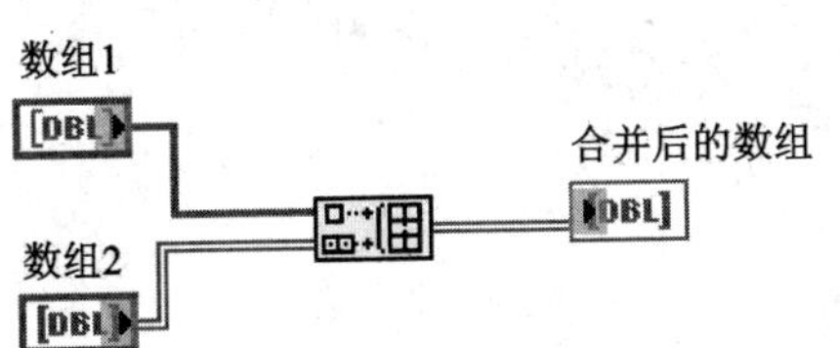

图 6.10　添加一维数组到二维数组

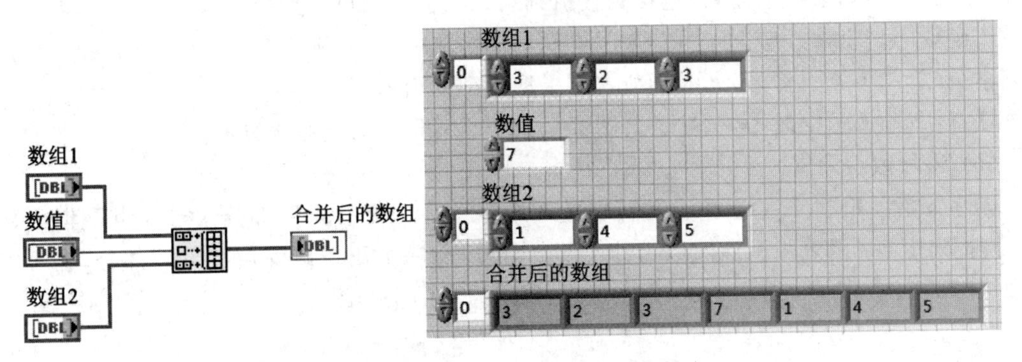

图 6.11　使用创建数组函数连接两个一维数组和一个标量

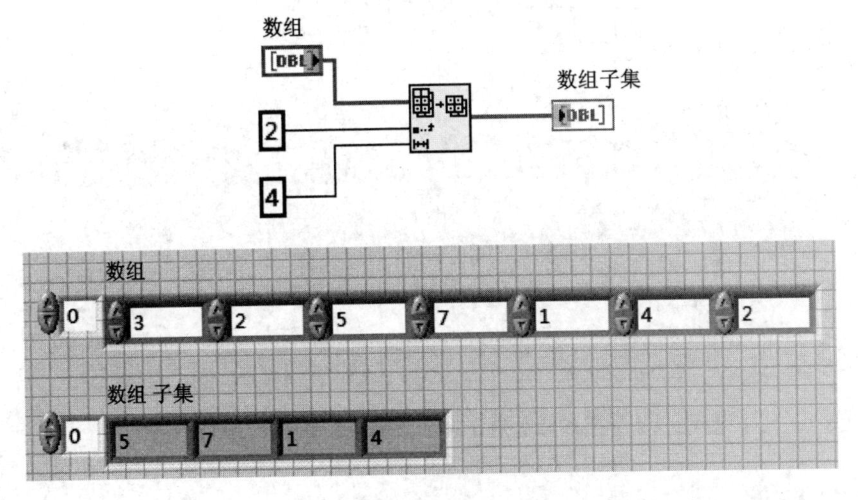

图 6.12　使用数组子集函数得到 4 个元素的数组子集

(5) 索引数组

索引数组用来访问数组中特定的元素。图 6.13 为用索引数组函数访问数组中第 3 个元素的实例图。

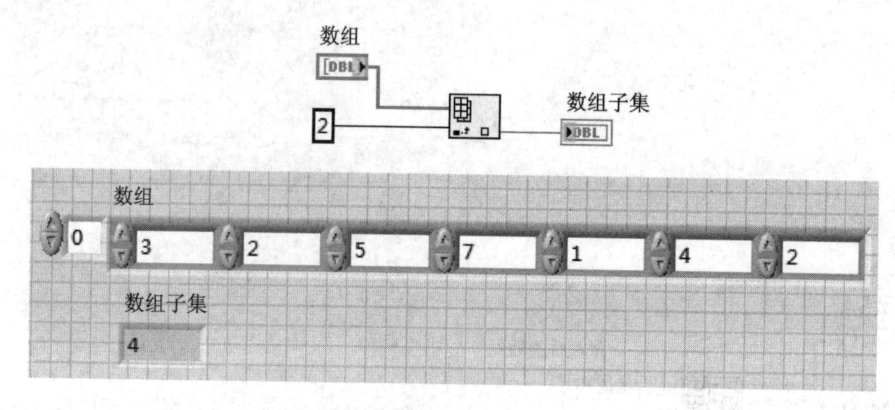

图 6.13　使用索引数组函数访问一维数组中的第 3 个元素

同样可以使用该函数找出二维数组中的行、列或标量元素。如果要找标量元素，则连接所要元素的行索引到第一个输入，连接列索引到第二个输入即可。如果要找行或列，只需要将索引数组函数的一个输入悬空即可。如果要从二维数组中找列，则将第一个索引输入悬空，然后将列索引(第二个索引输入)连线到所需要提取的列的值即可。

注意：在输入悬空时，索引端子的图标从实心小方框变为空心小方框。

(6) 删除数组元素

删除数组元素删除数组中从索引位置开始至设定长度的元素部分。与数组子集函数相似，删除数组元素函数用于返回数组的一部分，可以删除数组被删除后剩下的部分，也可以返回数组被删除的部分。图 6.14 为索引为 2、长度为 3 的实例图。

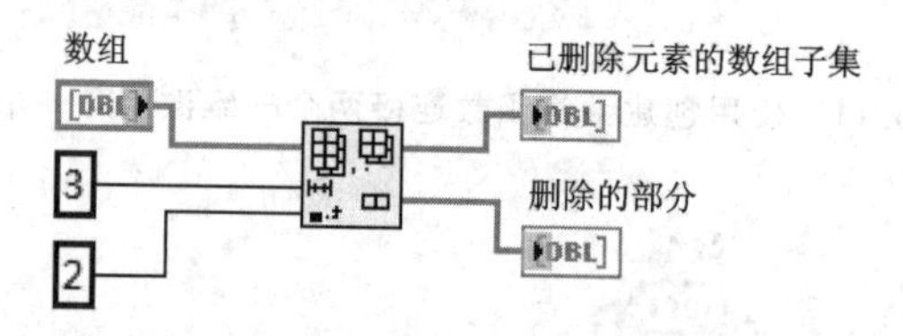

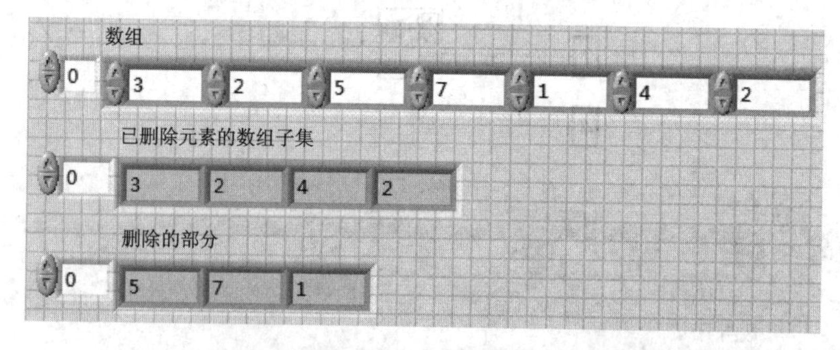

图 6.14　使用删除数组元素函数删除 3 个元素的数组子集

6.1.5　多态性

某些函数(如加、减、乘、除)具有能接受不同维数和类型输入的能力，如标量添加到数组、两个不同长度的数组相加等。

图6.15中，For循环每次迭代产生的随机数(0～1)存储在循环边界的数组中。在循环执行结束后，乘函数将数组中的每个元素乘以指定标量，然后将得到的数组显示在前面板的数组指示器中。

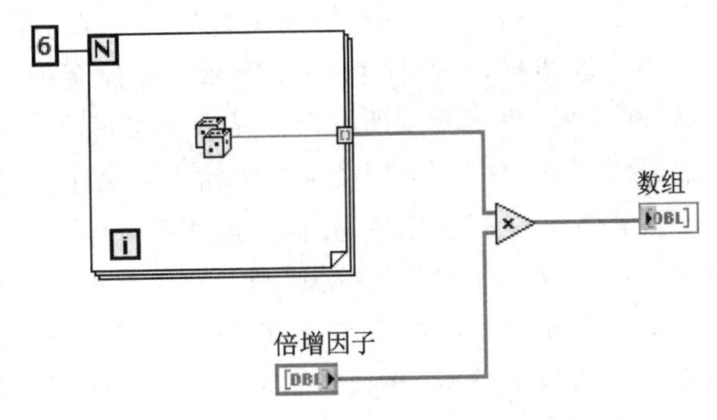

图6.15　一维数组乘以标量数值

如果对元素个数不同的两个数组进行运算，结果数组的元素个数取二者中小者。换言之，LabVIEW操作两个数组中对应的元素时，操作完其中一个数组的所有元素后将停止操作，即另一个数组中剩下的元素将被忽略。

除了函数可以具有多态性，VI同样也有多态性。具有多态性的VI实际上就是一组VI，其中的每一个VI处理一种不同的数据类型。用户可以创建自己的多态性VI。

6.2　簇

簇是一种类似于数组的数据结构，用于分组数据。它类似于C语言中的struct，可以包含不同的数据类型，但是簇不能同时包含输入控件和显示控件。使用簇可以把分布在流程图中各个位置的数据元素组合起来，这样可以减少连线的拥挤程度。

可以将簇看成一捆连线，每一个连线表示不同的元素。在框图上，只要当簇具有相同类型、相同元素数量和相同元素顺序时，才可以将簇的端子相连。簇也有固定的大小。

6.2.1　创建簇输入控件和显示控件

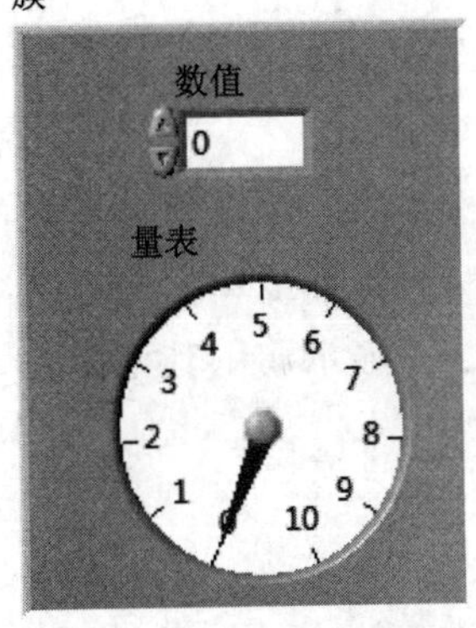

图6.16　簇控件的创建

通过下叙方式在前面板窗口上创建一个簇输入控件或簇显示控件：在前面板窗口上添加一个簇外框(位于控件选项卡的数组、矩阵与簇选项卡)，再将一个数据对象或元素拖动到簇外框内部，如图6.16所示。数据对象或元素可以是数值、布尔、字符串、路径、引用句柄、簇输入控件或簇显示控件。

放置簇外框时，通过拖动定位工具可以改变簇的大小。如果想要簇的大小刚好容纳里面的对象，则在其边界(不是簇的内部)上右击弹出菜单中选择自动调整大小，调整为匹配大小选项即可。

簇中要么是输入控件，要么是显示控件，两者不能同时并存。当从任何簇的元素选择显示和输入转换时，所有元素的性质一起改变。

6.2.2　簇顺序

簇按照放入的顺序排序，与它们在框架中的位置无关。放入簇中的第1个对象是元素0，第2个是元素1，依此类推。删除元素时顺序会自动调整。簇顺序决定接线端的显示顺序，如果要访问单个簇元素,一定要记住簇顺序。因为簇中的单个元素访问是按顺序访问的。

右击簇边框,从快捷菜单选择“重新排序簇中控件”,可以改变检查和设置簇元素顺序。如图 6.17 所示,每个元素的白色框显示它在簇顺序中的当前位置,黑色框显示每个元素在簇中的新位置。在“单击设置”文本框中输入新顺序的序数并单击该元素,就可以设置簇元素的顺序。元素的簇顺序变化后,其他元素的簇顺序会做相应调整。单击工具栏中的“确认按钮”保存所做的更改,单击“取消按钮”则返回原有顺序。

如需要对两个簇进行连线,它们必须有相同数目的元素。与簇顺序相对应的元素也必须具有兼容的数据类型。例如:如果一个簇中的双精度浮点数值与另一个簇中的字符串有相同的簇顺序,若将这两个簇相连,则连线将是断开的,并且 VI 不能运行。如果数值的表示法不同,则 LabVIEW 会将它们强制转换为同一表示法。

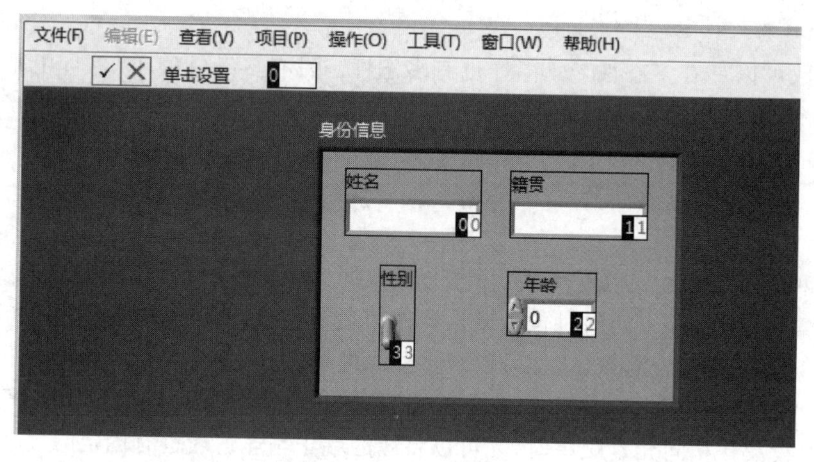

图 6.17　重新对簇排序

6.2.3　簇函数

使用簇函数创建簇并对其进行操作,可以执行以下类似操作:①从簇中提取单个数据元素;②向簇中添加单个数据元素;③将簇拆分成单个数据区元素。

在程序框图中右击簇接线端,从快捷菜单中选择“簇、类与变体”选板,可以在程序框图上放置簇函数。捆绑和解除捆绑函数自动包含正确的接线端数字,按名称捆绑和按名称解除捆绑函数随簇中的第一个元素同时出现。使用定位工具可以调整大小,显示簇中其他元素。常见的簇函数如图 6.18 所示。

对簇可进行的操作如下:

(1) 集合簇

捆绑函数用于将若干独立的元素装配到一个新簇中,或替换现有簇中的元素,如图 6.19 所示。使用定位工具或者右击一个元素输入,从快捷菜单中选择添加输入,可调整函数的尺寸大小。

(2) 修改簇

如果要替换簇中的元素,只需要对需要改变的元素进行连线。如果知道簇的顺序,可通过捆绑函数修改簇,如图 6.20 所示。

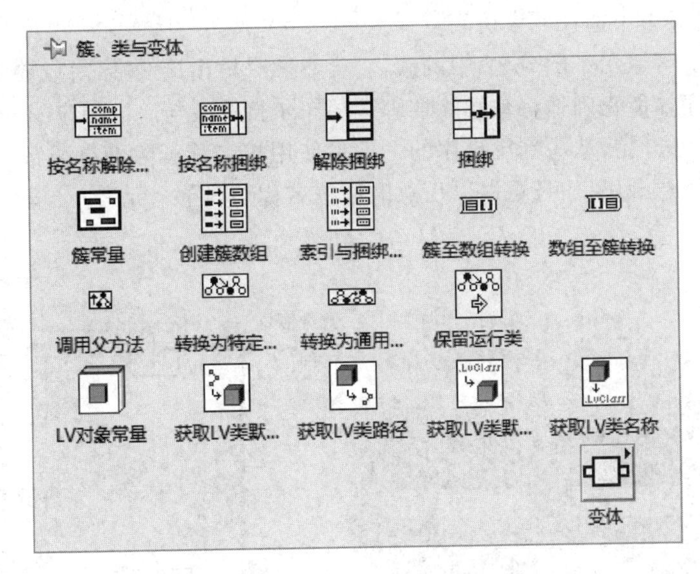

图 6.18　簇函数选项卡

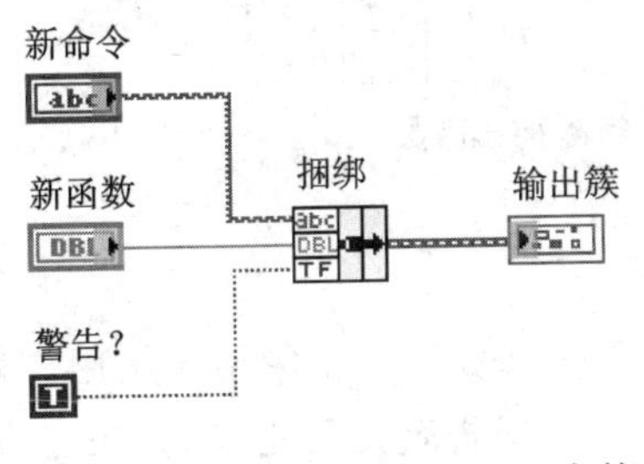

图 6.19　在程序框图中集合一个簇

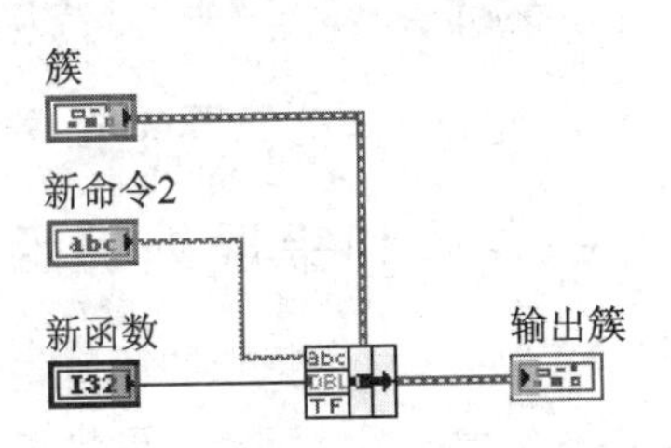

图 6.20　通过捆绑修改簇(一)

按名称捆绑函数也可替换或者访问现有簇中带标签的元素。与捆绑基于簇顺序不同，按名称捆绑是以自身标签为引用，只有带标签的元素可以被访问。输入的个数不需要与输出簇中的个数相匹配。按名称捆绑函数不能创建新函数，只能替换簇中已有的元素。

使用操作工具，然后单击一个输入接线端并在下拉菜单中选择一个元素。也可以右击输入端，从选择项快捷菜单中选择元素。

按名称捆绑函数可用于改变新命令，新函数按名称捆绑函数可用于在开发过程中可能会改变的数据结构(见图 6.21)。如果为簇添加一个新元素或者改变元素的顺序时，无须对按名称捆绑函数重新连线，因为这些名称仍然有效。

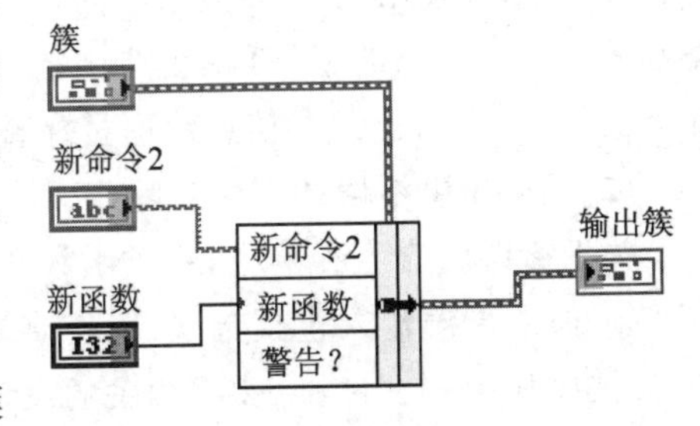

图 6.21　通过捆绑修改簇(二)

(3) 分解簇

分解簇用于从簇中提取单个元素，输出组件按簇顺序从上到下排列。解除捆绑用于将簇分解为单个元素；按名称解除捆绑函数用于根据指定的元素名称返回单个簇元素，输出接线端的个数不依赖于输入簇中的元素个数。

使用操作工具单击一个输入接线端，从下拉菜单中选择一个元素。也可以右击输出接线端,从选择项快捷菜单中选择元素访问。

如果解除捆绑函数用于图 6.22 中的簇,它会有四个输出接线端,对应簇中四个输入控件。必须知道簇的顺序才能正确地将被解除捆绑簇的布尔接线端与簇中相应的开关关联。在这个例子中,元素是以 0 开始,从头到尾排序的。如果使用按名称解除捆绑函数,不仅可以得到一个输出接线端的任意顺序,而且可以以任意顺序按名称访问单个元素。

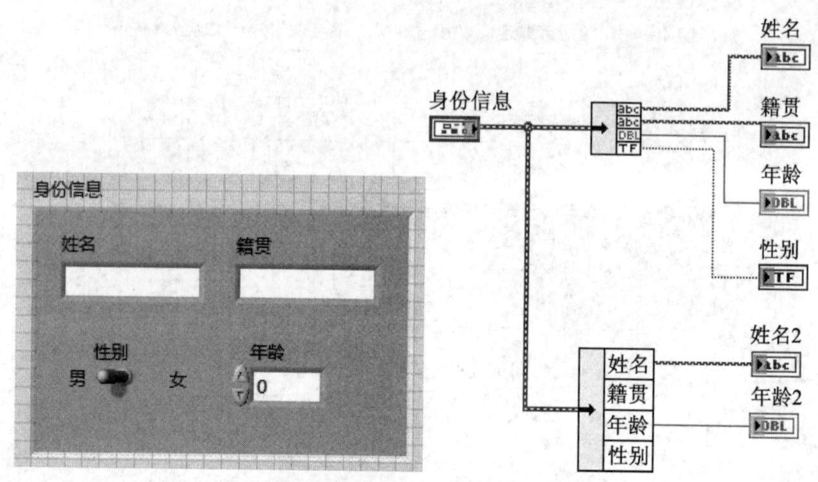

图 6.22 解除捆绑和按名称解除捆绑函数

6.2.4 错误簇和错误处理函数

LabVIEW 包含一个特殊的簇,该簇被称为错误簇。LabVIEW 中的错误簇用于传递错误信息。错误簇包含三个元素,一是状态:布尔值,错误产生报告真。二是代码:32 位有符号整数,以数值方式识别错误,一个非零错误代码和假状态相结合可表示警告但不是错误。三是源:用于识别错误发生位置的字符串。

(1) 传输错误信息:错误流

在框图中使用错误簇存储错误信息,使用数据流传输错误簇。LabVIEW 中的许多函数和 VI 都有错误输入和错误输出接线端,并且高亮显示。

在给 VI 添加错误输入和错误输出 I/O 接线端时,允许调用的 VI 将错误簇级联,以此创建子 VI 之间的数据流依赖关系。同样,也应该允许应用程序执行错误处理,这都是很好的编程习惯。就算自己的子 VI 不会产生错误,也要在前面板上放置错误 I/O 接线端,在框图上放置错误条件结构,让错误信息传递贯穿整个软件。

(2) 子 VI 中错误的产生和响应

关于错误的产生和响应,希望函数和 VI 能完成以下功能。

① 如果错误输入包括错误(状态=真),则不需要做任何处理,除非进行“结尾”工作。例如:a. 关闭相关的文件;b. 关闭相关的设备或断开相关的连接;c. 使系统回到空进程/安全状态(关闭点击等)。

② 如果错误发生在函数或者 VI 内部,函数就必须通过错误输出接线端输出错误信息,除非已经有错误信息从错误输接线端输入,这种情况下只需要将从错误输入进入的错误信息原封不动地输出到错误输出即可。

(3) 用条件结构进行错误处理

将所有的功能代码"打包"放入条件结构，子VI就能够完成所期望的工作。条件结构就是一个由错误簇连接到其条件端子的条件结构。将错误簇连接到条件结构的条件选择器接线端时，条件选择器标签将显示两个选项：错误和无错误。同时条件结构边框的颜色将改变：错误时为红色，无错误时为绿色，如图6.23所示。发生错误时，条件结构将执行错误子程序框图。

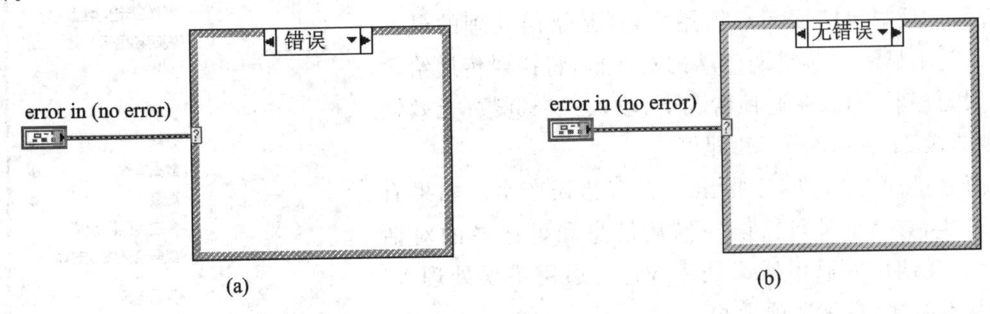

图6.23 用条件结构进行错误处理

(4) 用循环进行错误处理

可将错误簇连接到While循环或For循环的条件接线端以停止循环的运行。如将错误簇连接到条件接线端，只有错误簇状态参数的真或假值会传递到接线端。当错误发生时，循环即停止执行。对于具有条件接线端的For循环，还必须为总数接线端连接一个值或对一个输入数组进行自动索引以设置循环的最大次数。当发生一个错误或设置的循环次数完成后，For循环即停止运行。

将一个错误簇连接到条件接线端上时，快捷菜单项为真(T)时停止和真(T)时继续将变为错误时停止和错误时继续。

(5) 合并错误

如果在逆向错误发生时，仍然希望做一些收尾工作怎么办？在这种情况下，不能使用条件结构打包功能代码，而是使用合并错误将输出的错误簇和逆向错误簇汇总起来，如图6.24所示。

合并错误(函数→编程→对话框与用户界面选项卡)用于汇总不同函数的错误簇。该函数从错误输入0参数开始查找错误并报告找到的第一个错误。如函数没有找到错误，函数可查找警告并返回第一个警告。如函数没有找到警告，函数则返回无错误。通过异常情况处理控件，可忽略一般意义上的错误，或使错误作为警告处理。子VI和错误处理模板VI相结合可创建带有错误处理条件结构的VI。

在程序框图上放置该函数时，只有两个输入端可用。右击函数，在快捷菜单中选择添加输入，或调整函数大小，可为节点添加输入端。右击函数，在快捷菜单中选择删除输入或调整函数大小，可删除节点的输入端。

(6) 错误代码至错误簇转换VI

如果在调用子VI或函数时产生了错误，可以尝试一次(或尝试其他的方法)或放弃调用而直接送出错误信息(向下传输或向上传输给调用的VI)。但是，也会因为调用的VI传入了不正确的输入，而希望产生一个新错误时怎么办？这种情况就要使用错误代码至错误簇转换VI来产生新的错误输出。

错误代码至错误簇转换 VI(函数→编程→对话框与用户界面选项卡)将错误或警告代码转换成错误簇。在收到 DLL 调用的返回值或者获得用户自定义的错误代码时,该 VI 将发挥非常实用的作用。

(7) 显示错误消息给用户

如果子 VI 和顶层的应用程序不能处理错误,则只能“放弃”,然后显示错误消息给用户,这是错误处理的最终手段。为了显示包含错误信息的对话框,将错误传递给简易错误处理器 VI。在这种情况下,输入一个负数(无效输入)到图 6.24 所示的子 VI 即可。

简易错误处理器 VI 指出是否有错误产生。如果有错误产生,该 VI 返回错误的描述信息和可选择的对话框。该 VI 调用的通用错误处理 VI,与通用错误处理 VI 功能基本相同,只是选项少些。

(8) 解释错误

对于成功的错误处理,可以使用解释错误对话框,如图 6.25 所示。通过簇弹出菜单上的解释错误可以获得错误的更多信息。

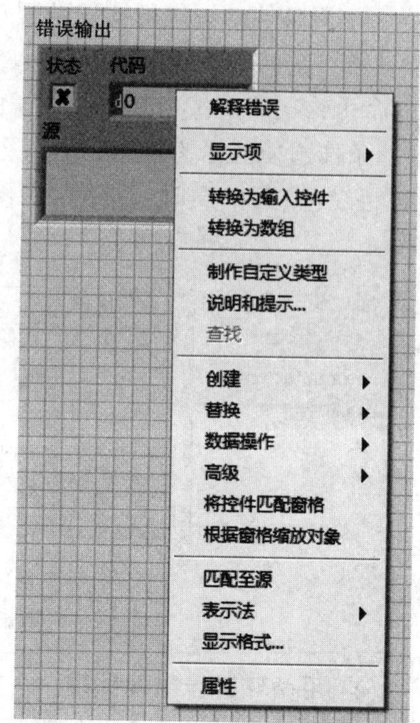

图 6.24　选择错误簇弹出菜单上的解释错误打开解释错误对话框

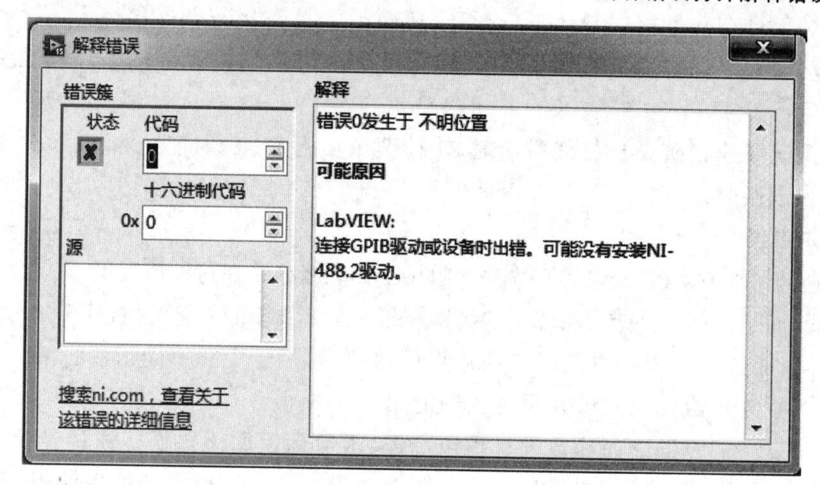

图 6.25　解释错误对话框显示错误的详细解释

6.2.5　数组和簇的转换

1. 簇至数组转换

有时将数组转换为簇使用会更方便,反之亦然。这种转换非常有用,因为 LabVIEW 中包含的数组操作函数比簇操作函数多。例如:如果想要把前面板上按钮簇中所有按钮的值都反转,那么反转一维数组函数是很好的选择。但是它只适用于数组,不过不用担心,可以使用簇至数组转换函数将簇转换成数组,再利用反转一维数组函数反转数组的值,最后再使用数组至簇转换函数转换回簇。

将具有相同类型的 n 元素簇转换成相同数据类型的 n 元素数组。数组的索引对应簇顺序（如簇元素 0 变成数组中索引 0 的值）。不能对包含以数组为元素的簇使用此函数，因为 LabVIEW 不允许创建数组的数组。注意在使用该函数时，簇中的所有元素的数据类型必须相同。

2. 数组至簇转换

将 n 个元素的一维数组转换成相同数据类型的 n 元素簇，必须在数组至簇转换函数接线端的弹出菜单上选择簇大小选项指定簇的大小，因为簇不会像数组一样自动调整大小。簇大小的默认值是 9，如果数组非空且小于簇大小所规定的元素数量，LabVIEW 将会自动填入额外的值到簇，这些值就是簇内元素数据类型的默认值。但是，如果输入数组的元素数量大于指定的簇大小，输入数组会被截断以此来适合簇大小所规定的元素数量。输出簇大小必须与连接到其输入数据的元素数量匹配，这点也是很重要的。否则，输出连线会保持中断直到簇大小调整至合适。

如果希望在前面板的簇输入控件或显示控件上显示元素，以前则需要在框图上用索引操作元素，而现在使用这两个函数就可以轻松完成。这两个函数都能在函数选项卡的编程—簇、类与变体选板上找到。

3. 数组和簇的比较函数模式

一些比较函数在比较数组和簇的数据时有两种模式：比较元素模式和比较集合模式。模式选择操作为：右击比较节点，在弹出菜单的比较模式子菜单中选择模式。

在比较集合模式下，比较函数返回集合整体比较靠后的布尔值，当且仅当所有元素的比较结果都为真时返回值才是真。在比较模式下，返回一个布尔型的数组或簇，里面数据是基于每个元素的比较结果。图 6.26 所示为在加函数上使用两个不同比较模式的示例。

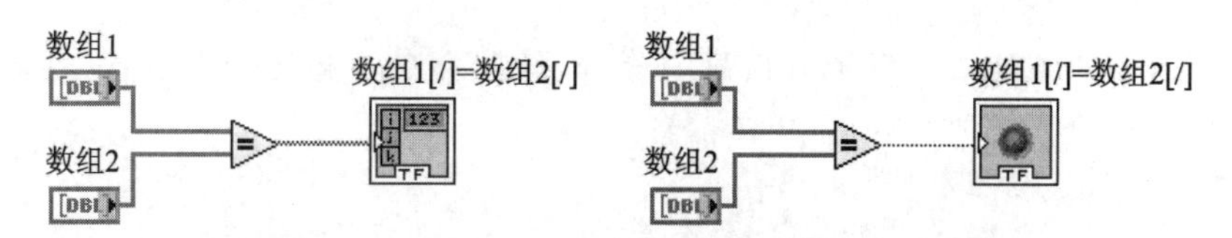

图 6.26　多态性比较函数的两种不同比较模式

本章小结

数组是同一类型数据元素的有序集合。在 LabVIEW 中，数组中的元素可以是图表、图形和另一个数组类型之外的任何数据类型。创建数组需要两个步骤：首先在窗口中放置数组框架，然后添加需要的输入控件、显示控件或常数到框架。

LabVIEW 提供了许多数组操作函数，例如：创建数组和索引数组函数，都位于函数选项卡的编程→数组子选项卡中。For 循环和 While 循环使用自动索引都可以在其边界上创建数组，该特性在创建数组和处理数值时很实用。记住：LabVIEW 默认启用 For 循环的自动索引功能，默认启用 While 循环的最终值功能。

多态性表示函数自动调整适应不同数据输入的能力。我们已经讨论过算术函数的多态性，然而，其他许多函数也同样具有多态性，簇也是一组数据，但是和数组不一样，它们可以接受不同类型的数据。创建簇必须经过两个步骤：首先在前面板或框图中放置框架，然后添加需要的输入控件、显示控件或常数到框架内。记住:放进簇的对象必须全都是输入控件,或者全都是显示控件。二者不能在簇中同时使用。

使用簇是为了减少连接到 VI 的连线和接线端的数量。例如:在前面板上有许多输入控件和显示控件需要连接到接线端,如果将其绑定成簇,就只需要一个接线端即可。

解除绑定函数将簇分解成单个元素。按名称解除捆绑函数功能与解除捆绑函数相似,但是根据标签访问元素的。使用按名称解除捆绑函数可以访问任意数量的元素,但是使用解除捆绑函数必须访问整个簇。

捆绑函数将单个元素组成新的簇或者使用簇代替元素。按名称捆绑函数不能绑定簇,但是却能够替换簇中的单个元素而不需要访问该簇。另外,使用按名称捆绑函数不需要担心簇顺序和正确地捆绑函数大小。在使用按名称捆绑函数和按名称解除捆绑函数时,只需要确认所有的元素都有名称即可。

错误簇是 LabVIEW 中一种特殊的数据类型,用来传递 LabVIEW 代码运行时产生的错误信息。LabVIEW 中的许多函数和 VI 都有错误输入和错误输出接线端。连接 VI 的错误输入和错误输出来增强数据流,保证错误信息在应用程序中的传递。

在创建 VI 时,遵循有关错误处理和错误传递的标准是很重要的。将功能代码放入错误条件结构,当有错误流进入 VI 时,此段代码就不会执行。错误汇总来源于并行执行的 VI。不要在子 VI 中弹出错误对话框,只有在错误无法用合适的方式处理时,才在主应用程序上使用错误对话框。

思考与练习

1. 参照图 6.27 创建 VI,对个人信息的分解,从捆绑在一起的个人信息(姓名、性别、年龄、籍贯等)中提取出所需要的姓名、年龄信息。

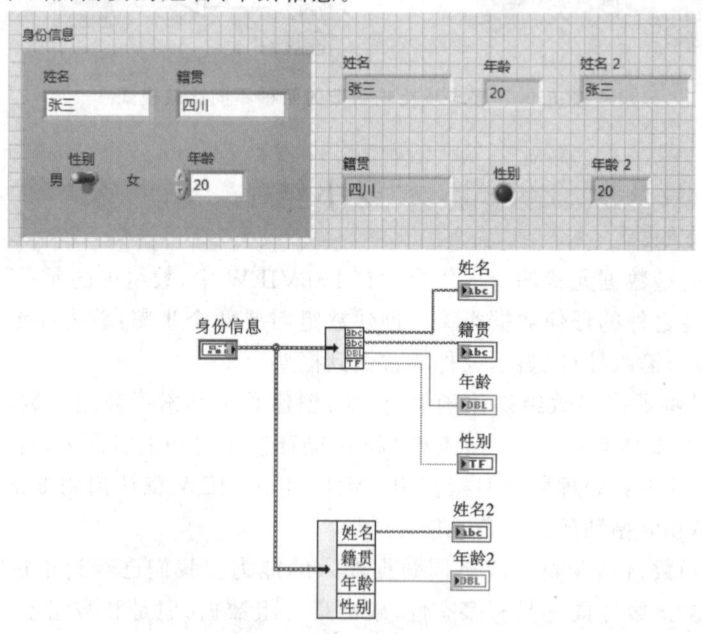

图 6.27 解除捆绑个人信息

2. 参照图 6.28 创建 VI，给定一个数组，将其分为两组，一组数大于 0，另一组数小于等 0。

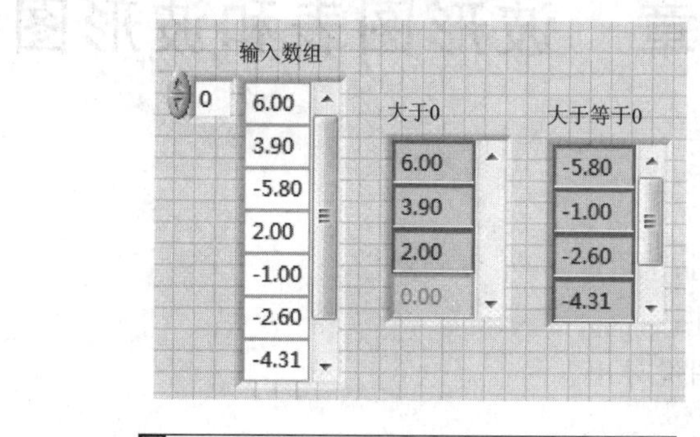

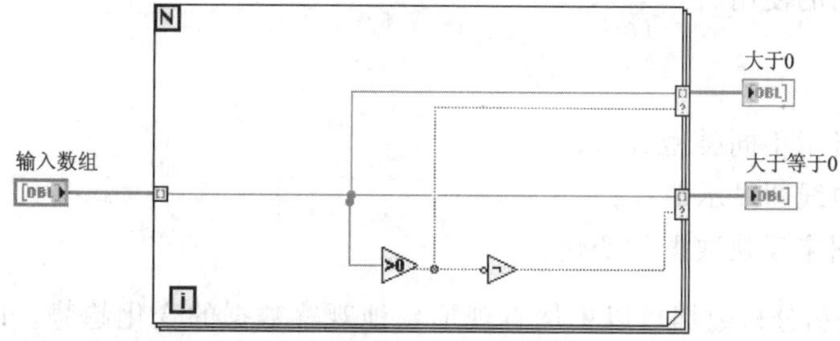

图 6.28　拆分数组

3. 参照图 6.29 创建 VI，使这个 VI 为能显示时间的数字时钟。

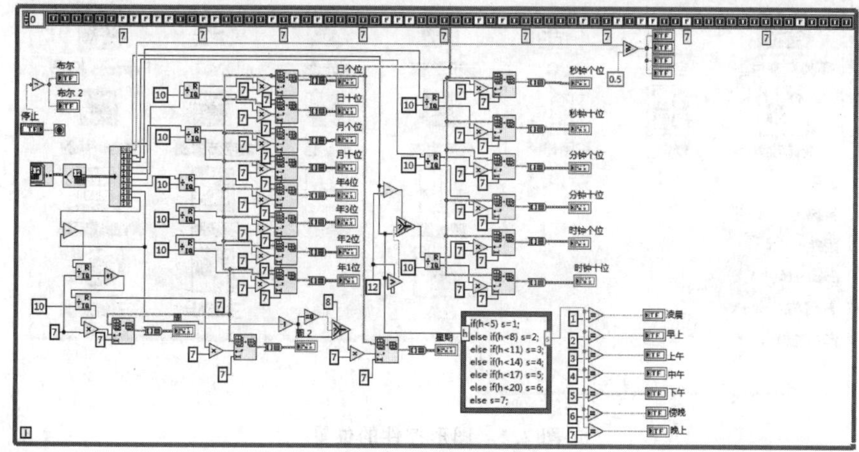

图 6.29　数字时钟

第 7 章　波形图表和波形图

学习目标

- 掌握波形图表的使用；
- 掌握图表和图形组件；
- 掌握图表和图形的图像导出；
- 掌握强度图的使用。

实例讲解

- 用波形图显示不同类型数据；
- 利用 XY 曲线图显示曲线；
- 利用强度图来反映数据的变化。

用图形来测试和分析数据可以更加直观形象地观察数据的变化趋势。LabVIEW 提供了多种图形化显示控件及波形函数，它们使工程师能够方便、快捷地处理大量的波形数据。LabVIEW 提供的波形控件，按照显示内容可以分为曲线图、XY 曲线图、强度图、数字时序图和三维图形等。如图 7.1 所示，它们都位于控件选板的“控件→新式→图形”子选板中。本章将介绍这些控件的功能，以及如何使用和配置波形控件、如何使控件显示多种数据。

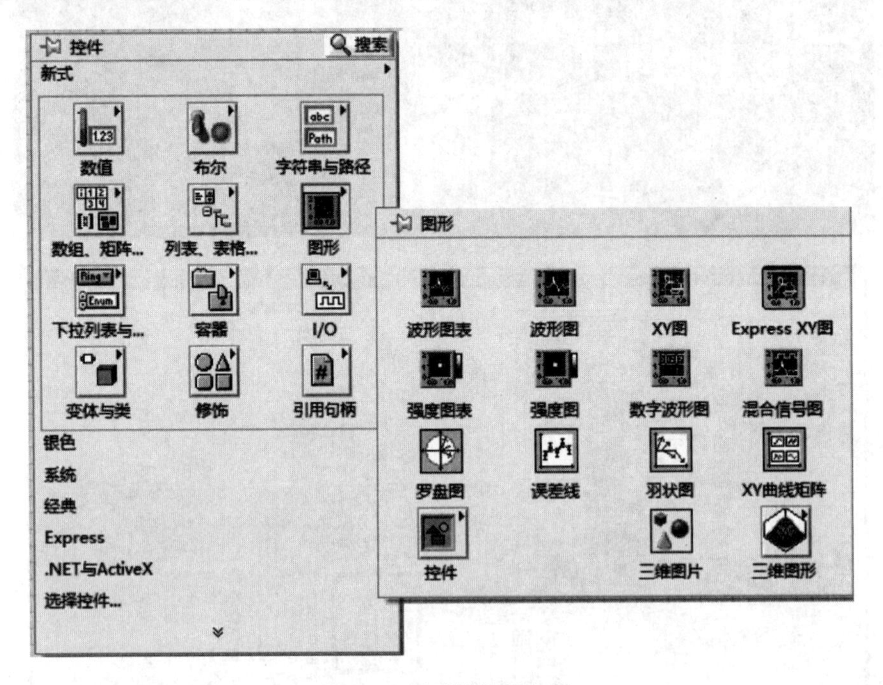

图 7.1　图形控件的位置

7.1　波形图表

7.1.1　主要特点

图7.2所示为在前面板创建的一个波形图表。波形图表的X轴为时间轴，既可用来显示时间，也可以显示数据的序号；Y轴为数据轴，显示每个时间/序号对应的数据值；右上角显示的是图例，在默认情况下图例只有一个，图例的数量可以通过调节图例的句柄来调整；中间的黑色区域为图形显示区。波形图表的主要功能是将新测到的数据添加到波形图表的尾端并保存至波形图表的数据缓冲区。在默认情况下，波形图表数据缓冲区可以保存1 024个数据。缓冲区存储数量可以通过在波形图表的右击快捷菜单中选择“图表历史长度...”进行更改。波形图表可以接收的数据类型包括：一维数组、二维数组、标量数据和波形数据。通过用簇绑定的方法可以同时显示多条曲线。

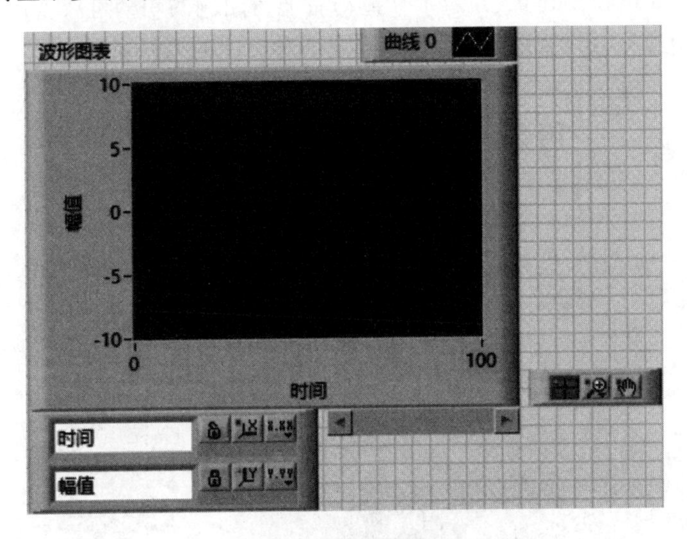

图7.2　波形图表控件图

7.1.2　详细设计步骤

(1) 输入一维数组

在程序框图中用For循环生成一组一维数组，将数组直接输入波形图表中，如图7.3所示。运行程序，第一个波形图表是运行一次的结果，一维数组的10个元素直接显示在波形图表中；第二个波形图表是第二次运行的结果，如图7.4所示。从结果可以看到，第二次运行产生的数据直接接在了波形图表的末尾，两次运行的20个数据同时显示在波形图表中。

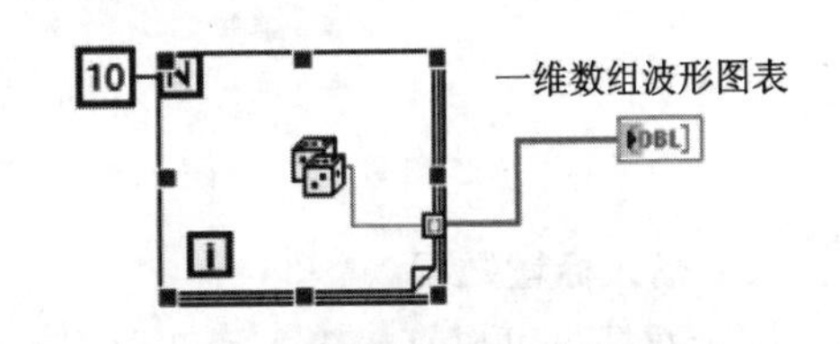

图7.3　将一维数组输入波形图表

(2) 输入二维数组

在程序框图中创建二维数组，然后将数组直接输入波形图表中进行显示。为了便于观查

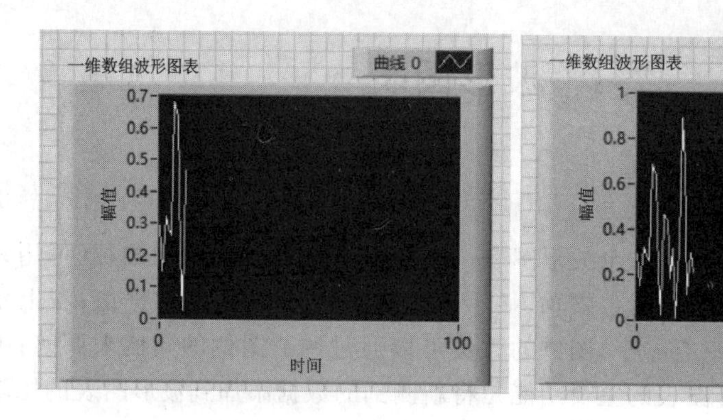

图 7.4　一维数组输入波形表运行两次结果

显示结果，可在前面板中创建二维数组显示控件以观察显示的数据，如图 7.5 所示。从图中可以看出，在波形图表中，二维数组是按照列来显示的。数组有几列在波形图表中就显示几条曲线，曲线的颜色各不相同，如图 7.6 所示。拖动右上角图例的句柄可改变图例数量，可以看到不同颜色代表的曲线序号，曲线的序号与二维数组对应列的列号相同。

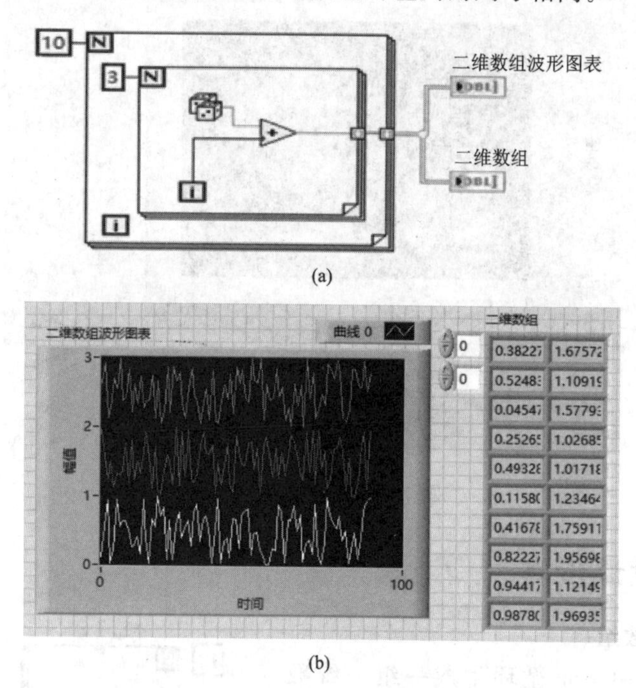

图 7.5　将二维数组输入波形图表

(3) 输入标量数据

标量数据也可以直接输入到波形图表中。每次运行波形图表都会将新的标量数据添加到尾部。如图 7.7 所示，输入单个标量数据时，直接将标量与波形图表相连接；输入多个标量数据时，要将所有的标量数据捆绑成簇，然后再输入到波形图表中。在图 7.7 中，三个标量数据是捆绑成一个簇后输入波形图表中的。运行时，波形图表会将数据添加到相应曲线的尾部进行显示。各个曲线的序号与捆绑成簇时标量的

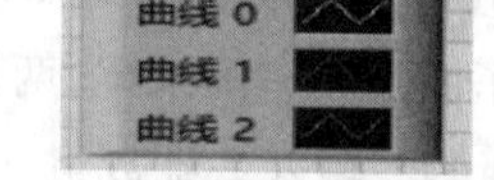

图 7.6　修改的图形数量

输入顺序相同。

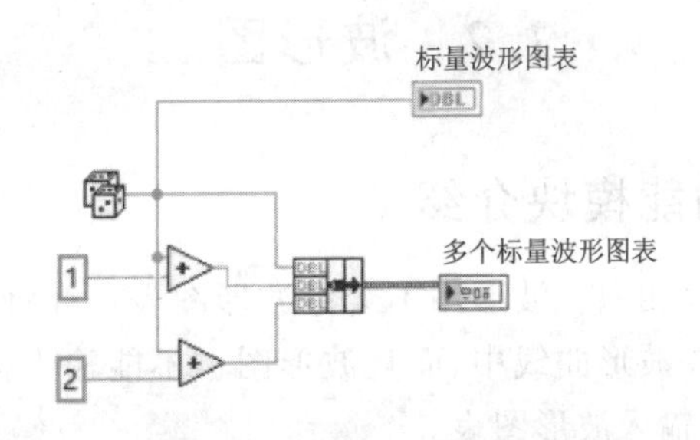

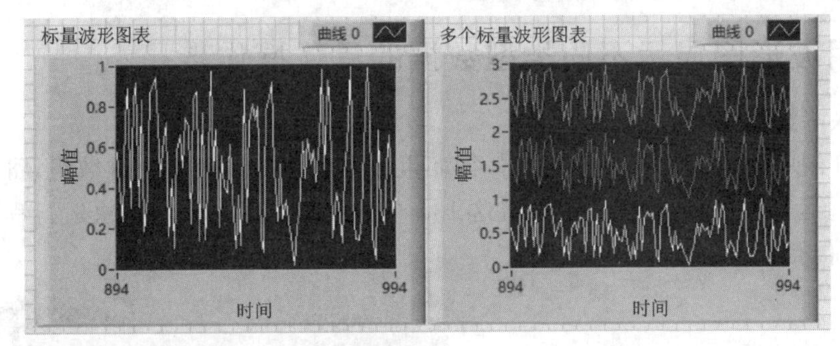

图 7.7 将标量输入波形图表

(4) 输入波形数据

将波形数据输入波形图表时，不再将新的数据添加至曲线尾部，而是直接显示当前的新数据。这是因为波形数据中含有横坐标的数据，每次运行的结果都按照新数据中的横坐标来画曲线，与上次运行的结果无关。如图 7.8 所示，用“仿真信号”VI 生成一个正弦波，正弦波的属性均采用默认值，将正弦波的输出端直接与波形图表相连接。

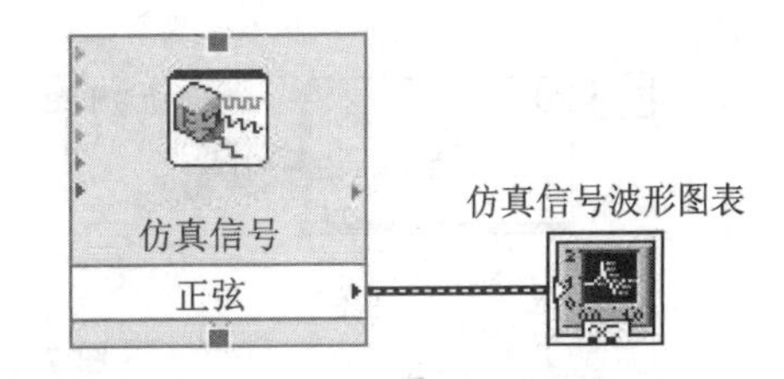

图 7.8 仿真信号产生波形

在默认的情况下运行程序，会发现正弦波很窄，不方便查看，如图 7.9 所示。双击时间标尺的最大值 s.，将其更改为 0.2，这样就能清晰地观察到正弦波了。多次运行程序，波形图表中显示的都是一个周期的正弦波，如图 7.10 所示。

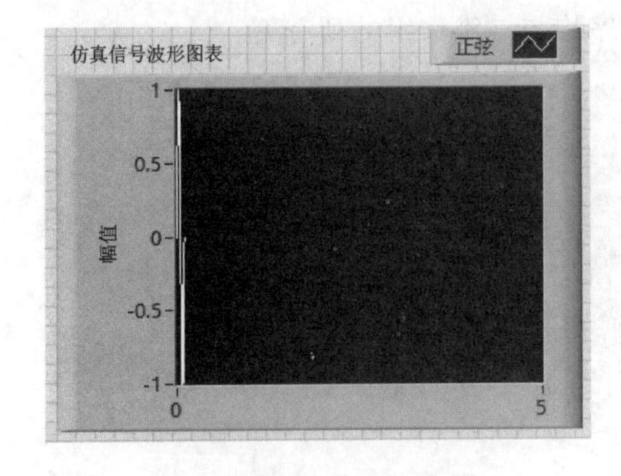

图 7.9 默认情况运行结果

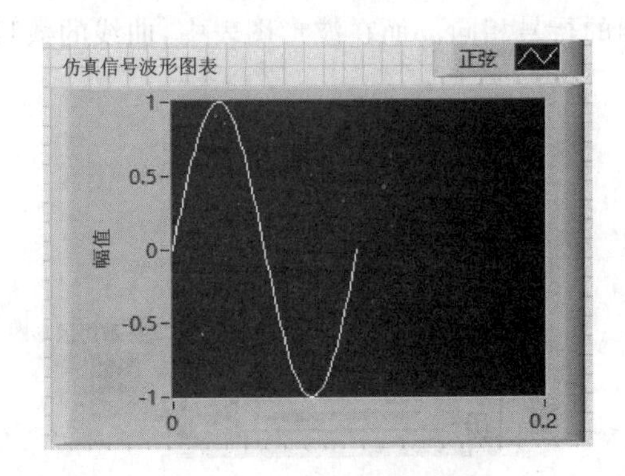

图 7.10 多次运行结果

7.2 波形图

7.2.1 波形图主要功能模块介绍

波形图的结构与波形图表相似。波形图不会像波形图表一样将数据添加到曲线尾部，而是将当前数据一次性地描述在波形曲线中，而且波形图也不能输入标量数据。簇和一维簇数组可以输入波形图，却不可以输入波形图表。

7.2.2 用波形图显示不同类型数据的具体操作步骤

(1) 输入一维数组

如图 7.11 所示，在程序框图中用 For 循环生成组长度为 100 的一维数组，将数组直接输入波形图中。运行程序，波形图一次性将这 100 个数据显示在图中。每次运行程序显示的曲线都不相同，但是长度都是 100。

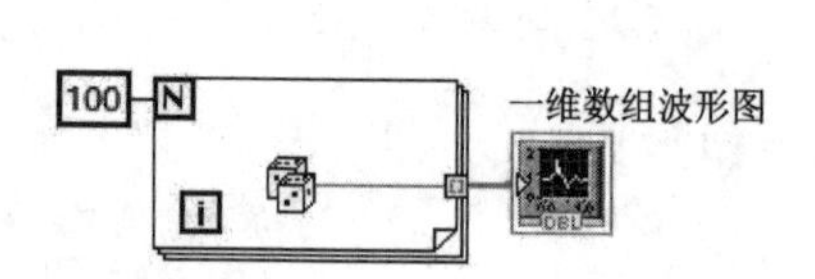

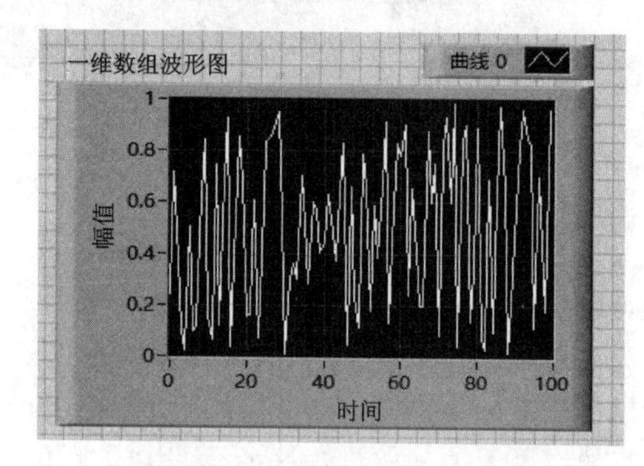

图 7.11 输入一维数组

(2) 输入二维数组

如图 7.12 所示，先在程序框图中用 For 循环创建 3 行 100 列的二维数组，然后将一维数组直接输入波形图中进行显示。与波形图表显示二维数组不同的是，在波形图中二维数组是按照行来显示的。数组有几行数据，在波形图中就显示几条曲线，曲线的序号与二维数组对应列的行号相同。而在波形图表中，曲线的数目、顺序均与二维数组的列有关。

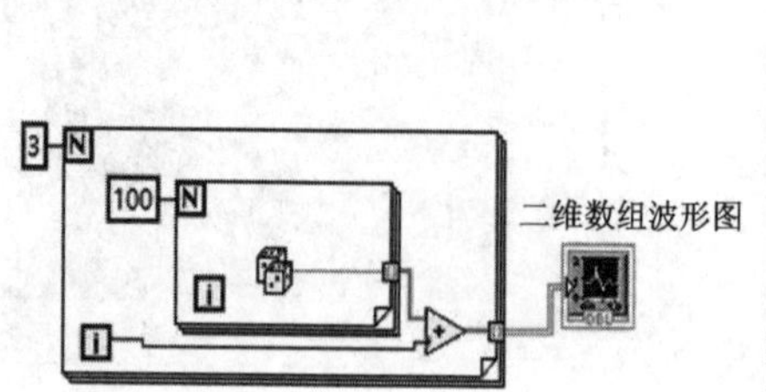

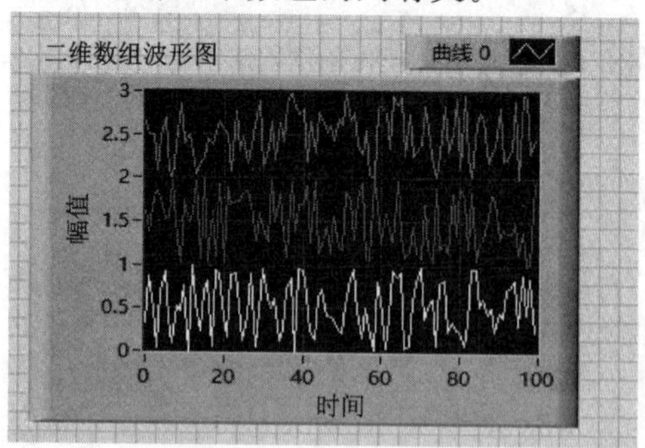

图 7.12 输入二维数组

(3) 输入簇

将簇输入波形图时，簇中必须接入三个元素：第一个是横坐标的起始位置 x0；第二个是横坐标的间隔 dx；第三个是要输入的数据，数据可以是一维数组、二维数组或者是簇数组。如图 7.13 所示，在程序框图中先将 xo、dx 和一维数组/二维数组按照顺序捆绑成簇，然后将簇直接输入到波形图中显示。

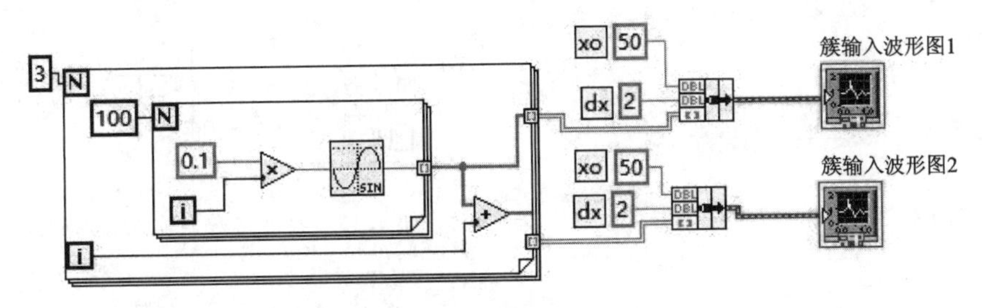

图 7.13　将簇输入波形图

(4) 输入一维簇数组

无论是将二维数组还是簇输入波形图中，在显示多条曲线时，曲线的点数都是一样的。在多条需要显示曲线的点数都不同的情况下，就要用一维簇数组束显示了。用多维簇数组显示多条曲线时，要先将不同的曲线分别捆绑成簇，然后将所有的簇组合成一维数组输入波形图中。

如图 7.14 所示，先用 For 循环和三角函数分别生成 100 点的正弦波数据和 200 点的余弦波数据。然后利用簇捆绑函数分别将两个一维数组捆绑成簇，再用创建数组函数将两个簇组合成一维簇数组。将生成的一维簇数组直接输入波形图中，运行程序，会观察到波形图中显示的两条曲线的长度不同。如图 7.15 所示，一维簇数组也可以作为数据再次与数值 xo 和 dx 捆绑成簇后输入波形图中。从结果来看，只是曲线横坐标的起始位置和两点间的步长与之前的图形不同而已。

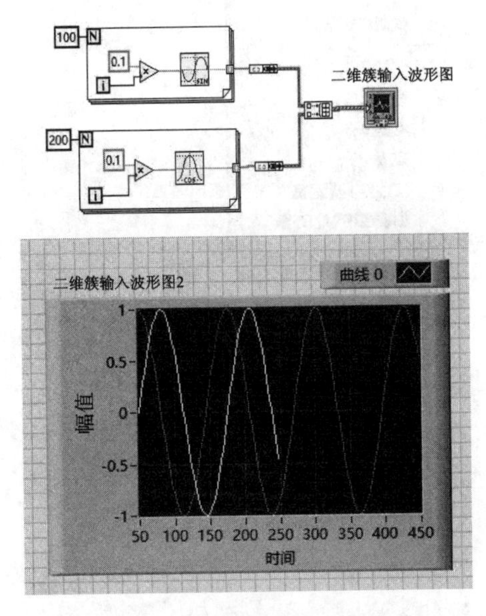

图 7.14　二维族数组输入波形图 1

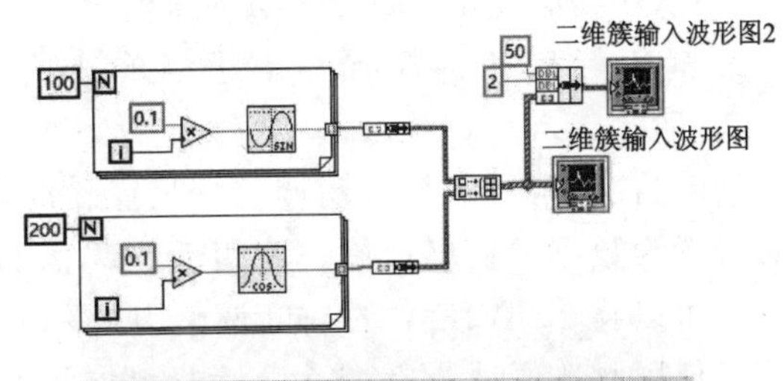

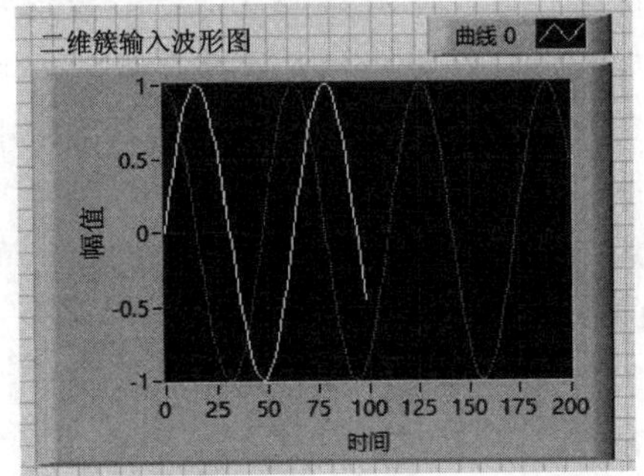

图 7.15　将二维族数组输入波形图 2

(5) 输入波形数据

波形图中也可以直接输入波形数据。图 7.16 所示的是“创建波形”函数的图标，它位于函数选板的“函数→编程→波形”子选板中。它可以将数据和时间数据一起捆绑成波形数据。如果不捆绑时间数据，生成的波形数据中的事件数据为默认值。如图 7.17 所示，先将 For 循环产生的一维数组数据直接接入“创建波形”的 Y 输入端，然后将输出接入波形图即可。

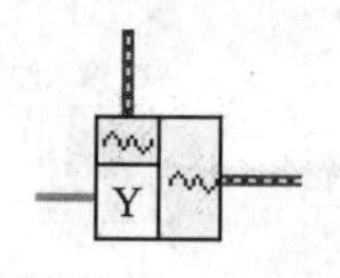

图 7.16 “创建波形”速数的图标

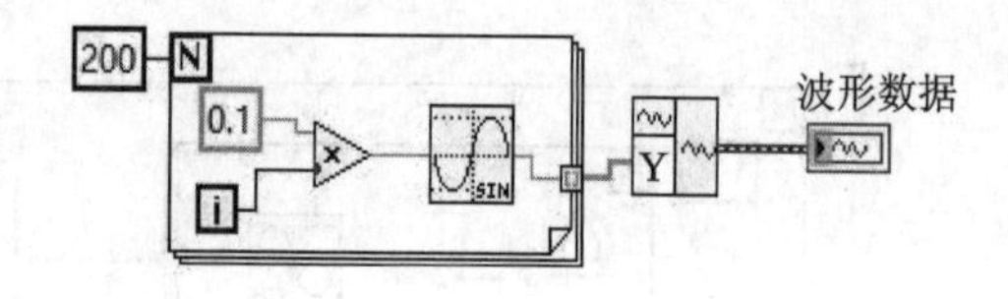

图 7.17 将波形数据输入波形图

7.3 图表和图形组件

图表和图形有许多功能强大的特性，这些特性可以用来定制曲线。

7.3.1 标 尺

图表和图形能够自动调节其水平和垂直刻度来反映绘制在上面的数据点分布，也就是说，刻度自动调整会以最高分辨率显示图形上的所有的点。可以使用对象弹出菜单中的 X 标尺子菜单或 Y 标尺子菜单中的自动调整 X 标尺或自动调整 Y 标尺选项，来打开或关闭自动调整标尺功能。也可以从刻度图例中控制这些自动调整标尺功能。使用自动刻度功能会使图表或图形的更新速度变慢，这主要取决于所用的计算机和显示系统，因为必须计算每一个点的新刻度。

X 和 Y 标尺各自都有一个子菜单选项，如图 7.18 所示。

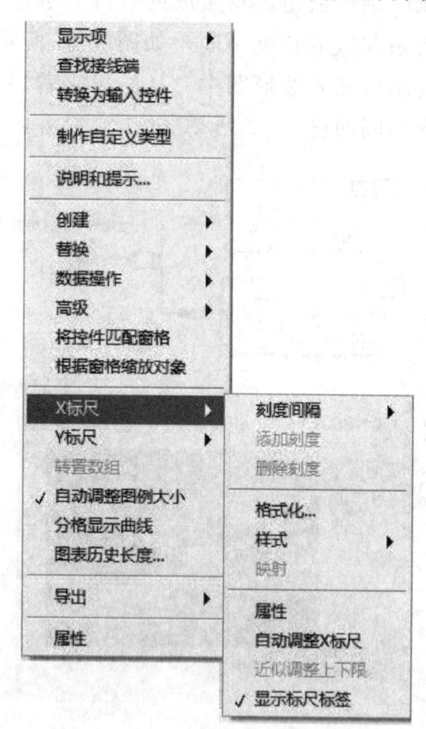

图 7.18 X/Y 刻度子菜单选项

通常情况下，当执行自动调整标尺操作时，刻度被设置为数据的精确范围。使用近似调整上下限选项可以将 LabVIEW 的刻度调整为“整齐的”数字。使用此选项时，数字被舍入为标尺增量的倍数。例如：如果标记增量为 5，那么最大值和最小值被设置为 5 的倍数，而不是数据的精确范围。

属性选项打开图形的属性对话框，且激活的是显示格式选项卡，如图 7.19 所示。在这里，可以配置标尺的数字格式。

图 7.20 所示为图形属性对话框的标尺选项卡下的内容。

从图形属性对话框的标尺选项卡下可以设置下列项目：

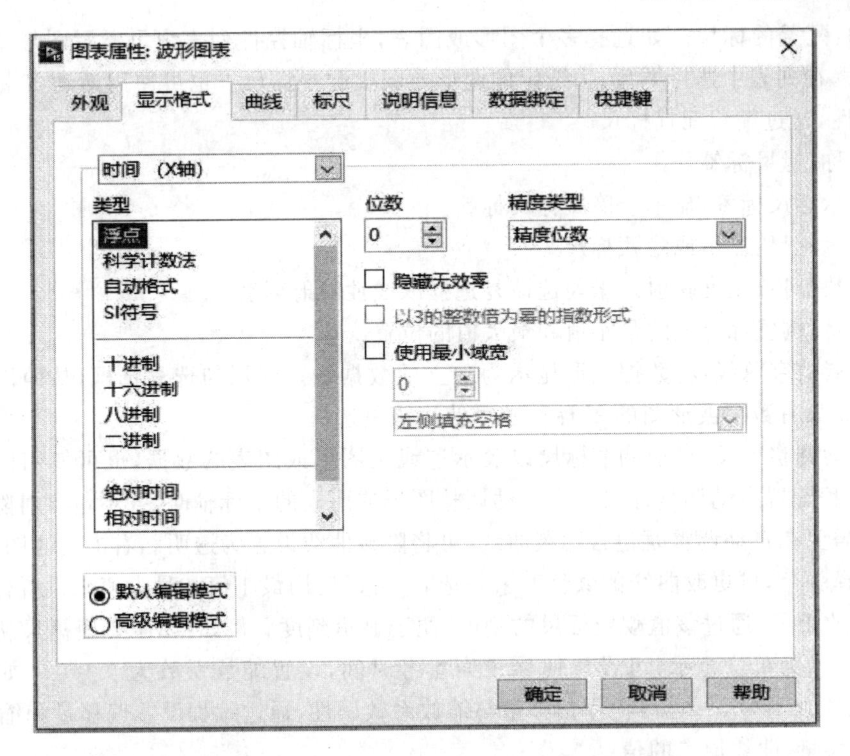

图 7.19　图形属性对话框的显示格式选项卡

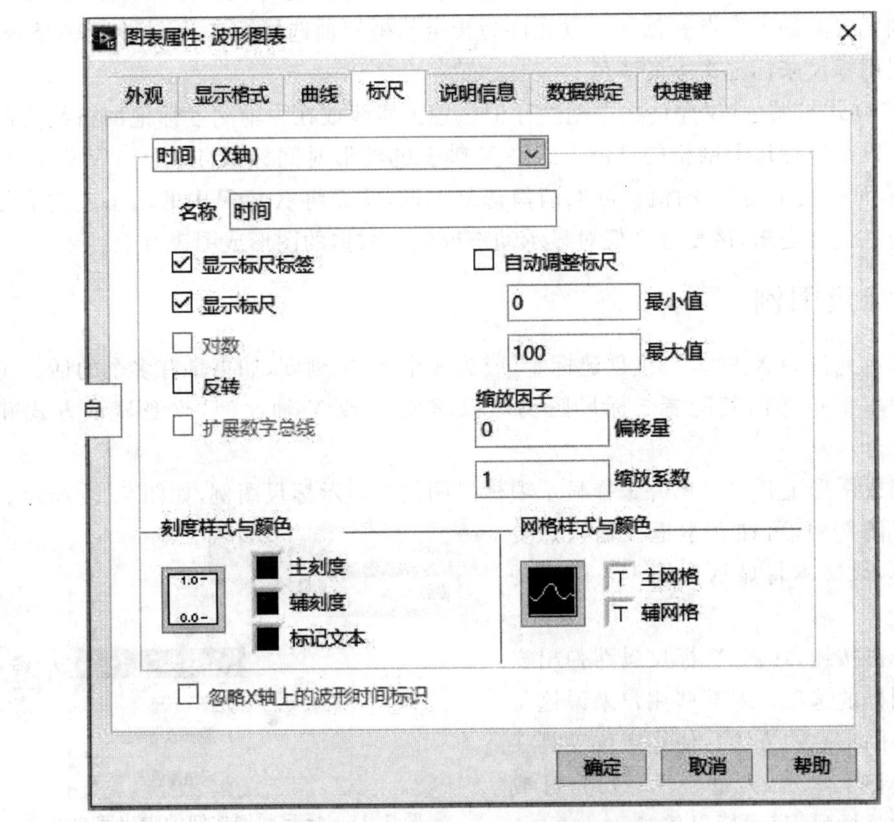

图 7.20　图形属性对话框的标尺选项卡

① 轴：配置的标尺。如选择多个图形或图表，坐标轴控件列表中可显示图形或图表可共用的标尺。在列表中选择类型，为选定的图形或图表配置标尺。也可使用活动 X 标尺和活动 Y 标尺属性，通过编程配置标尺。

② 名称：标尺标签。

③ 显示标尺标签：显示或隐藏标尺标签。

④ 显示标尺：显示或隐藏标尺。

⑤ 对数：对数刻度映射。未勾选该复选框以线性映射刻度。

⑥ 反转：倒置标尺上的最小值和最大值的位置。

⑦ 扩展数字总线：将数据波形显示为独立的数据线。取消勾选复选框，从而以总线形式显示数据。只有数字波形图的 Y 标尺才可使用该复选框。

⑧ 自动调整标尺：自动调节标尺以表示连线至图形或图表的数据，也可使用标尺调节属性，通过编程配置自动调整标尺。当自动调整图形或图表的坐标轴时，并不包含对隐藏曲线的调整。如需要在自动调整时包含隐藏曲线，可将隐藏曲线设置为透明。右击曲线图例，在快捷菜单上选择颜色，可更改曲线的颜色。未勾选时，可以使用最小值与最大值来设置标尺范围。

⑨ 缩放因子：通过该值规定标尺的刻度，便于显示刻度。例如：如需要使标尺从某个参考时间开始以米为单位显示，可设置偏移量为参考时间，设置缩放系数为 0.001。如修改偏移量，则标尺原点不为 0。也可使用偏移量与缩放系数属性，通过编程设置偏移量和缩放系数。

⑩ 偏移量：曲线原点的值。

⑪ 刻度样式与颜色：标尺刻度的样式和颜色。主刻度标记与刻度标签对应，而轴刻度标记表示主刻度之间的内部点。该菜单也允许为指定的坐标轴选择标签，无论坐标轴是否显示，标记文本则用标尺来标记文本的颜色。

⑫ 网格样式与颜色：仅允许在主刻度标记位置无格线或在主辅刻度标记的格线之间进行选择。也可以改变标尺上网格的颜色。忽略 X 轴上的波形时间标识：LabVIEW 设置 X 标尺的起点为 0，而非指定的 t0 的值。可取消勾选复选框，从而将 X 标尺中的动态或波形数据的时间标识信息包括进来，该复选框仅对显示动态或波形数据的图形或图表有效。

7.3.2 标尺图例

标尺图例允许为 X 和 Y 刻度创建标签（或为多个 X、Y 刻度，如果具有多个的话），可以很容易地从弹出菜单访问其配置。标尺图例可以缩放 X 或 Y 轴比例，改变显示方式和自动刻度。

在图表或图形上弹出菜单并选择显示项标尺图例将显示标尺图例，如图 7.21 所示。

在标尺图例中，可在文本框中输入想要的刻度名称，该文本将显示在图表或图形的 X 或 Y 轴上。

可以单击按钮，在 X/Y 标尺属性弹出窗口中配置同样的选项。对某些用户来说这是更简便的访问信息的方法。使用定位工具在标尺锁定按钮上单击，为每一个标尺打开或关闭自动调整标尺、显示标尺等。

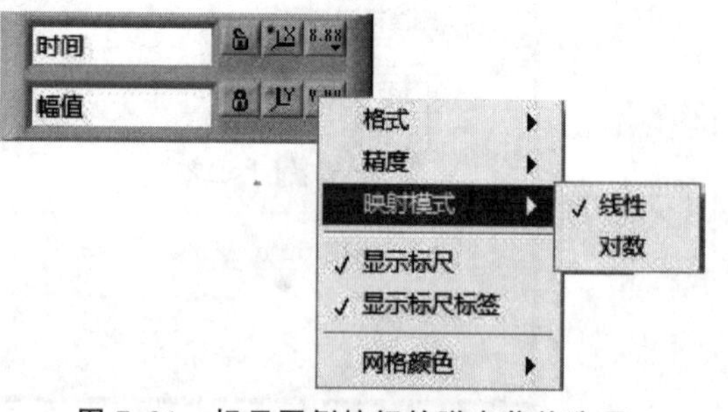

图 7.21 标尺图例按钮的弹出菜单选项

7.3.3 图　例

如果不进行定制，图表和图形会使用默认样式绘制曲线，如图7.22所示。图例允许创建标签，选择颜色、线型，以及为每条曲线选择数据点的样式。在图表或图形的弹出菜单中使用显示项→图例选项来显示或隐藏图例，也可以在图例中为每条曲线命名。

选择图例时，图例框中仅显示一条曲线，可以使用定位工具向下拖拽图例的角以便显示更多的曲线，如图7.23所示。在图例中设置曲线的特性后，无论是否显示图例，曲线都将保留这些设置。如果图表或图形接收的曲线外的样式将绘制额外的曲线。

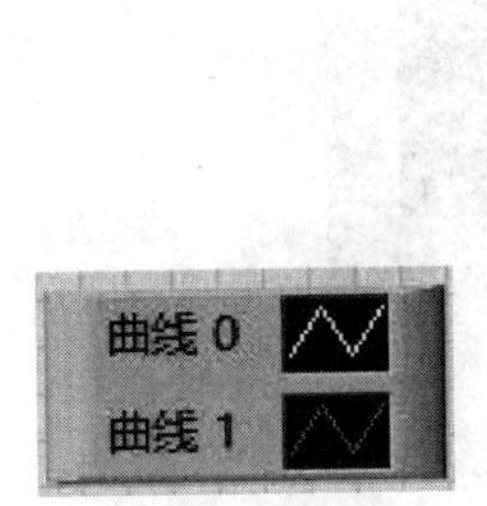

图7.22　图　例

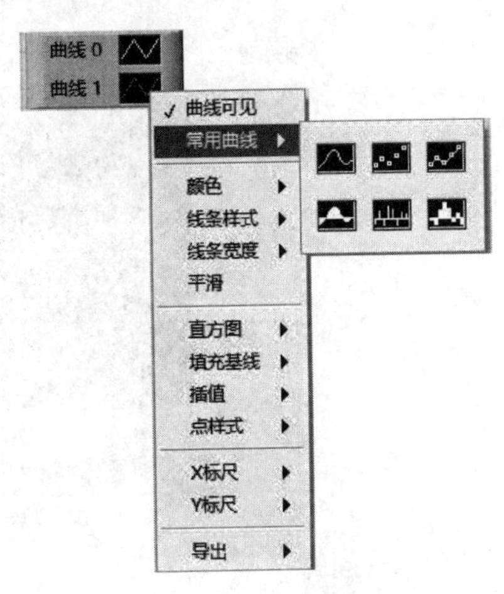

图7.23　图例编辑菜单

当移动图表或图形本身时，图例随之一起移动。将图例拖动到一个新的位置，可以改变图例与图形的相对位置。可改变图例窗口左边的大小以增大标签空间，或改变图例窗口右边的大小以增大曲线样本空间。

默认情况下，每条曲线标签为一个从0开始的数字。可以使用标签工具来修改标签。每条曲线样本都有自己的编辑菜单，可以用来改变曲线线型、颜色以及曲线上数据点的样式。也可以使用操作工具在图例上单击来访问该菜单。

7.3.4 图形工具选板

图形工具选板是一个包含一些图形操作工具按钮的小框，如：允许全部显示（也就是说滚动显示区域）工具、使用选项卡按钮聚焦指定区域（称为缩放）和周围移动的游标等。可从图表或图形的显示项子菜单中选择图形工具选板，如图7.24所示。

图7.24　图形工具选板

图7.24中的3个按钮用来控制图形的操作模式。通常情况下，处于标准模式，这意味着可以用图形游标单击图7.24中左边第1个图标并在周围移动。如果单击全景按钮，将会弹出窗口，可以在此窗口中选择多种缩放模式（通过放大指定部分来聚焦图形的特定区域）。

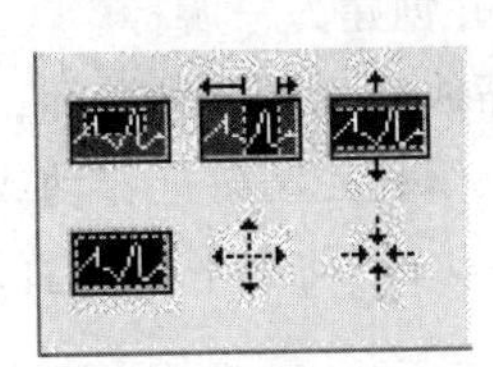

图7.25　缩放工具

左边的按钮用来移动图形上的游标，中间的按钮用来进行缩放（见图7.25），右边的按钮可以通过鼠标拖动移至图表或图形的不可见区域。

① 放大:放大时,按下〈Shift〉键,视图将恢复;释放〈Shift〉键,视图重新放大。

② 缩小:缩小时,按下〈Shift〉键,视图将恢复;释放〈Shift〉键,视图重新缩小。

7.3.5 图形游标

LabVIEW 图形使用游标来标记曲线上的数据点。图 7.26 为一个带有游标的图形图,其中显示了图形标签。

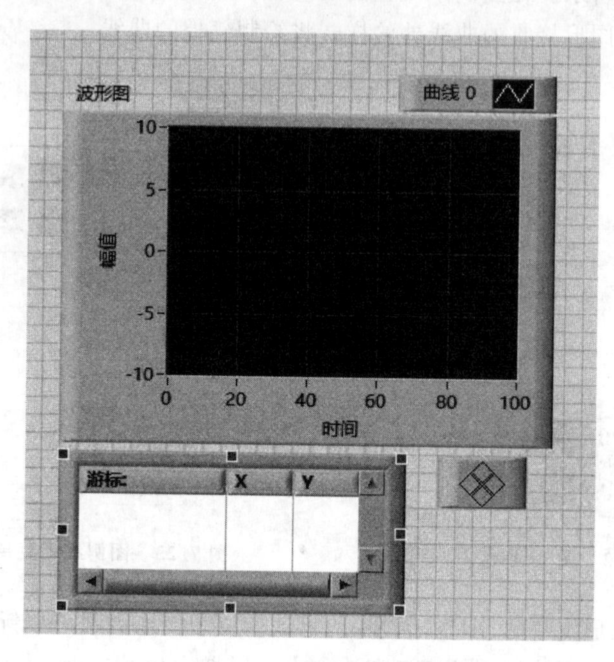

图 7.26　图形游标

从图形的弹出菜单中选择显示项→游标图例,就可以查看游标选项卡。游标图例首次显示时是空白的。右击游标图例,从快捷菜单中选择创建游标并选择一个游标模式。游标模式定义了游标位置,游标包含下列模式:

① 自由:不论曲线的位置,游标可在整个绘图区城内自由移动。

② 单曲线:仅将游标置于与其关联的曲线上移动。右击游标图例,从快捷菜单中选择关联至,可设置游标与一个或所有曲线实现关联。

③ 多曲线:将游标置于绘图区域内的特定数据点上。多曲线游标可显示与游标相关的所有曲线在指定 x 值处的值。游标可置于绘图区域内的任意曲线上。右击游标图例,从快捷菜单中选择关联至,可设置游标与一个或所有曲线实现关联。该模式只对混合信号图形有效。

注:创建游标模式后无法对其进行修改,如须修改,只能删除游标并创建另一游标。

一个图形可以拥有多个游标,游标图例用于跟踪游标,并且可以缩放以显示多种游标。单击游标移动器按钮时,所有的活动游标都会移动,也可以使用属性节点编程控制游标移动或使用定位工具拖动游标。如果拖动交叉点,则可以把游标向任何方向移动;拖动水平或垂直线,则只能分别在水平或垂直方向移动。

在游标图例内的游标标签上弹出的菜单可以改变游标属性,如游标样式、数据样式和颜色。

7.3.6　图形注释

图形注释对于加亮图形上感兴趣的数据点非常有用。注释就像是用来描述数据特征的标签箭头，如图 7.27 所示

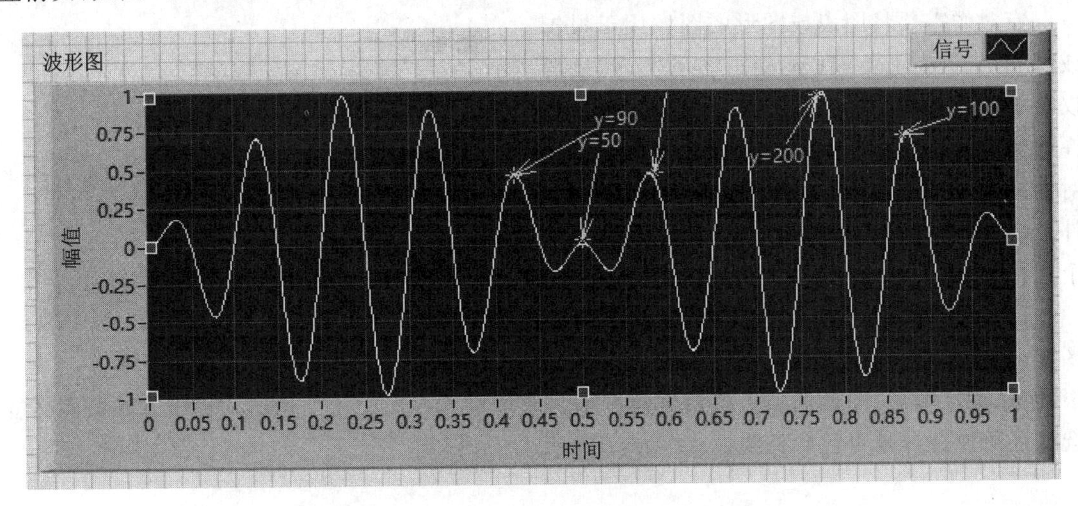

图 7.27　图形注释

使用鼠标可以交互式创建修改注释，也可以使用属性节点编程来实现修改注释。当 VI 处于运行模式时，可从图形的弹出菜单中选择创建注释。可打开创建注释对话框，来定义新的注释名称及一些基本属性，如图 7.28 所示。

注释由 3 部分组成：标签、箭头和游标。在注释游标上的弹出菜单中提供了注释属性的编辑选项以及删除注释选项。

单击注释游标，可以将注释名称拖动到一个新的位置，改变注释标签与游标的相对位置。移动时，箭头将总是从注释名称指向注释游标。也可以移动注释游标，这取决于锁定名称属性的设置。

注释名称：指定注释名称。默认状态下，注释名称将显示在绘图区中。右击注释并取消选择属性→显示名称，就可以隐藏注释名称。

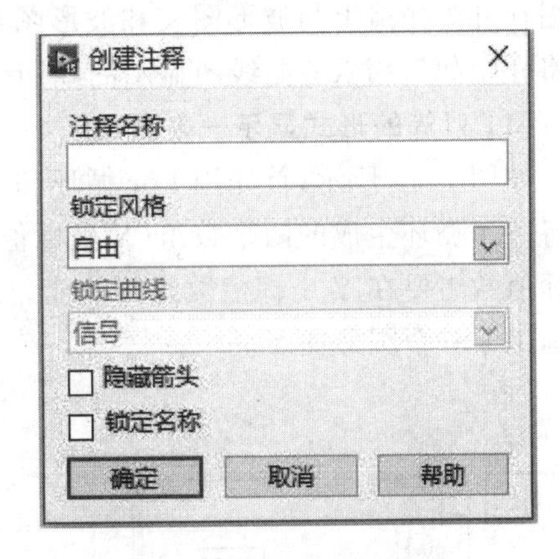

图 7.28　创建注释对话框

锁定风格：设置注释关联至曲线和注释在绘图区域内移动的方式。锁定风格包括下列选项：

① 自由：可在曲线或绘图区域内自由移动注释，注释未关联至绘图区域内的曲线。

② 关联至所有曲线：可使注释移至曲线或绘图区域内任意曲线上最近的数据点。

③ 关联至一条曲线：仅可在指定曲线上移动注释。如图中有多条曲线，可通过锁定的曲线指定关联到相应注释的曲线。

④ 锁定曲线：设置锁定风格为关联至一条曲线时，指定关联至相应注释的曲线。

⑤ 隐藏箭头：隐藏从“注释名称”指向注释数据点的箭头。

⑥ 锁定名称：固定注释名称的绝对位置，使得移动注释或滚动绘图区域时，注释名称不在

绘图区域内移动。

7.4 图表和图形的图像导出

有时候需要将图表或图形的图像用于报告或说明书，这在 LabVIEW 中很容易实现，一般仅需要在图表或图形上右击并从快捷菜单中选择导出，导出简化图像即可。在导出简化图像对话框中，可以选择将图像保存到硬盘上的文件，或将图像保存到剪贴板中心以传送给另一个文档，如图 7.29 所示。

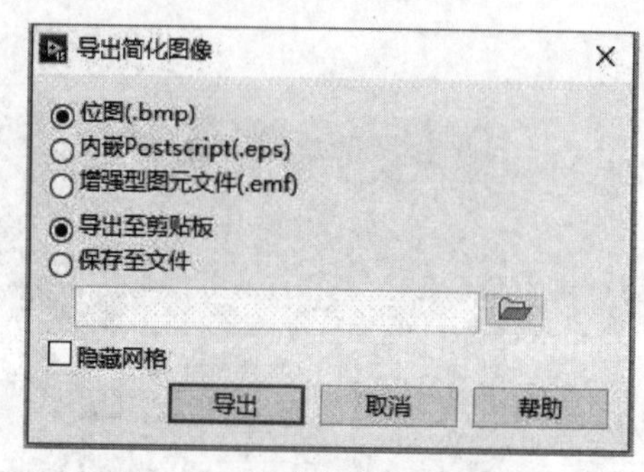

图 7.29　导出简化图像对话框

LabVIEW 输出的“简化”图像仅包括绘图区域、数字显示、曲线图例和索引显示，不包含滚动条、刻度图例、图形选项卡或游标选项卡。通过设置导出简化图像对话框中的隐藏网格复选框还可以选择是否包含格线。

7.5 利用 XY 曲线图显示曲线

在用波形图表和波形图显示曲线时，只需要提供 Y 坐标的数据值即可，因为它们都是按照顺序显示到 X 坐标上的。XY 曲线图需要成对输入点的 X 坐标和 Y 坐标的数据值。XY 曲线图在外观构造上与波形图表和波形图相似，在各种属性的设置方法上也跟前两者相同。下面将介绍如何用 XY 曲线图显示曲线，具体操作步骤如下。

(1) 以簇的形式显示一条曲线

如图 7.30 所示，首先用 For 循环和三角函数生成一组正弦波数据和一组余弦波数据，然后将 For 循环生成的两个数组(X 坐标值数组和 Y 坐标值数组)捆绑成簇。在捆绑成簇时，X 坐标值数组要在 Y 坐标值数组的前面。最后将簇接入 XY 曲线图。运行后，在 XY 曲线图中便画出了一个圆形曲线。

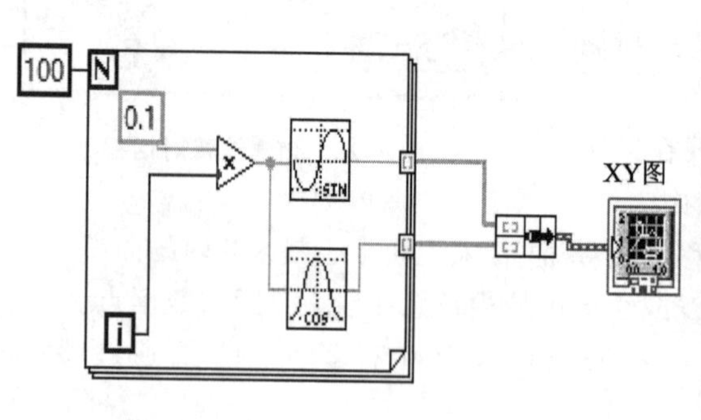

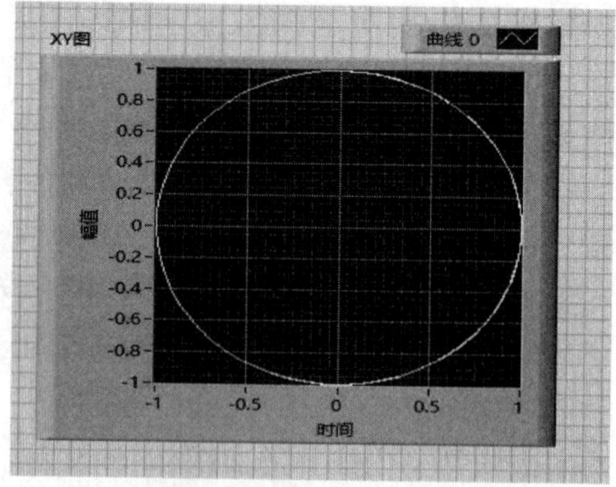

图 7.30　用 XY 曲线画圆

(2) 以簇数组的形式显示曲线

簇数组的形式既可以显示一条曲线，也可以显示多条曲线，如图 7.31 所示。“多路 XY 图”控件中显示的是两条曲线，“簇数组 XY 图”中显示的是两条曲线。显示两条曲线时，要先将已经捆绑成簇的两条曲线数据用“创建数组”的数合成簇数组，然后再输入到 XY 曲线图中。

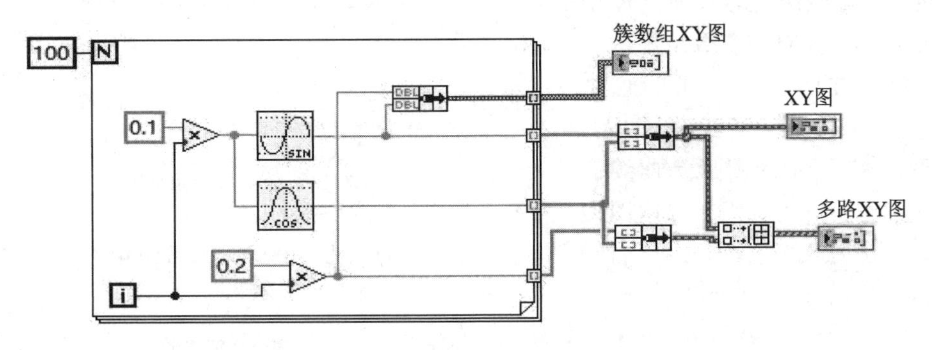

图 7.31　其他输入 XY 图的方式

在图 7.31 中，将每点的 X、Y 坐标值先在 For 循环内容捆绑成簇，然后将所有点的簇组成数组输出到 For 循环的外面，再将生成的簇数组接入 XY 曲线图，便可以显示单条曲线了。图 7.32 所示的是程序的运行结果。

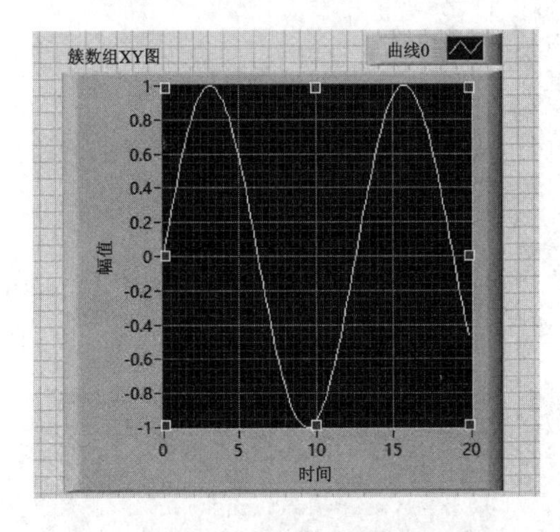

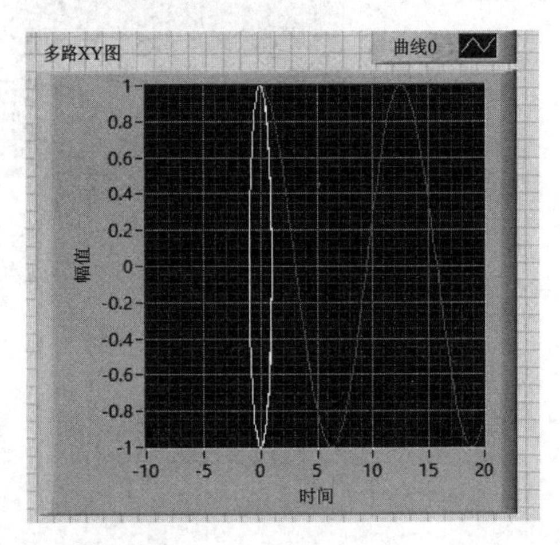

图 7.32　运行结果

7.6　利用强度图来反映数据的变化

前面介绍的波形图表、波形图和 XY 曲线图反映的都是对应于 X 轴的 Y 值大小，用于描绘二维数据。而强度图反映的是对应于 XY 平面上各个点的数据值(Z 值)。输入强度图的数据类型为二维数组，数组的索引对应着强度图中 XY 平面各个点的坐标，数组的元素值在强度图中用颜色来表示。

利用强度图来反映数据变化的具体操作过程如下。

如图 7.33 所示，用两个 For 循环产生 5 行 5 列的随机数数组，将数据输出给“强度图”和

“数组”显示控件。由于产生的随机数是 0～1 之间的数，所以要将强度图幅值的最大值和最小值调整为 1 和 0。运行程序，会观察到如图 7.34 所示的运行结果。从结果中看到，强度图中的每个小矩形单元对应着数组中的一个数值，数值在强度图中用颜色来反映。

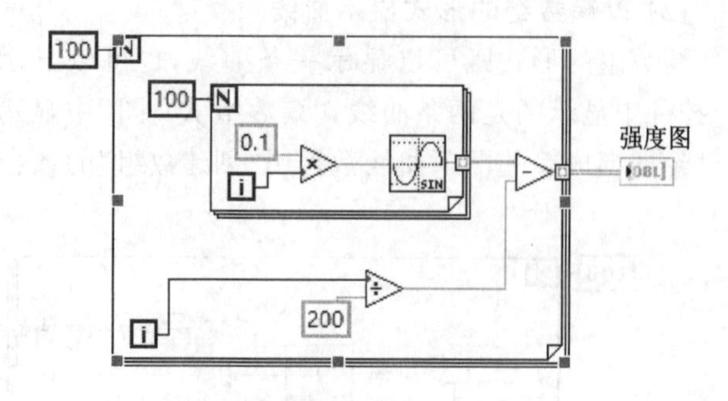

图 7.33　随机数的强度图

如图 7.35 所示的图形是连续值产生的 100 行 100 列数组在强度图中的图形。在 Z 标尺上右击，选择“自动调整 Z 标尺”，强度图会根据输入数组中的最大/最小值自动调整标尺的最大/最小值。

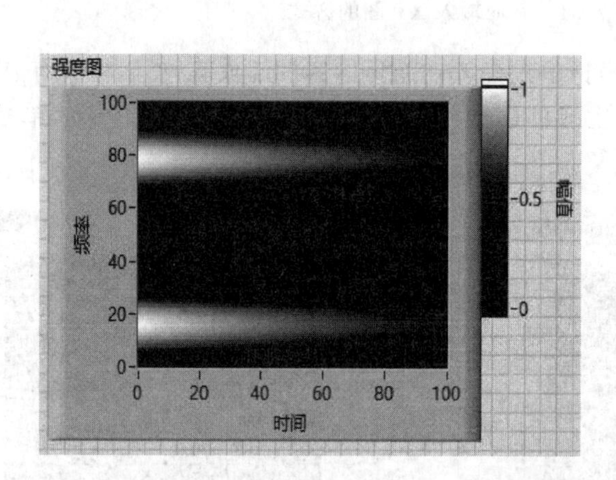

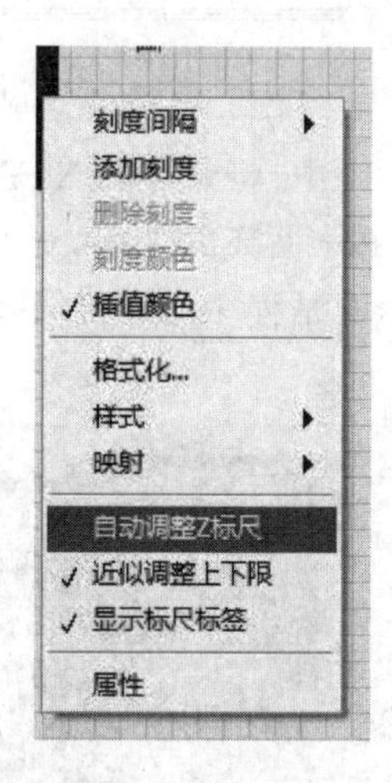

图 7.34　运行结果

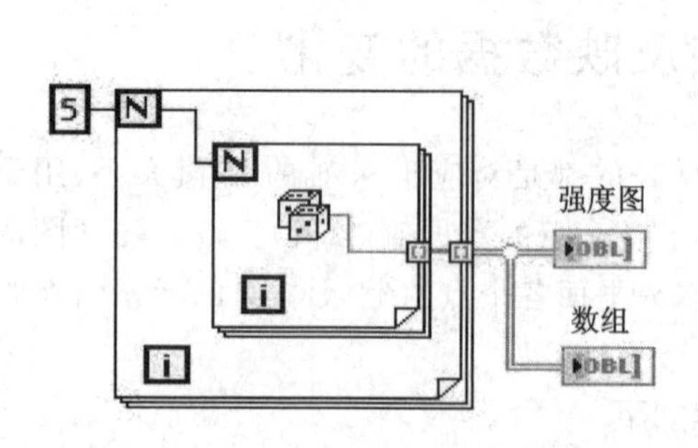

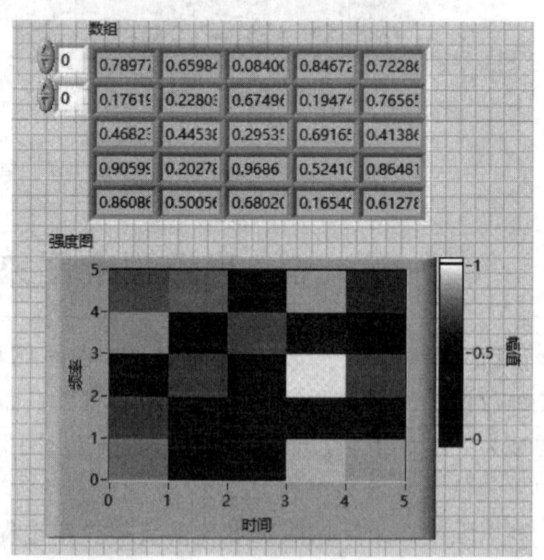

图 7.35　强度图实例二

本章小结

图形化数据显示在测试、测量中有广泛的应用。在学习本章时，学生应该重点掌握波形图表和波形图的使用方法及定制方法。要学会使用各种辅助工具来分析波形数据。在函数选板的“函数→编程→波形”子选板中，LabVIEW 提供了大量的波形函数，这些函数能够使程序员方便、快捷地对波形进行操作。学生可以对照 LabVIEW 的帮助文档了解这些函数的用法。

思考与练习

1. 按照图 7.36 设计一个 VI，分别用波形图和波形图表显示 $y=x^2+2x+1$，其中 x 取值为 0,1,2,3,4,5,6,7,8。

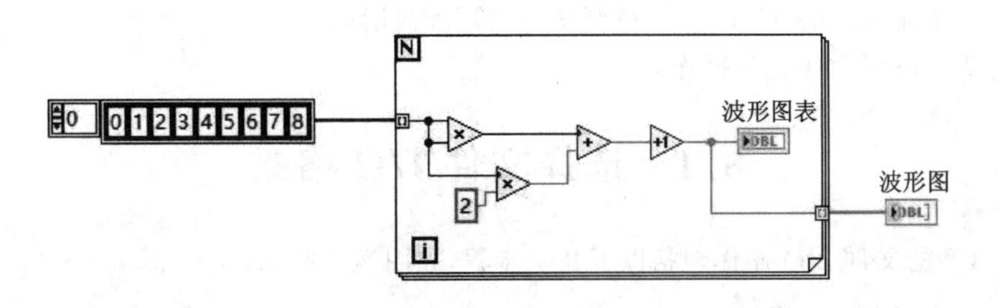

图 7.36　题 1 图

2. 按照图 7.37，在 XY 图中显示一个半径为 1 的圆和一条过原点的斜直线。

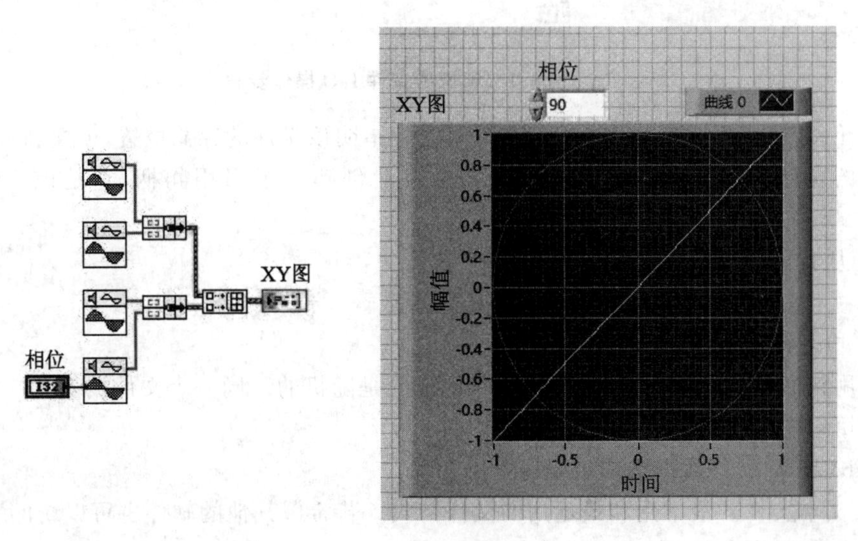

图 7.37　题 2 图

第 8 章　文件 I/O

学习目标

- 了解文件 I/O 的基础知识；
- 学会选择文件 I/O 格式；
- 学会创建文本文件和电子表格文件；
- 学会读取和写入二进制文件。

实例讲解

- 文本文件/电子表格文件/二进制文件的写入与读取；
- 文件 I/O 函数的流盘操作。

8.1　选择文件 I/O 格式

一个典型的文件 I/O 操作包括以下几个步骤，如图 8.1 所示。

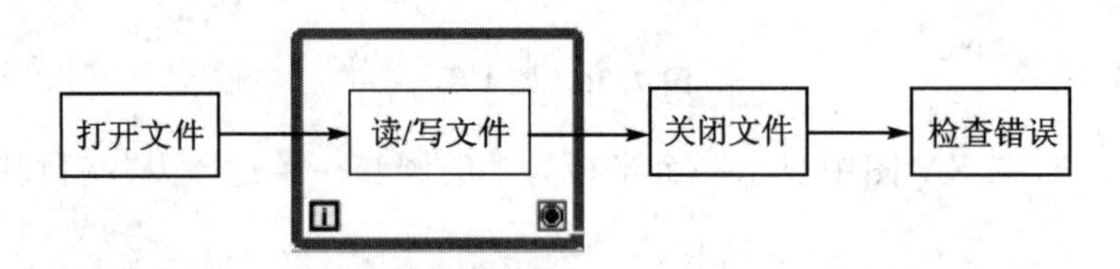

图 8.1　典型的文件 I/O 操作步骤

① 创建或打开一个文件。打开文件时需要指明该文件的存储位置，创建新文件时需要给出文件的存储路径。完成后，LabVIEW 会自动创建一个引用句柄，它是该文件的唯一标识符。

② 从文件中读取或向文件写入数据。

③ 关闭该文件，同时引用句柄会被自动释放。

④ 检查错误。

引用句柄是一种特殊的数据类型，它的分配是随机的。同一个文件被多次打开时，每次分配的引用句柄一般不同。

LabVIEW 文件数据格式主要有以下几种：

① 文本文件。最常用和最通用的文件格式。若希望其他的软件也可以访问数据，则需要将数据存储为 ASCII 格式的文本文件。

② 二进制文件。最紧凑，最快速的存储文件格式。若需要随机读写文件，或对磁盘和硬盘空间有较严格的要求时，可使用这种格式。

③ 数据记录文件。记录结构的二进制格式文件，它能把不同类型的数据存储到一个文件记录中。若需要对不同数据类型或结构复杂的数据进行操作，可选用该格式文件。

④ 波形文件。位于编程→波形→波形文件I/O子选板。

⑤ 基于文本的测量文件,后缀为lvm。

⑥ 二进制测量文件,后缀为tdm。

以上文件格式中,前3种文件格式比较常用。

8.2 文件I/O函数

LabVIEW文件I/O函数进行的有关文件输入输出的操作,主要包括以下几个方面:

① 打开和关闭数据文件。

② 在文件中读取和写入数据。

③ 读取和写入数据到电子表格格式的文件。

④ 转移和重新命名文件和目录。

⑤ 改变文件属性。

⑥ 创建、修改和读取配置文件。

LabVIEW具有许多通用的文件I/O函数和VI,位于函数选板的编程—文件I/O子选板中,如图8.2所示。

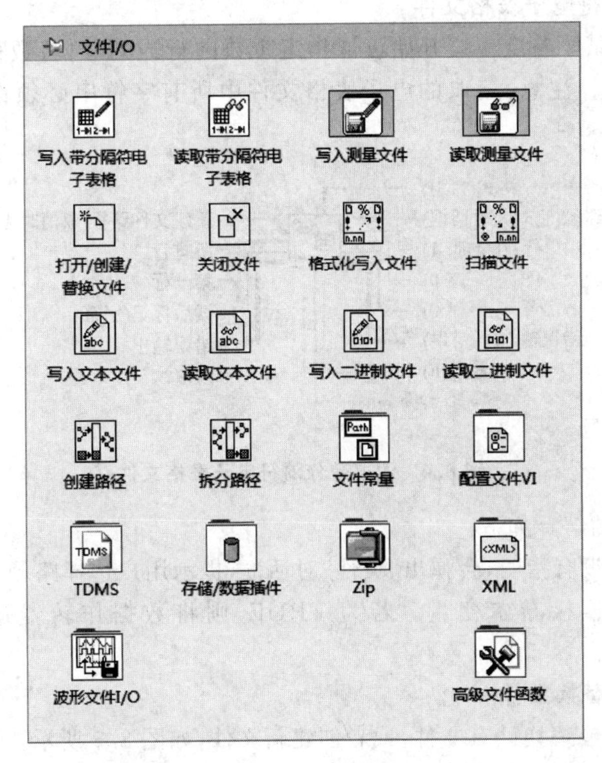

图8.2 文件I/O子选板

下面介绍几种常用的文件I/O函数和VI。

(1) 写入带分隔符电子表格文件

该VI将由数值组成的一维或二维数组转换成文本字符串,进而写入一个新建文件或已有文件，同时可用于创建能够被大多数电子表格软件读取的文本文件，如图 8.3 所示。

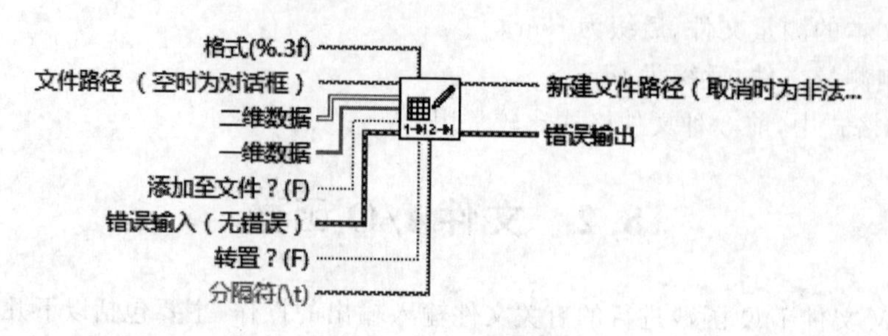

图 8.3　写入带分隔符电子表格文件

各输入/输出端的解释如下：

① 文件路径：若没有指明，会弹出“文件”对话框，提示用户给出文件名。

② 添加至文件？(F)：连接布尔变量。若为 TRUE，则输入数据将添加到已有文件的后边；若为 FALSE，则输入数据将覆盖原有文件。

③ 转置？(F)：连接布尔变量。若为 TRUE，则将输入数据作转置运算后再存储；若为 FALSE，则直接存储。

(2) 读取带分隔符电子表格文件

该 VI 从文件的某个特定位置开始读取指定个数的行或列，再将数据转换成二维单精度数组，如图 8.4 所示。注意：读取的电子表格文件中所有字符串必须都由有效的数值字符组成。

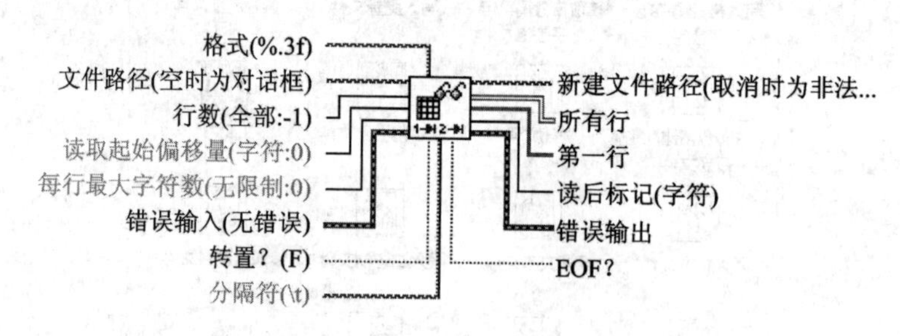

图 8.4　读取带分隔符电子表格文件

各输入/输出端的解释如下：

① 文件路径：若没有指明，会弹出“文件”对话框，提示用户选择路径。

② 转置？(F)：连接布尔变量。若为 TRUE，则将数据作转置运算后再读取；若为 FALSE，则直接读取。

(3) 打开/创建/替换文件

该函数用于打开或替换已有文件，或者创建新文件，如图 8.5 所示。用户若没有指明文件路径，则在运行时，LabVIEW 会弹出对话框让用户指定。

(4) 关闭文件

该函数可关闭引用句柄所指明的文件，如图 8.6 所示。注意：错误输入/输出是单独操作的，故无论是否有错误信息输入，都会执行关闭文件操作，这样能保证文件的正确关闭。

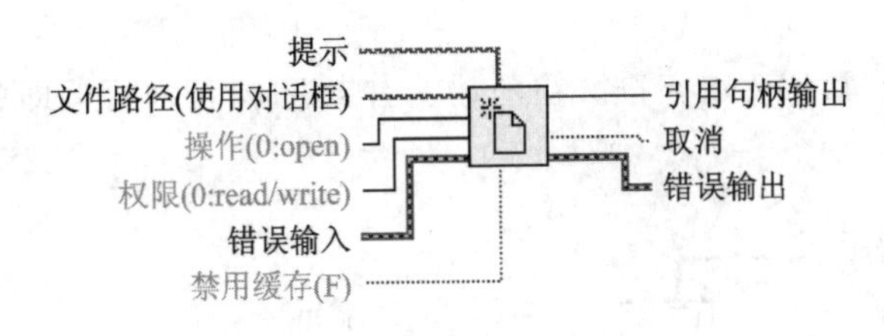

图 8.5　打开/创建/替换文件函数

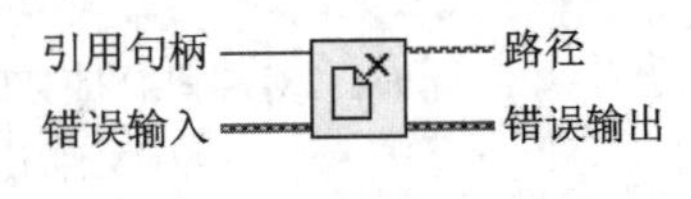

图 8.6　关闭文件函数

关闭文件的步骤包括：

① 把在缓冲区里的文件数据写入物理存储介质中。

② 更新文件列表的信息，如文件最后修改日期等。

③ 释放引用句柄。

(5) 格式化写入文件

该函数将字符串、数值、路径、布尔类型数据格式化写入文本文件，如图 8.7 所示。

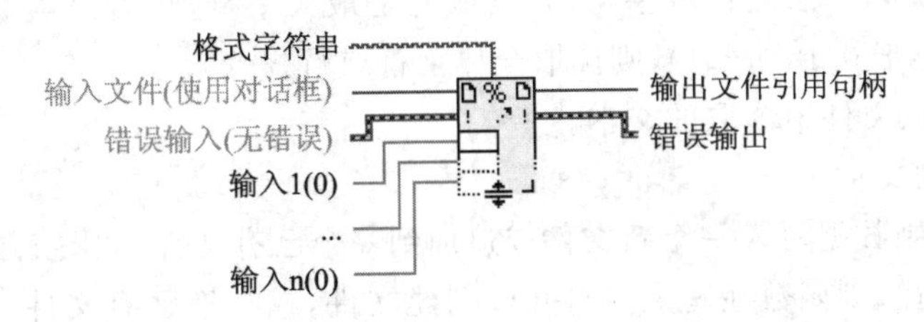

图 8.7　格式化写入文件函数

各输入/输出端的解释如下：

① 格式字符串：用于定义怎样转换输入 1～n 的输入元素；

② 输入 1～输入 n：被转换的输入参数，可以是字符串、路径、枚举、时间标识或者任意类型的数值数据，但不能是数组或者簇。

③ 输出文件引用句柄：输出读取的引用句柄，可用引用句柄进行与输出文件有关的操作。

(6) 写入文本文件

该函数将字符串或字符串数组按行写入文件，如图 8.8 所示。

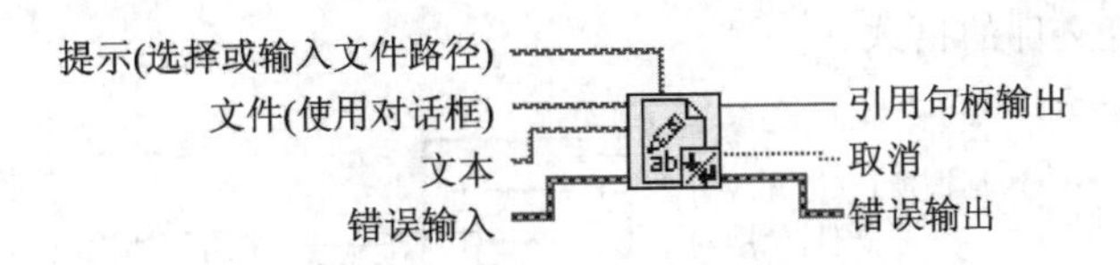

图 8.8　写入文本文件函数

各输入/输出端的解释如下：

① 文件(使用对话框)：若接入的是路径，则 VI 在写入文件前先打开或者创建文件，再以写入内容去覆盖文件中原有内容；若接入的是引用句柄，则 VI 在文件当前位置写入内容，即在原文件结尾添加新内容。

② 对话框窗口：用户希望在文件对话框中的路径或文件目录上方显示的提示信息。

③ 文本：写入文件的数据，可以是字符串或者字符串数组。

(7) 读取文本文件

该函数用于从文件中读取字符或行，默认读取字符。在函数上右击选择“读取行”，即可从文件中读取几行字符。如图 8.9 所示。

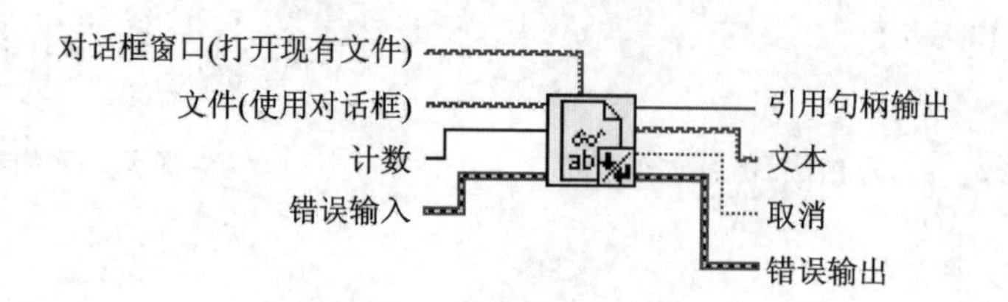

图 8.9　读取文本文件函数

各输入/输出端的解释如下：

① 对话框窗口：用户希望在文件对话框中的路径或文件目录上方显示的提示信息。

② 文件(使用对话框)：输入引用句柄或者路径。

③ 计数：接入整数。若是读取字符，则读取的是最大字符数；若是读取行，则读取的是最大行数；若计数值小于 0(比如−1)，则读取全体字符或行。

④ 文本：输出从文件中读取的文本。

(8)写入二进制文件

该函数将二进制数据写入一个新文件或追加到一个已有文件，如图 8.10 所示。若连接到文件输入端的是路径，则函数在写入前打开或创建文件，或替换已有文件。若连接的是句柄，则将从当前文件位置追加写入内容。

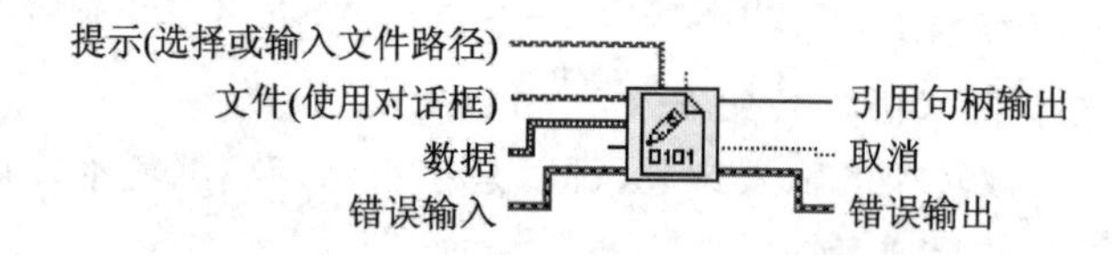

图 8.10　写入二进制文件函数

(9) 读取二进制文件

该函数从文件读取二进制数据并从数据输出端返回这些数据，如图 8.11 所示。数据如何被读取，取决于指定文件的格式。

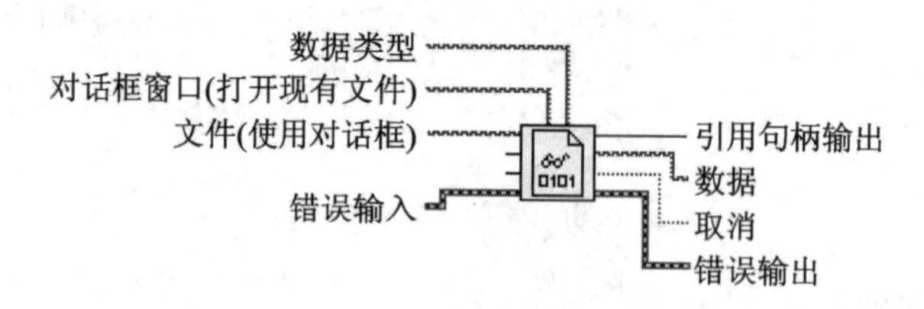

图 8.11　读取二进制文件函数

输入端的数据类型：从二进制文件中读取数据所使用的类型。若数据类型是数组、字符串或包含字符串的簇，则函数会默认数据包含文件大小信息。如果数据实例中不含文件大小信息，则数据会被曲解。若发现数据实例与数据类型不匹配，LabVIEW 会将数据置为默认类型并返回一个错误。

(10) 创建路径

该函数用于在一个已经存在的基路径后添加一个字符串输入，构成新的路径名，如图8.12所示。只须输入相对路径或文件名即可把基路径设置为工作目录。

(11) 拆分路径

该函数用于把输入路径从最后一个反斜杠的位置分成两部分，分别从拆分的路径输出端和名称输出端输出，如图8.13所示，可以用它把文件从路径中分离出来。

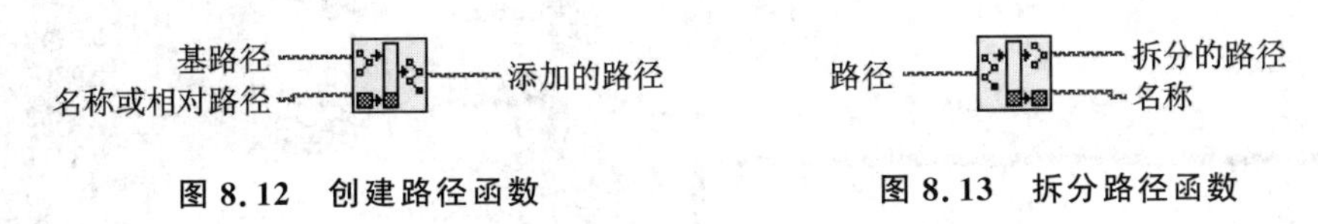

图8.12 创建路径函数　　图8.13 拆分路径函数

8.3 文件操作

8.3.1 文本文件的写入与读取

数据必须转换为字符串才能写入文本文件。由于大多数文字处理应用程序读取文本时并不要求格式化的文本，故将文本写入文本文件无须格式化，用写入文本文件函数自动打开和关闭文件即可。

例8-1 写入文本文件示例。程序框图和存储的数据如图8.14所示。

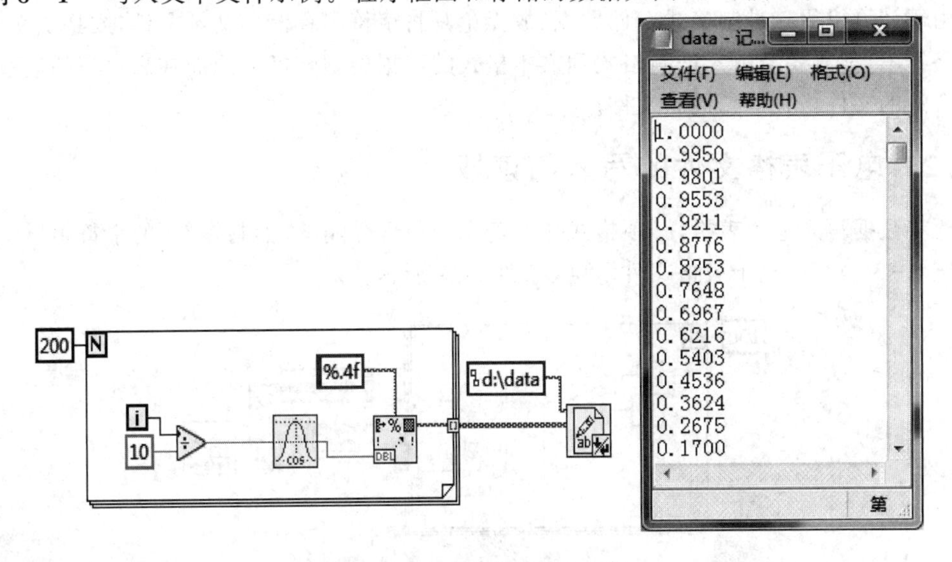

图8.14 文本文件的写入示例

操作步骤如下：

① 新建VI，在程序框图中新建一个循环次数为200的For循环。

② 在For循环中用余弦函数生成余弦数据(数学→初等与特殊函数→三角函数子选板)。

③ 使用格式化写入字符串函数按照小数点后保留4位的精度将余弦数据转换为字符串(函数→字符串子选板)。

④ 将③中的数据索引为一个数组，存储在 D 盘根目录下的 data 文件中。

可以用 Microsoft Excel 电子表格打开上述 data 文件，绘图以观察波形，这说明电子表格文件是一种特殊的文本文件。

例 8-2 读取文本文件示例。程序框图和存储的数据如图 8.15 和图 8.16 所示。

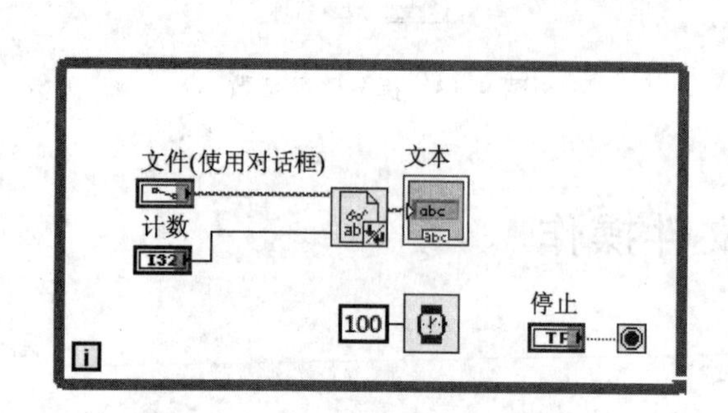

图 8.15 读取文本文件示例程序框图

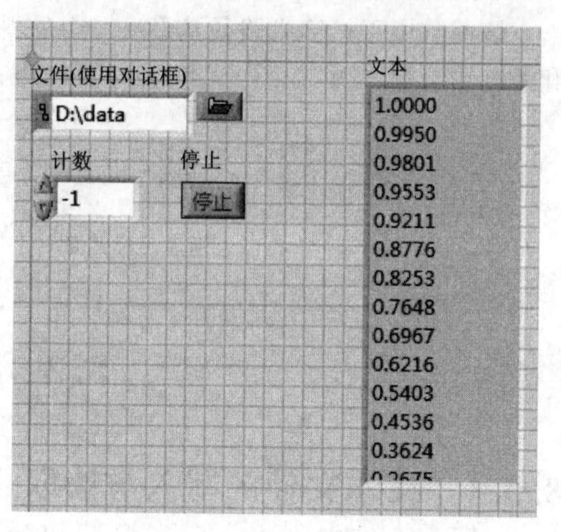

图 8.16 读取文本文件示例前面板

图 8.15 中，"读取文本文件 VI"读取例 8－1 中 D 盘根目录下的 data 文件，以字符串的格式读出，并作为一个字符串存储。

由于计算机用二进制格式存储数据，故无论是将字符串存储为文本文件，或是从文本文件读取字符串，都需要经由二进制格式到文本格式的数据类型转换。因而在高效率的读取场合，更为合适的文件格式是二进制文件。

8.3.2 电子表格文件的写入与读取

要将数据写入电子表格，必须格式化字符串为包含分隔符(如制表符)的字符串。

例 8-3 写入电子表格文件示例，如图 8.17 所示。

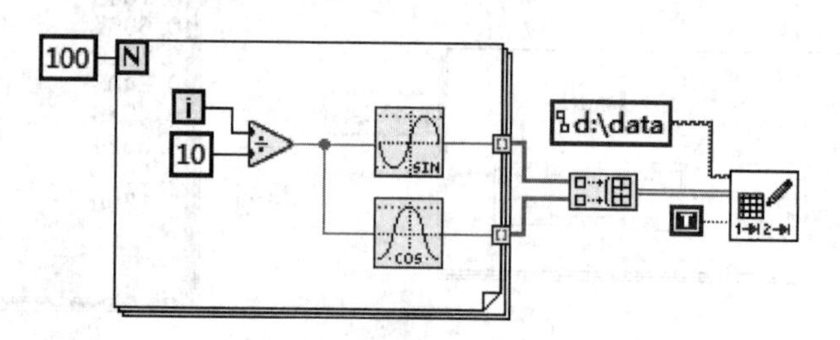

图 8.17 写入电子表格文件示例程序框图

操作步骤如下：

①新建 VI，从文件子选板选取"写入电子表格文件 VI"置于程序框图。

② 用 For 循环生成各 100 个正弦/余弦数据，分别将数据写入两个电子表格文件 VI 并存储，文件路径为 D:\data。用 Microsoft Excel 打开 data 文件，第一行为余弦数据，第二行为正弦数据。

注意:若使用图8.18的程序,会存在两个写入电子表格文件VI的执行顺序问题。

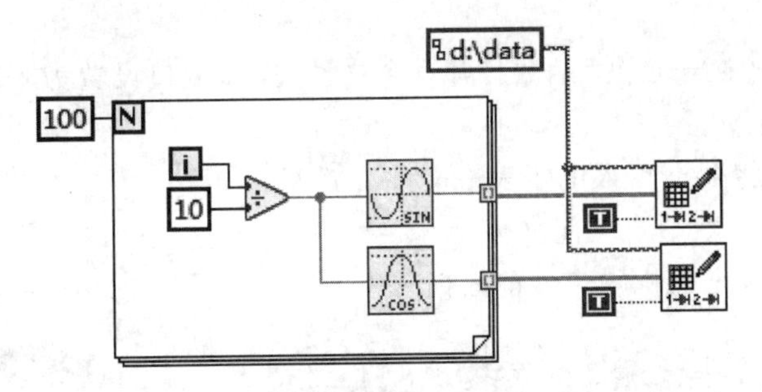

图8.18　未使用创建数组函数的程序框图

例8-4　读取电子表格文件VI示例(读取例8-3中存储的正弦与余弦波形),程序框图如图8.19所示。

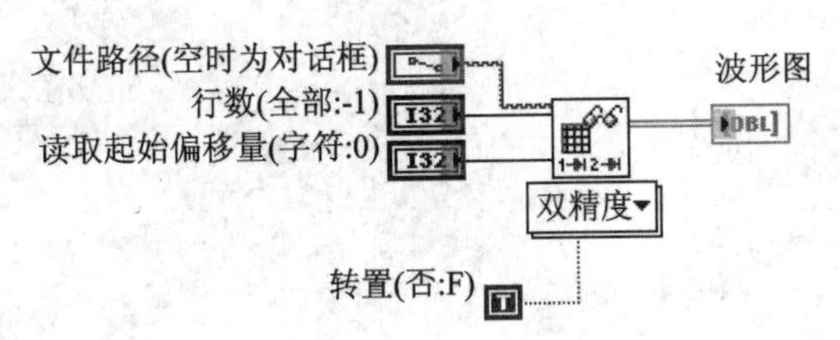

图8.19　读取电子表格文件示例程序框图

本例中,将读取的数据用波形控件在前面板显示,运行结果如图8.20所示。

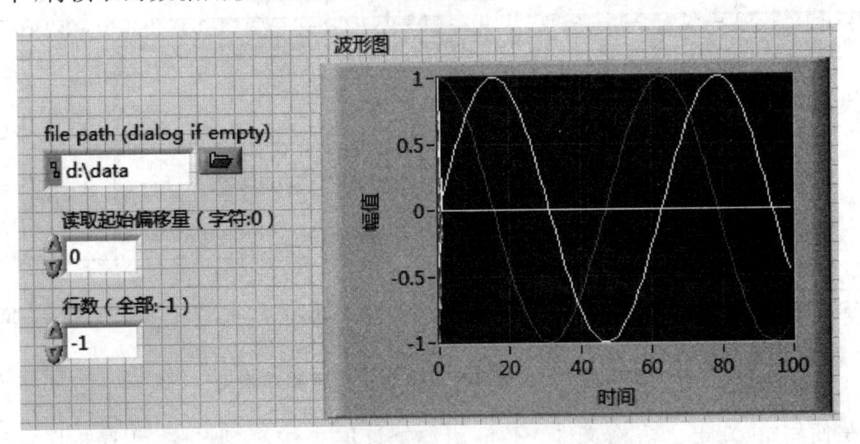

图8.20　读取电子表格文件示例前面板

例8-5　文件I/O函数的流盘操作演示。

为减少重复打开、关闭文件的系统占用,节省内存资源,选择采用流盘操作。

流盘是一项在进行多次写操作时保持文件打开的技术,如在循环中使用流盘。在循环之前放置"打开→创建→替换文件"函数,在循环内放置读或写函数,在循环之后放置关闭文件函数,即为典型的流盘操作。此时只有读写操作在循环内部进行,避免了重复打开关闭文件的系统占用。

对于速度要求高、时间持续长的数据采集,流盘是一种更为合理的方案。在采集结束前还应避免运行其他 VI 和函数。

操作步骤如下：

① 使用“打开→替换→创建”函数打开一个文件，操作端口设置为 create or open，文件名后缀通常为 txt 或 dat。

② 用 while 循环将数据写入电子表格文件。

③ 使用关闭文件函数节点关闭文件。

本例中信号源为一个随机噪声。前面板和程序框图如图 8.21 和图 8.22 所示。

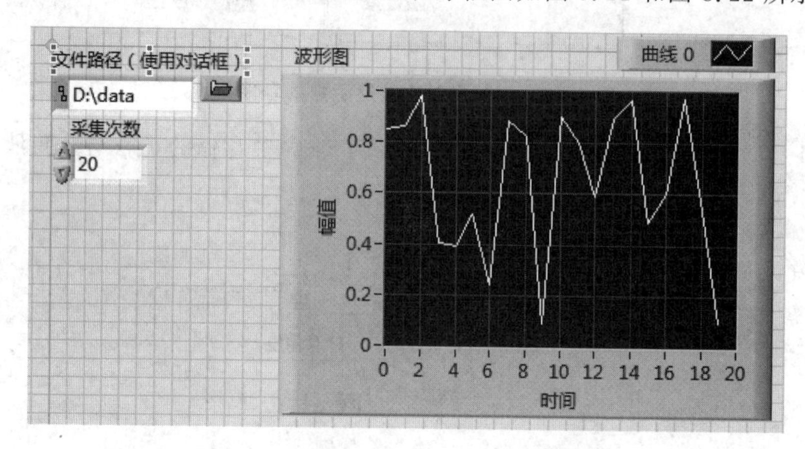

图 8.21 连续写入电子表格文件前面板

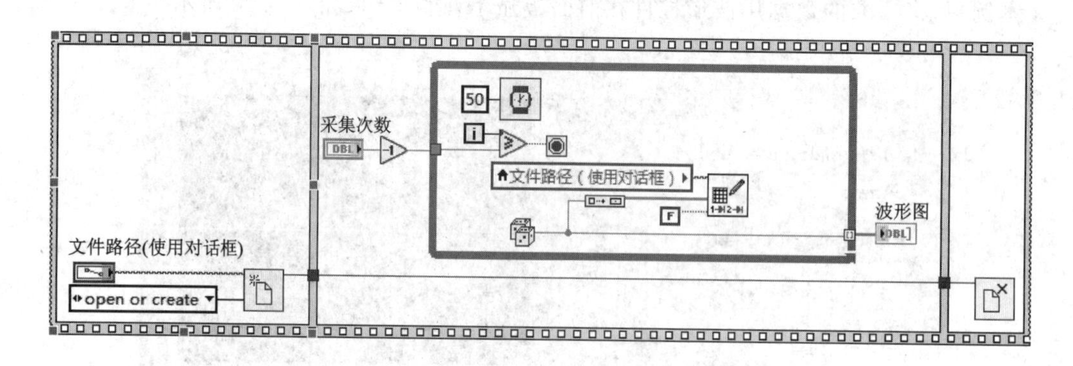

图 8.22 连续写入电子表格文件程序框图

下面是使用“读取电子表格文件 VI”演示数据读取中的流盘操作，程序框图如图 8.23 所示。操作步骤如下：

① 使用“打开→替换→创建”函数打开一个文件，操作端口设置为 open。

② 使用“读取电子表格文件 VI”将图 8.22 中保存的文件数据读出，并打包成数组送入波形图显示。

8.3.3 二进制文件的写入与读取

虽然二进制文件不能直接编辑，但其存储效率最高，因而应用广泛。

例 8－6 写入二进制文件流盘操作示例。前面板与程序框图如图 8.24 和图 8.25 所示。

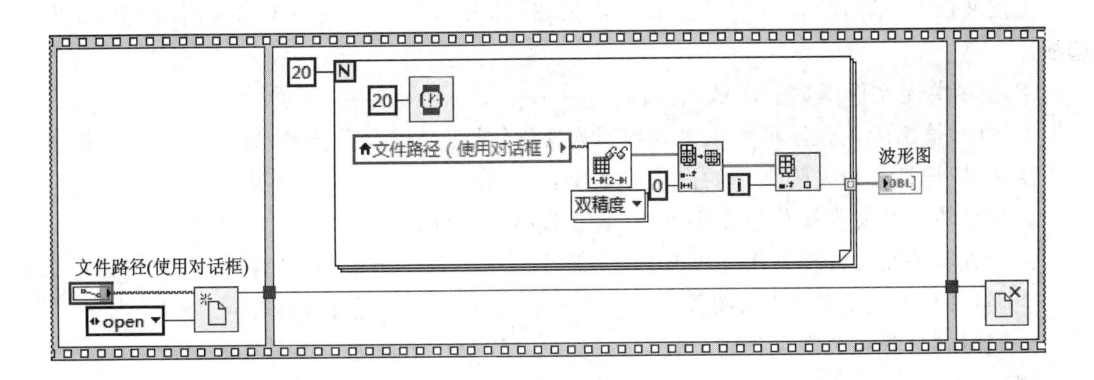

图 8.23　连续读取电子表格文件程序框图

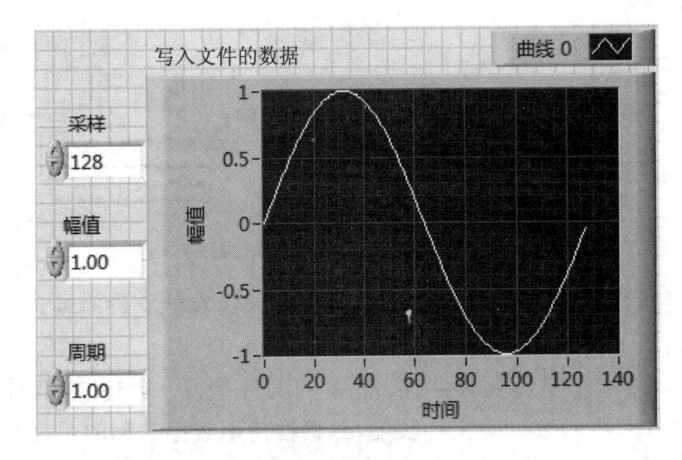

图 8.24　写入二进制文件示例前面板

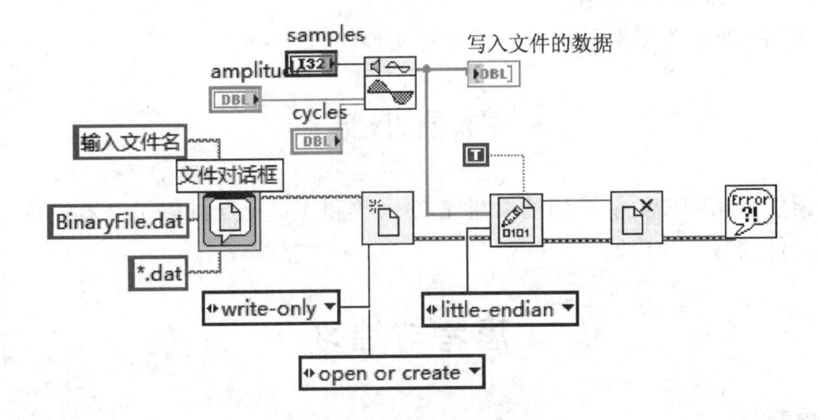

图 8.25　写入二进制文件示例程序框图

操作步骤如下：

① 使用文件对话框 VI 打开文件对话框，选择文件路径。

② 使用“打开→替换→创建”函数创建新文件。

③ 使用写入二进制文件函数将正弦波 VI 产生的数据写入文件。

正弦波信号:信号处理→信号生成→正弦波;部分函数位于文件 I/O→高级文件函数子选板。

④ 使用关闭文件函数关闭数据文件。

本例中,输出的正弦波形数组被直接写入文件,没有经过数据转换,故写入速度很快。

注意:应把打开和关闭文件的操作置于 While 循环外部。否则会有以下后果:

- 单独将打开文件操作置于循环内,将重复打开文件。
- 单独将关闭文件操作置于循环内,在循环第一次运行结束后,文件句柄关闭;在第二次循环时,关闭文件 VI 试图关闭不存在的文件句柄,程序会报错。
- 同时将打开和关闭操作置于循环内,数据文件只记录最近一次采集的数据。

例 8-7 读取例 8-6 中的二进制文件。程序框图如图 8.26 所示。

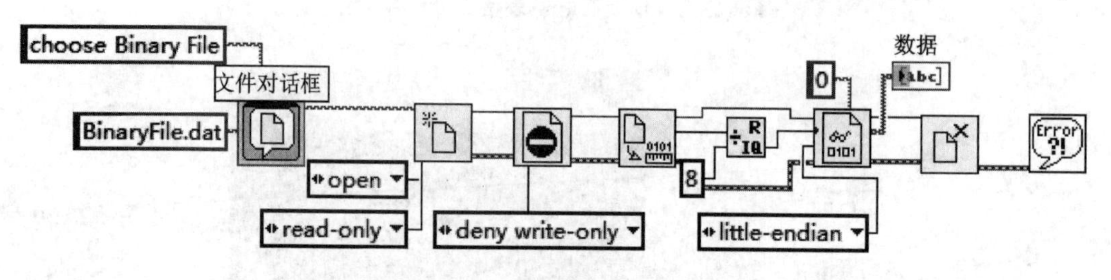

图 8.26 读取二进制文件示例程序框图

读取二进制文件时需要注意:计算数据量,同时要知道存储文件时使用的数据类型。

操作步骤如下:

① 使用文件对话框 VI,选择文件路径;使用"打开→替换→创建"函数打开指定文件。

② 使用获取文件大小函数计算文件长度,并根据使用数据类型的长度计算数据量。本例的数据为双精度数据,每个数据占用 8 个字节,故数据量等于文件长度除以 8。使用二进制文件 VI 读取数据时,必须指定数据类型。

③ 读取完毕,使用关闭文件函数关闭数据文件。

本章小结

本章介绍了 LabVIEW 中常用的文件 I/O 函数和 VI,重点讲解了文本文件、电子表格文件和二进制文件的写入和读取。

思考与练习

1. 填空题

(1) LabVIEW 支持如下几种格式的文件用于数据的输入和输出:________、________、________、________、________和________。

(2) 在 LabVIEW 中,基本文件的输入、输出函数主要包括以下几种:________、________、________和________。

2. 简答题

(1) 什么是电子表格？

(2) 什么是文本文件？相对于其他格式的文件，文本文件有哪些优点和缺点？

(3) 什么是二进制文件？

3. 实操题

(1) 创建 VI，将方波发生器产生的方波数据存储为电子表格文件。

(2) 创建 VI，将正弦发生器产生的正弦数据存储为二进制文件。

(3) 创建 VI，将随机生成的数据写入二进制文件。参考设计如图 8.27 所示。

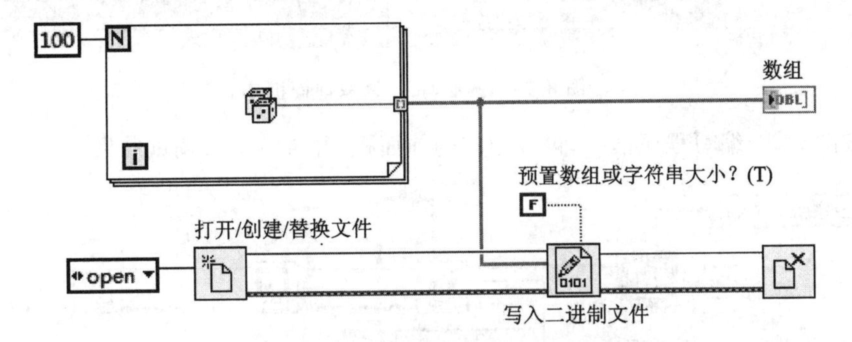

图 8.27　将随机生成的数据写入二进制文件

(4) 创建 VI，将波形数据写入文件，并验证存入的数据波形与读取的是否一致。参考设计如图 8.28 所示（提示：部分函数位于编程→波形→波形文件 I/O 子选板），运行后的前面板如图 8.29 所示。

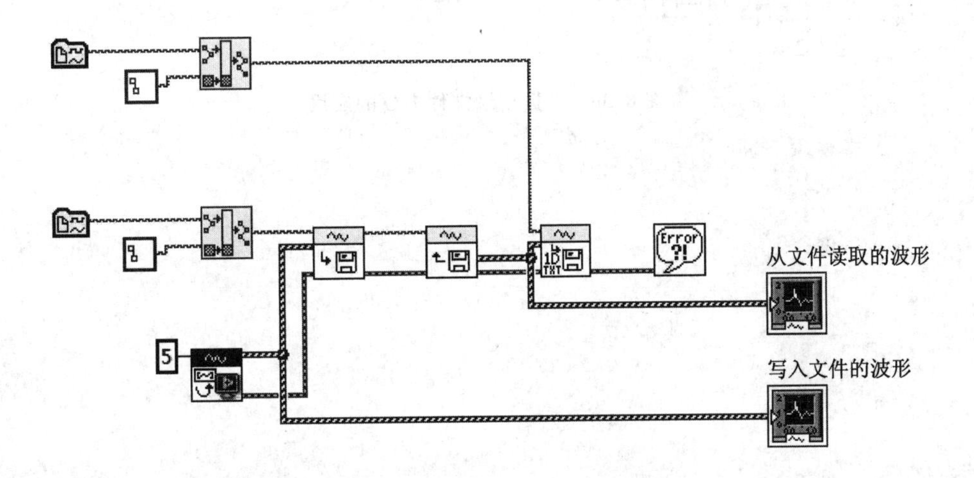

图 8.28　波形写入、读取程序框图

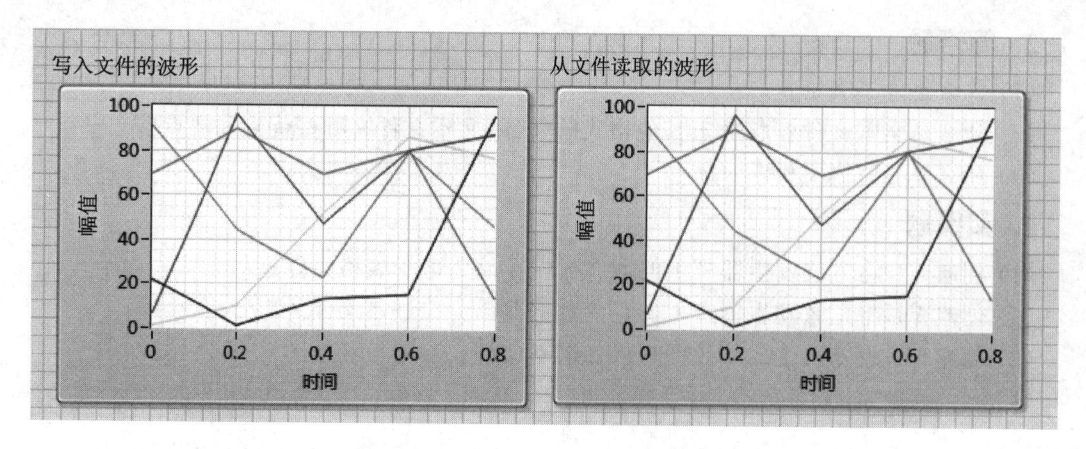

图 8.29　波形写入、读取前面板

(5) 按图 8.30 编写程序框图,设计相应的前面板,并查看运行调试结果。

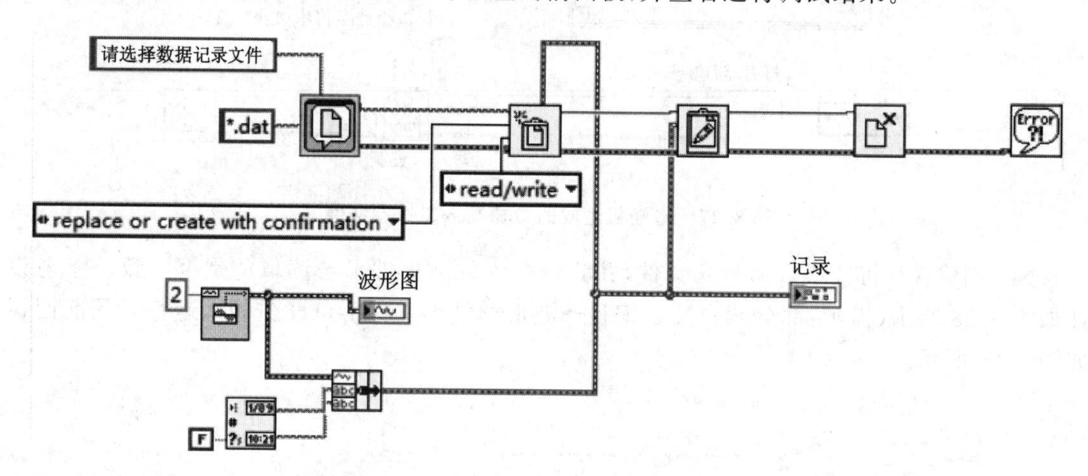

图 8.30　数据记录文件 I/O 的应用

第 9 章　仪器控制

学习目标

- 掌握常用的总线技术；
- 掌握虚拟串的使用方法；
- 掌握串口编程方法；
- 了解 GPIB 编程。

实例讲解

- 利用查询方式实现串口通信。

虚拟仪器具有强大的功能，能够根据不同用户的要求对同一仪器的功能、性能、指标参数等进行修改或增删，打破了传统仪器的封闭性、单一性。本章主要介绍虚拟仪器利用通信接口技术和总线技术实现对其他仪器的控制，从而构建一个复杂的测量控制系统。

9.1　仪器控制基础

9.1.1　仪器控制基本思路

(1) 仪器控制的作用

利用仪器控制技术，可以使不同厂家、不同测量总线的仪器互换使用，用户也可以通过虚拟仪器驱动程序库或测量总线接口对仪器仪表进行控制，完成测量功能的选择和数据的输入与输出。

(2) 仪器控制的优点

仪器控制的优点如下：

① 方便、高效。一些公司根据用户需求，开发了模块化的仪器仪表或者在传统的仪器仪表的基础上添加了通信接口，用户购买使用就可以，节省了大量开发时间。

② 灵活性强。若用户要求的参数变化了，只须更换相应的仪器仪表即可，虚拟仪器程序也只须做很小的改动就可以。

9.1.2　常用测量总线技术

(1) GPIB 数据总线

GPIB 大多数台式仪器通过 GPIB(general-purpose interface bus，通用接口总线)以及 GPIB 接口与电脑相连。使用一台计算机，通过 GPIB 控制卡可以实现和一台或多台仪器的听、讲、控功能，并组成仪器系统，使用户的测试和测量工作变得快捷、简便、精确和高效。通过 GPIB 电缆的连接，可以方便地实现星型组合、线型组合或者二者的组合。

1965 年惠普公司(Hewlett-Packard)设计了惠普接口总线(HP-IB,其用于连接惠普的计算机和可编程仪器。由于其高转换速率(通常可达 1 MB/s),使得这种接口总线得到普遍认可，并被定为 IEEE 标准 488-1975 和 ANSI/IEEE 标准 488.1-1987。后来，GPIB 比 HP-IB 的名称用得更广泛。ANSI/IEEE 488.2-1987 加强了原来的标准，精确定义了控制器和仪器的通信方式。可编程仪器的标准命令(standard commands for programmable instruments,SCPI)采纳了 IEEE488.2 定义的命令结构,创建了一整套编程命令。

(2) PCI 总线

PCI(peripheral component interconnect),中文意思是“外围器件互联”,是由 PCISIG(PCI special interest group)推出的一种局部并行总线标准。PCI 总线是由 ISA(industy standard architecture)总线发展而来的,ISA 并行总线有 8 位和 16 位两种模式,时钟频率为 8 MHz,工作频率为 33 MHz/66 MHz。PCI 总线是一种同步的独立于处理器的 32 位或 64 位局部总线。从结构上看,PCI 是在 CPU 的供应商和原来的系统总线之间插入的一级总线,具体由一个桥接电路实现对这一层的管理,并实现接口数据的传输。从 1992 年创立规范至今,PCI 总线已成为计算机的一种标准总线,广泛用于当前高档微机、工作站、以及便携式微机,主要用于连接显示卡、网卡、声卡。PCI 总线是 32 位同步复用总线,其地址和数据线引脚是 AD31～AD0,工作频率为 33 MHz。

(3) VXI 总线

20 世纪 80 年代后期,仪器制造商发现 GPIB 总线和 VME 总线产品无法再满足军用测控系统的需求。在这种情况下,HP、Tekronix 等五家国际著名的仪器公司成立了 VXIbus 联合体,并于 1987 年发布了 VXI 规范的第一个版本。几经修改和完善,于 1992 年被 IEEE 纳为 IEEE-1155-1992 标准。

(4) PXI 总线

PXI (PCI extensions for instrumentation,面向仪器系统的 PCI 扩展) 是一种由 NI 公司发布的坚固的基于 PC 的测量和自动化平台。PXI 结合了 PCI(peripheral component interconnection,外围组件互连)的电气总线特性与 CompactPCI(紧凑 PCI)的坚固性、模块化及 Eurocard 机械封装的特性发展成适合于试验、测量与数据采集场合应用的机械、电气和软件规范。制订 PXI 规范的目的是为了将台式 PC 的性能价格比优势与 PCI 总线面向仪器领域的必要扩展完美地结合起来,形成一种主流的虚拟仪器测试平台。这使它成为测量和自动化系统的高性能、低成本运载平台。

9.2 虚拟串口的使用

现在的计算机几乎都没有串口。为了方便进行串口实验,通过虚拟串口软件,模拟串口并进行配对绑定,然后在 LabVIEW 中就可以对串口进行各种操作,与真实的串口效果是一样的。

1. 安装虚拟串口 VSPXD 软件

安装虚拟串口 VSPXD 软件的步骤如下:

① 解压文件“虚拟串口 VSPXD 软件”,运行可执行文件“VSPXP. exe”,如图 9.1 所示。

② 选择安装路径,单击下一步,直至安装完成,如图 9.2 所示。

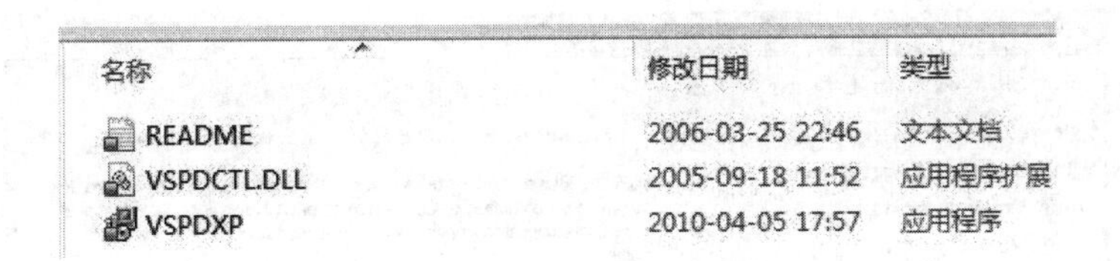

图 9.1　虚拟串口 VSPXD 软件

图 9.2　虚拟串口 VSPXD 软件安装完成对话框

③ 安装成功后，桌面出现虚拟串口软件图标，如图 9.3 所示。

图 9.3　虚拟串口 VSPXD 软件桌面快捷图标

2. 创建 1 对虚拟串口并进行绑定

(1) 创建虚拟串口

界面左上角 physical ports 目录下表示当前电脑物理硬件串口(见图 9.4)。注意：物理硬件串口无法与虚拟串口通道匹配相连。

(2) 绑定虚拟串口

First 和 Second 分别选择不同的串口端口，后单击“Add pair”将这两个串口进行绑定，如图 9.5 所示。

3. 对虚拟串口进行测试

选择任意一款串口调试软件，打开两个软件界面，设置串口波特率、数据位、校验位、停止位等参数，分别打开这两个虚拟串口端口(见图 9.6 和图 9.7)。

从一个串口发送字符串“abc”，如果在另一个软件界面上收到“abc”则证明这两个虚拟串口可以正常通信了(见图 9.8 和图 9.9)。串口调试完成后，请注意关闭串口，否则下次打开该串口时，软件有可能会报错。

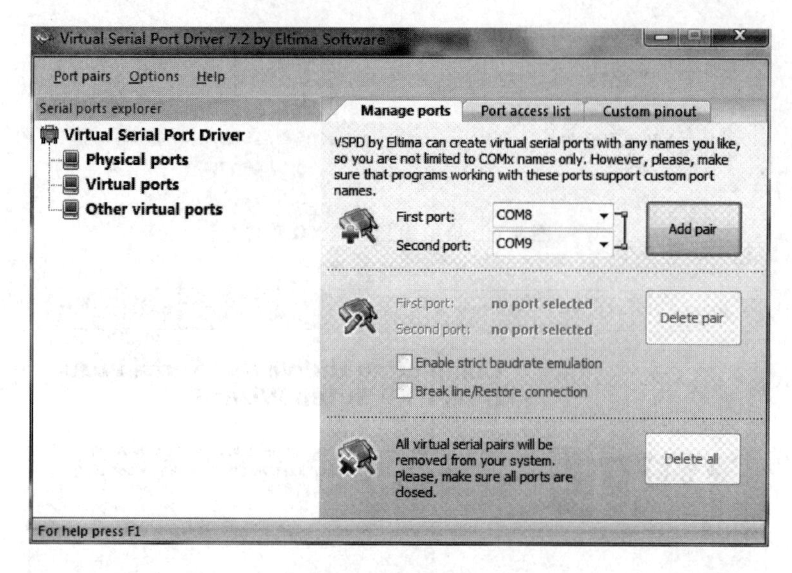

图 9.4　创建虚拟串口

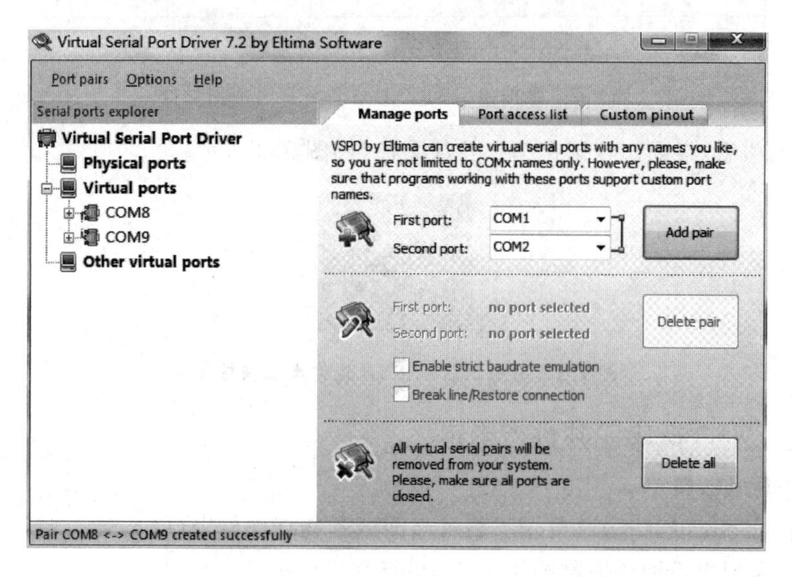

图 9.5　绑定虚拟串口

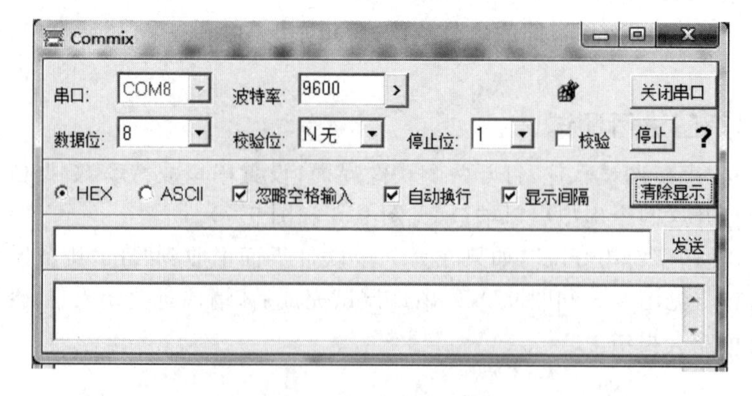

图 9.6　打开虚拟串口 8

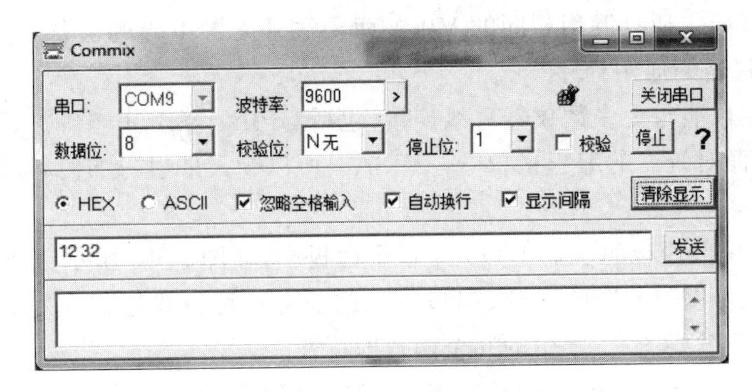

图 9.7　打开虚拟串口 9

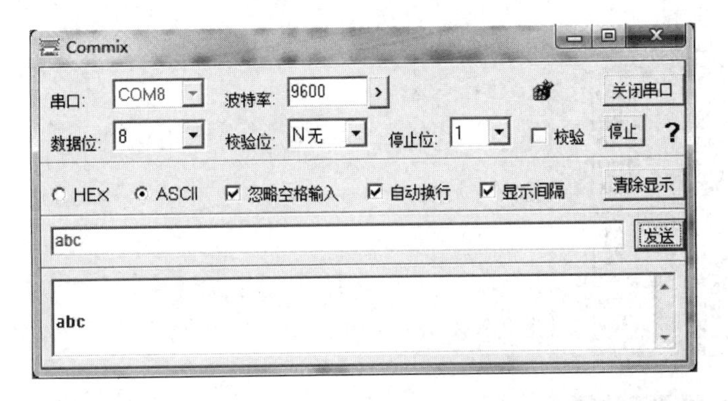

图 9.8　虚拟串口 8 发送数据

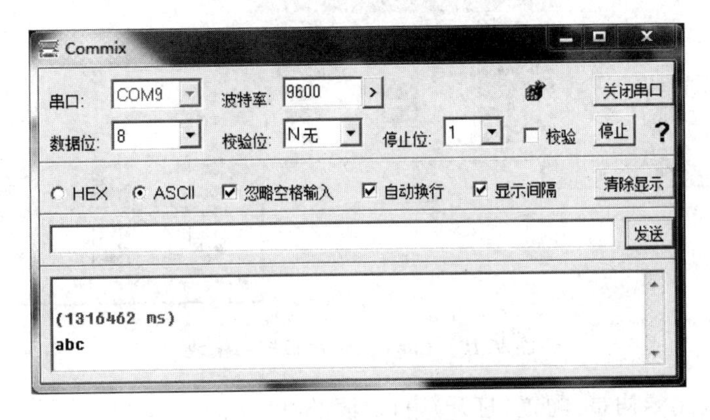

图 9.9　虚拟串口 9 接收数据

9.3　利用查询方式实现串口通信

9.3.1　VISA 函数

在 1993 年，为了确保多厂商的仪器具有协同工作的能力以及降低包含多厂商仪器的完整测试系统的开发时间，NI 公司联合许多大公司开发出来了 VISA（virtual instruments software architecture，虚拟仪器软件架构）。随着 VISA 的出现，使得一套仪器控制程序适用于多种硬件接口成为可能。通过调用相同的 VISA 库函数并配置不同的设备参数，就可以编写控制各种 I/O 接口仪器的通用程序。

通过 VISA 用户能与大多数仪器总线连接，包括 GPIB、USB、串口等。无论底层是何种硬件接口，用户只须面对统一的编程接口——VISA。所以今天来学习如何利用 VISA 进行串口通信。

VISA 函数在函数面板的仪器 I/O—串口子面板中，如图 9.10 所示。通过串口子面板中的这些 VISA 函数可以与 GPIB、USB、串口等中的任何一种总线通信。用 LabVIEW 来写串口驱动控制仪器，只需要图 9.10 中的几个函数即可。

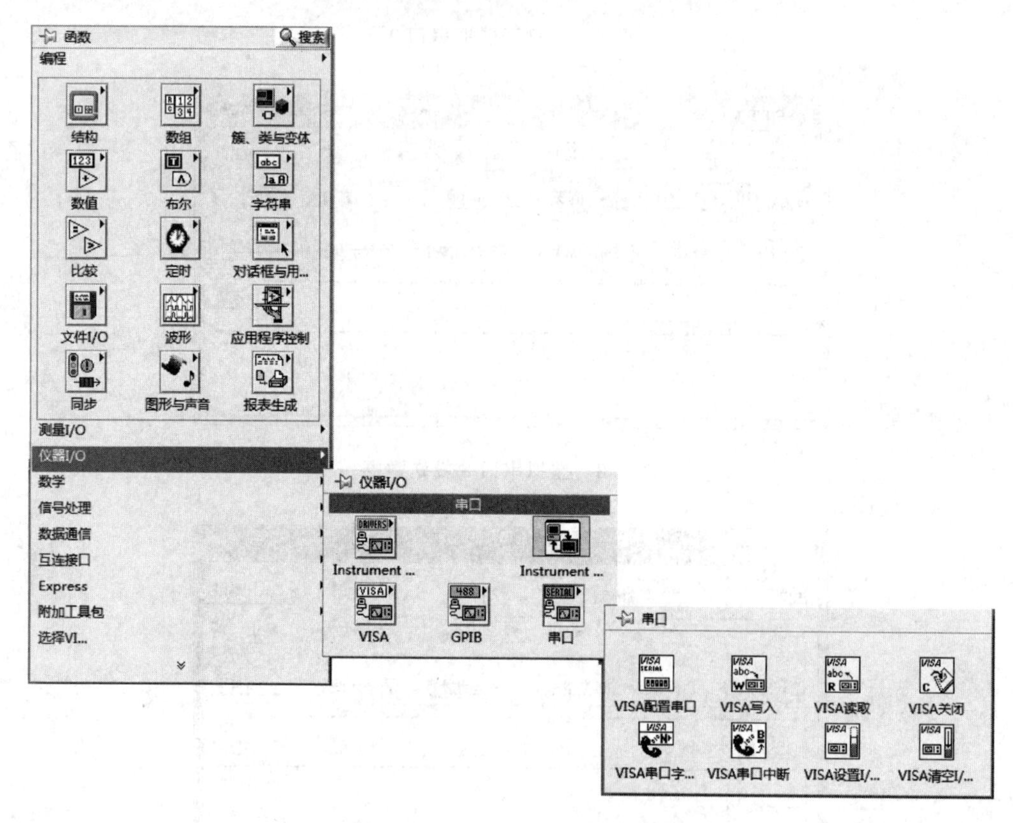

图 9.10　LabVIEW 串口控制模块

一般的串口控制结构是：配置（打开）串口、读/写串口、关闭串口。

(1) 配置（打开）串口

配置串口是进入串口通信的门槛，只有配置成功了，才能进行正确的通信。首先看 VISA 配置串口函数，如图 9.11 所示。

这里有个小技巧，配置串口时最好是在对应的参数端口那里右击→新建常量或者输入控件，然后再在新建出来的常量或者输入控件上面修改。因为，新建出来的数据类型肯定是对的。下面解释主要的输入参数。

① 启用终止符：目的是使串行设备做好识别终止符的准备，默认值为 TRUE，VI_ATTR_ASRL_END_IN 属性设置为识别终止符；如值为 FALSE，VI_ATTR_ASRL_END_IN 属性设置为 0（无）且串行设备不识别终止符。

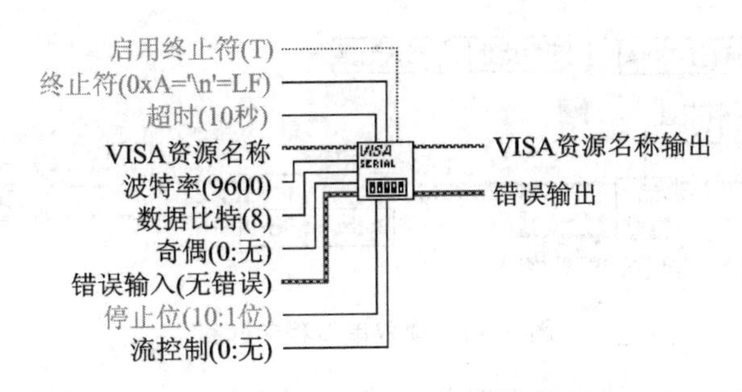

图 9.11　VISA 端口配置

② 终止符：终止符的意思就是当程序接收到这个字符时，就认为已经到了所有数据的末端了，从而停止接收，不管后面还有没有数据。如终止符是 10，表示在接收数据时，遇到 ASCII 码为 10 的字符（即换行符）时就停止接收数据。终止符的设置如图 9.12 所示。

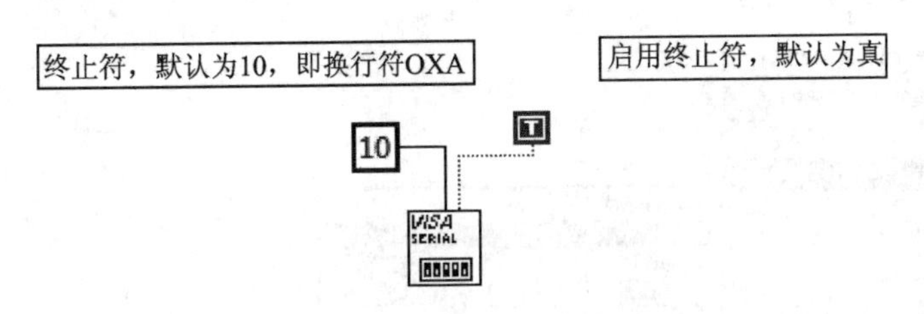

图 9.12　配置 VISA 端口

③ 超时：指定读/写操作的时间，以毫秒为单位。默认值为 10 000 ms，即 10 s。如果设置了超时，等待超时时间到了，程序就不执行了，错误输出会输出错。

④ VISA 资源名称：指定要打开的资源。VISA 资源名称控件也可指定会话句柄和类。

⑤ 波特率：指传输速率。默认值为 9 600。

⑥ 数据比特（数据位）：是输入数据的位数。数据位的值介于 5～8 之间，默认值为 8。

⑦ 奇偶：指定要传输或接收的每一帧使用的奇偶校验。

(2) VISA 读取

首先介绍 VISA 读取帮助（见图 9.13）。

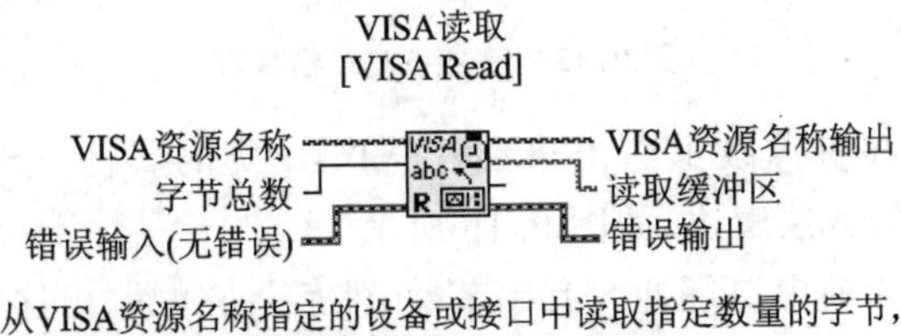

图 9.13　VISA 读取模块端口

左边输入有 VISA 字节总数，必须指定要读的字节数。那么问题来了，这个字节数怎么确定呢？

一般读取串口的通信程序都如图 9.14 所示。

VISA 读取函数的“读取字节数”这个输入端口设置十分关键。由于在串口通信中，要指定读取 100 个串口缓冲区的字节数时，如果当前缓冲区的数据量不足 100 个，那么程序会一直

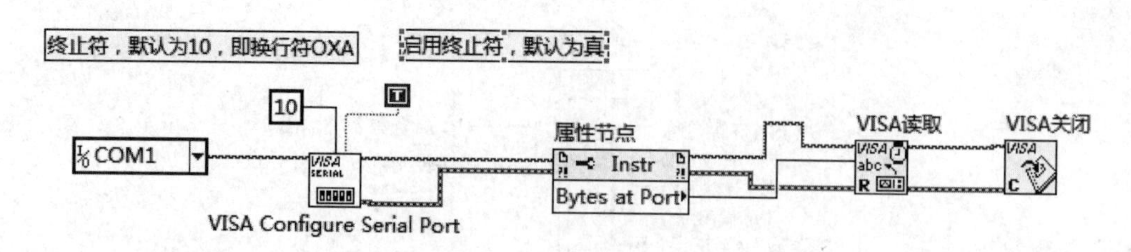

图 9.14　读取串口程序框图

停在 VISA 读取这个节点上，如果在超时的时间(默认是 10 s)内还没有凑足 100 个数据的话，程序就会报“Time out”的错误，如果超时间设置得太长，有可能导致程序很长时间停止在 VISA 读取这个节点上。

因此，我们常采用的解决的办法是：使用“Bytes at Port”这个串口的属性节点，其在仪器 I/O 子面板下，如图 9.15 所示。

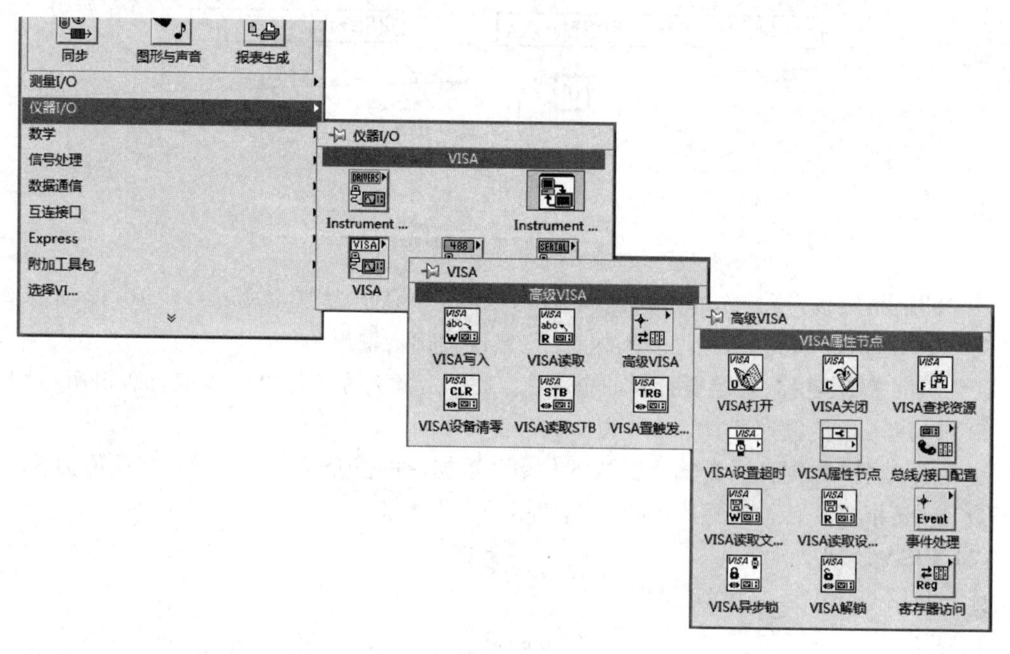

图 9.15　高级 VISA 模块集

也可以采用在 VISA 资源线上右击→创建→Instr 类的属性→Serial Settings→Number of Bytes at Serial Port 的方法解决，如图 9.16 所示。

这个属性节点读取当前串口缓冲区有字节数，然后将它的输出连接到 VISA 读取的“读取字节数”这个输入端上即可，这样当前缓冲区中有多少个字节就读回多少个，不需要任何等待。

目前串口的应用大致有两种类型：一种是仪器控制类型的，一般是上位机发送一个指令，然后下位机作出响应，返回数据给上位机，上位机再读取出来，完成一次通信，即一问一答；另一类是被动接收型的，即下位机会一直发送数据上来。

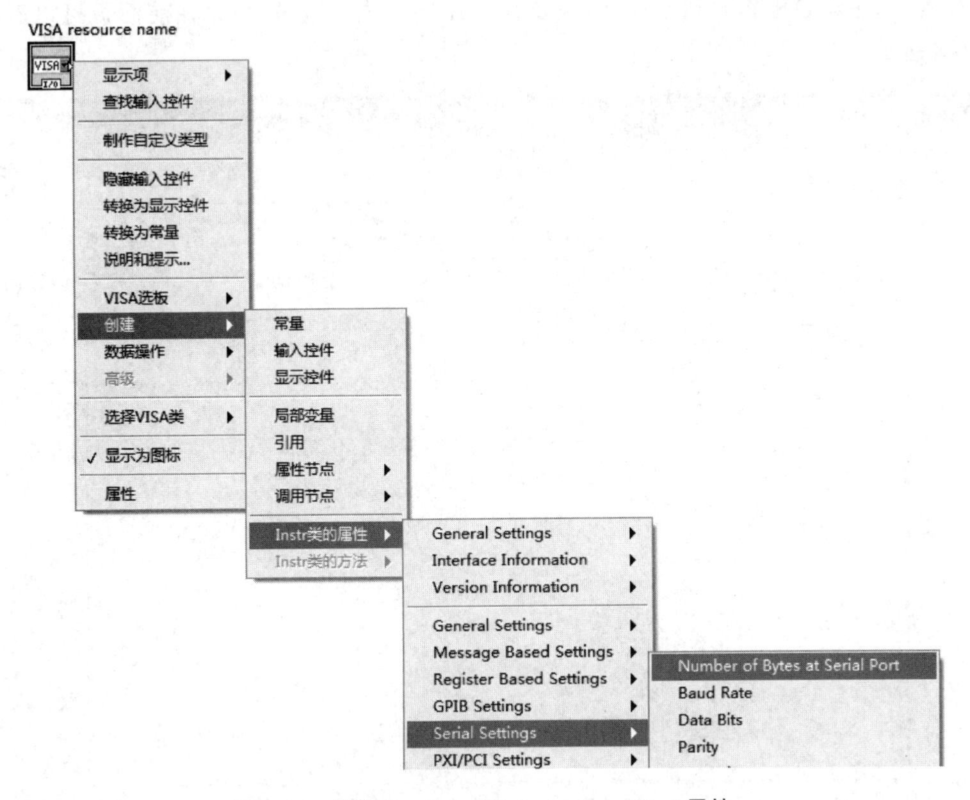

图 9.16　创建 Number of Bytes at Serial Port 属性

9.3.2　程序设计(读取串口字节)

新建一个空白 VI,借助串口调试助手和虚拟串口,在 LabVIEW 中编写一个最简单的例子:写一个基本的读取串口字节的程序,并在程序框图中编程,如图 9.17 所示。

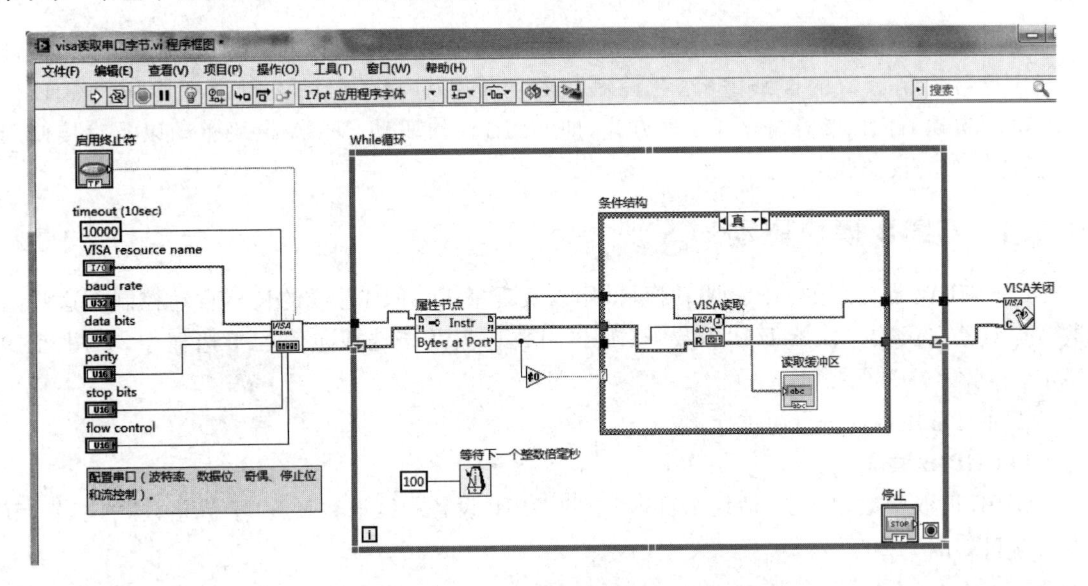

图 9.17　读取串口字节程序框图

注意:这里串口配置放到循环外,不要往复让这个执行,运行程序在前面板可以看到,如图 9.18 所示。

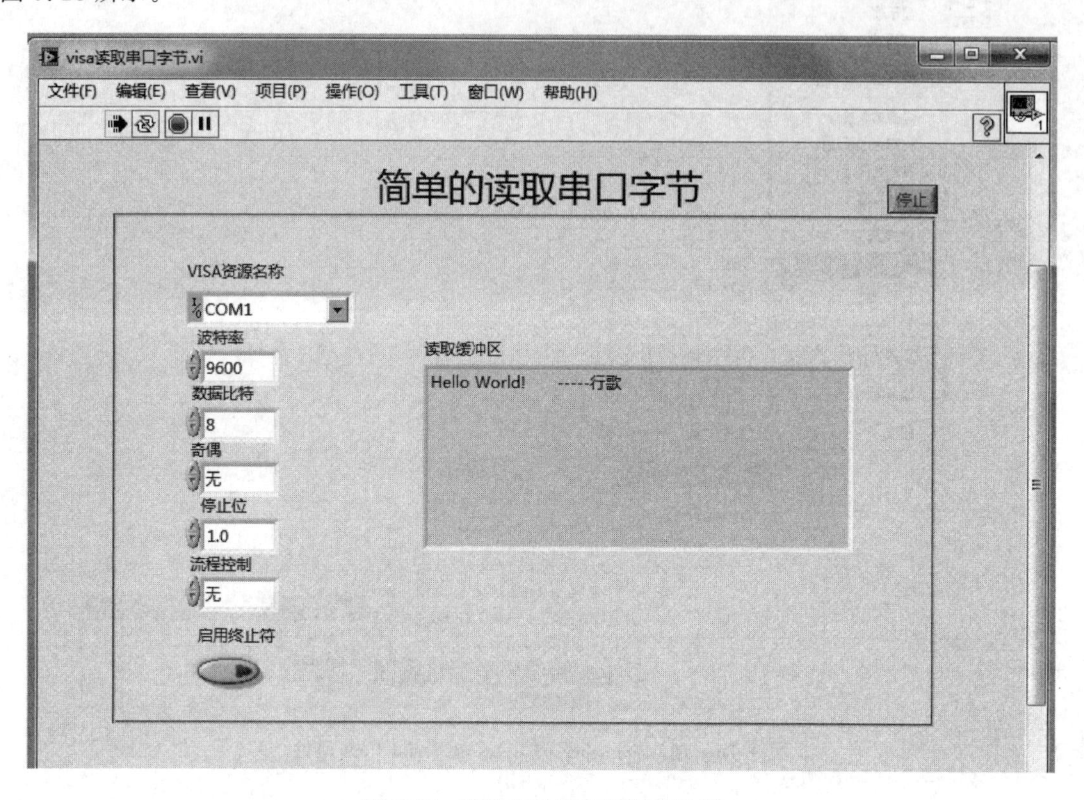

图 9.18 读取串口字节程序前面板

9.4 GPIB 仪器编程

通过 GPIB 方式控制仪器进行自动测试前,需要对仪器设备有足够的了解。一般仪器都会提供仪器控制函数的详细解释,在控制仪器时需要对相关函数进行合理应用。在 LabVIEW 中实现 GPIB 仪器编程有 3 种方式,即 GPIB 模块驱动、VISA 模块驱动以及直接使用 NI 公司发布的仪器驱动库。

9.4.1 GPIB 模块驱动

LabVIEW 有专门的 GPIB 驱动模块,用以实现基于 GPIB 总线的仪器自动控制。这些函数节点对象在函数→仪器 I/O 函数→GPIB 函数选板及该选板包含的子选板中,如图 9.19 所示。

下面对常用函数进行简单介绍。

(1) GPIB 读取

GPIB 读取函数用于从“地址字符串”中的 GPIB 设备中读取数量为“字节总数”的字节,节点的端口如图 9.20 所示。

图 9.19　GPIB 子模块

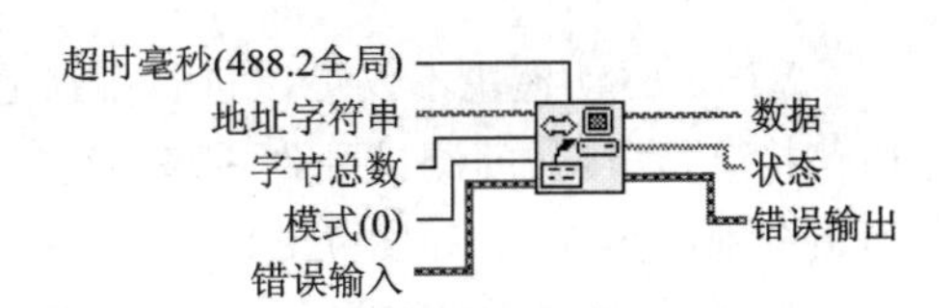

图 9.20　GPIB 读取模块端口

各端口解释如下：

① 超时毫秒(488.2 全局)：指定函数在超时前等待的时间，单位为 ms。设置为 0 时可禁用超时，终止在超时毫秒内未完成的操作。如须使用 488.2 全局超时，可不连线超时毫秒或设置输入为－1。然后通过设置超时函数改变超时毫秒的默认值，默认值为 10 000。

② 地址字符串：包含与函数通信的 GPIB 设备的地址。可用主＋次的格式输入地址字符串中的主地址和次地址，且主和次地址都采用十进制，比如“1:14”。

③ 字节总数：读取数据的字节数。

④ 模式：指明怎么结束这次读操作，一般使用默认值。

⑤ 数据：函数读取的数据。

⑥ 状态：表明 GPIB 控制器的一个状态，如表 9.1 所列。

表 9.1　状态说明

状态位	数　值	符号状态	说　明
0	1	DCAS	设备清零状态
1	2	DTAS	设备触发状态
2	4	LACS	侦听器活动
3	8	TACS	通话器活动
4	16	ATN	置注意有效
5	32	CIC	管理控制器
6	64	REM	远程状态
7	128	LOK	锁定状态
8	256	CMPL	操作完成
12	4096	SRQI	CIC 时检测到 SRQ
13	8192	END	检测到 EOI 或 EOS
14	16384	TIMO	超时
15	－32768	ERR	检测到错误

(2) GPIB 写入

GPIB 写入用于将数据写于“地址字符串”中的 GPIB 设备中，如图 9.21 所示。

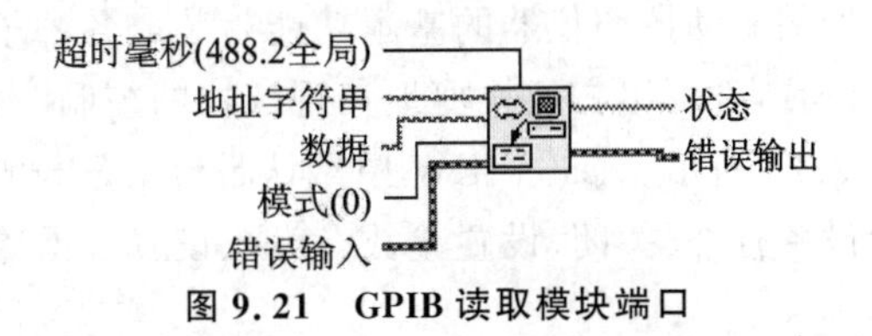

图 9.21　GPIB 读取模块端口

9.4.2 VISA 驱动模块

VISA 驱动模块不仅可以进行串口通信，也可以作为 GPIB、VXI、PCI、PXI 等种类仪器的通信接口，直接访问测试硬件设备，这使得驱动软件可以互相兼容。GPIB 接口程序框图和前面板分别如图 9.22 和图 9.23 所示。

比如，一个控制程序完成这样的功能：指定仪器设备发出某种波形函数，然后查询并显示生成信号的数据数量。

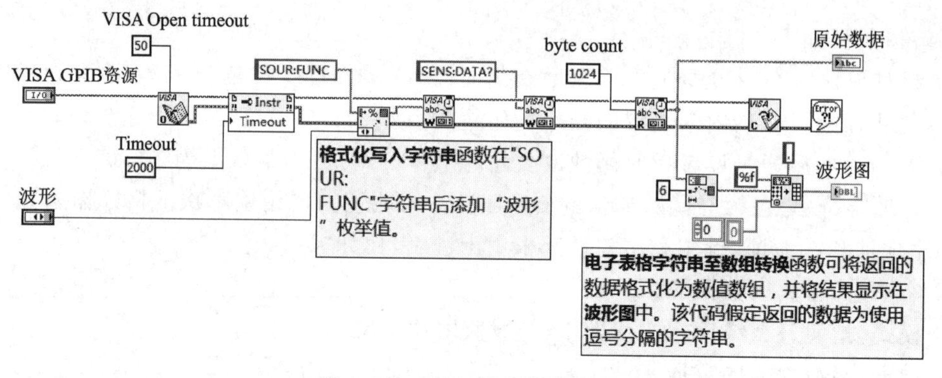

图 9.22 GPIB 接口程序框图

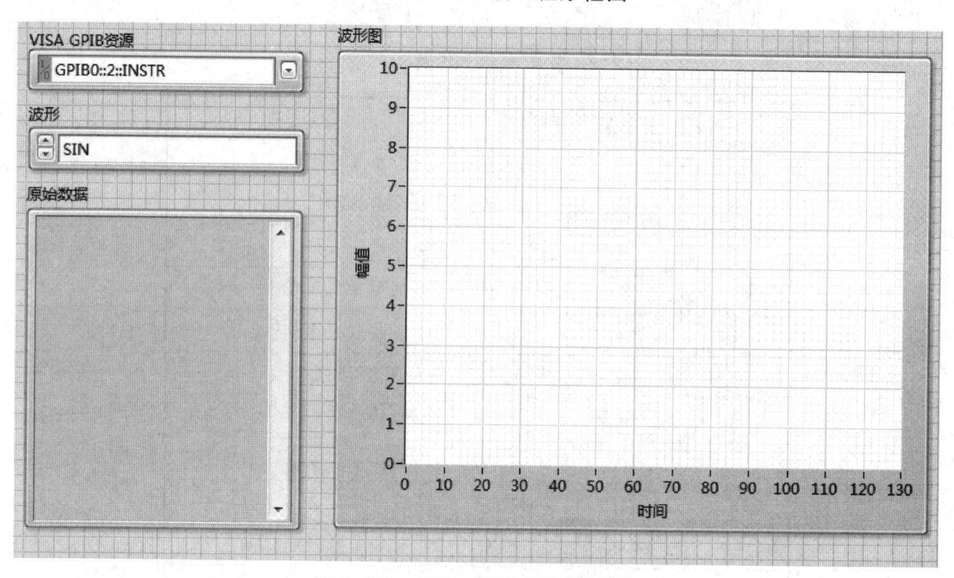

图 9.23 GPIB 接口程序前面板

9.4.3 仪器驱动库

LabVIEW 与众多仪器生产厂家共同开发了一个基于 LabVIEW 开发平台的驱动库，并将仪器的驱动按照仪器的基本功能封装成各种子模块，用户只需要调用这些子模块，并进行相应的设置，就可以方便快捷地实现仪器的控制。仪器的驱动库可以在 NI 公司主页进行下载，如图 9.24 所示。LabVIEW 中默认带有 Agilent 公司的型号为 34401 仪器的控制模块，其中包含设备打开、关闭、设置参数、读取、设置数据等子模块。

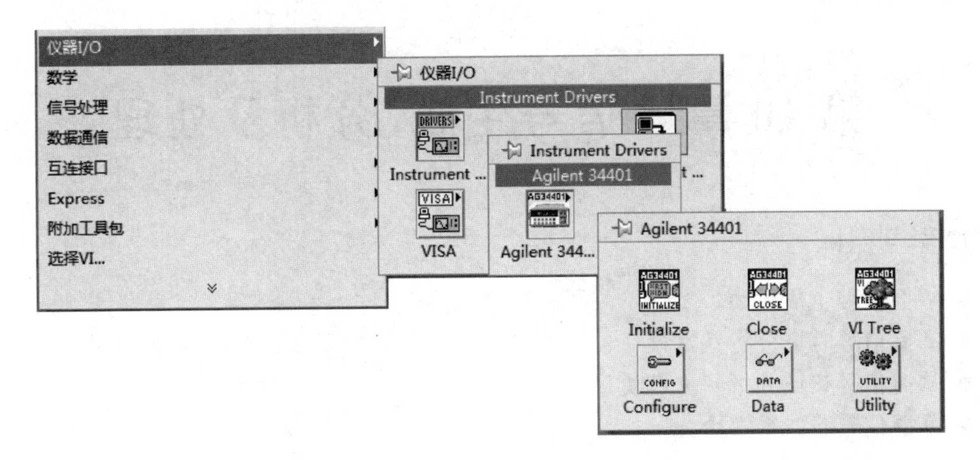

图 9.24　Agilent 34401 的驱动函数模块

本章小结

在测试系统中，通常会有大量的数据进行传输与交换，常用的总线有 GPIB、PCI、VXI 和 PXI 等。本章对这些常用的总线进行了简单地分析和介绍，要求掌握串口通信、GPBI 通信的程序设计方法。

思考与练习

1. 简答题

(1) 测试系统中常用的总线有哪些？

(2) 什么是虚拟串口？

(3) GPIB 仪器编程有几种方式？

2. 实操题

找一种带有控制端口的仪器，首先在 NI 公司官方网站上查找仪器驱动库是否支持，如果支持则调用子程序，实现仪器仪表的控制；如果不支持，则尝试通过 VISA 口或 GPIB 口进行控制。

第 10 章　信号生成、分析及处理

学习目标

- 掌握信号生成模块；
- 掌握信号时域分析基本模块；
- 掌握信号频域分析基本模块；
- 掌握信号滤波器模块。

实例讲解

- 生成仿真信号并分析。
- 声卡采集信号并分析。

10.1　信号生成模块

信号发生有两种方式，一种是用硬件信号发生器，另一种是由 LabVIEW 程序本身产生波形信号，即用软件产生信号。在 LabVIEW 中信号发生主要依靠一些可以产生波形数据的函数、VIs 以及 Express VIs 来完成，它们主要位于函数模板中的 Waveform Generation 子模板以及 Mathematics 子模块中，如图 10.1～图 10.4 所示。

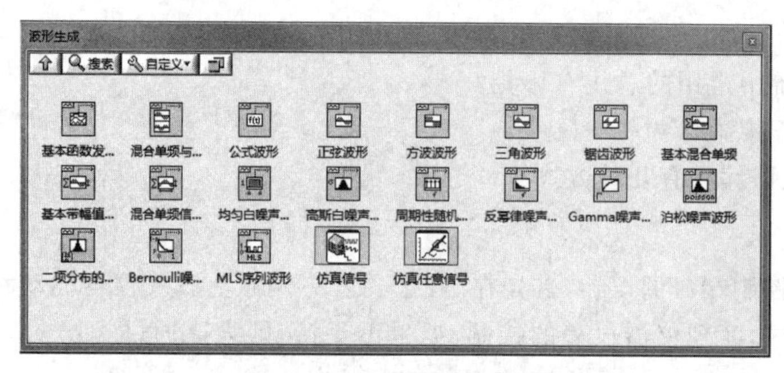

图 10.1　波形生成子模板

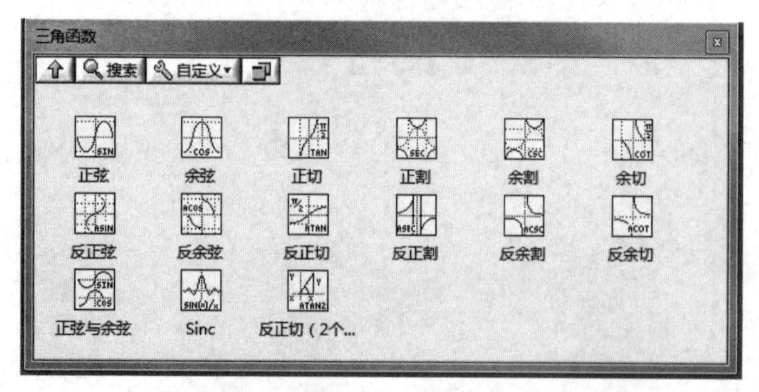

图 10.2　数学模板中的三角函数子模板

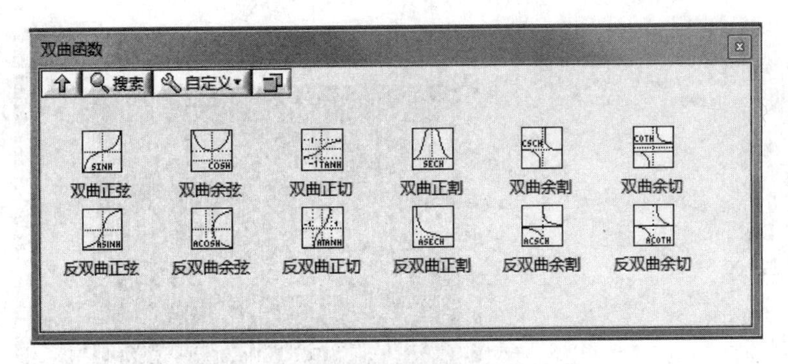

图 10.3 数学模块中的双曲函数子模板

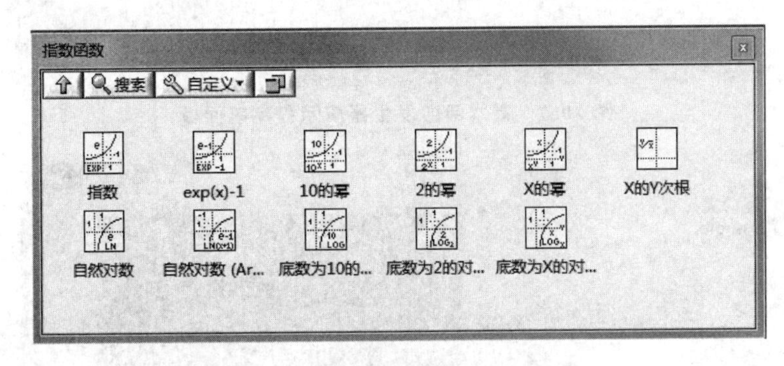

图 10.4 数学模板中的指数函数子模板

10.1.1 基本函数发生器

基本函数发生器是 LabVIEW 中一种常用的产生波形数据的 VI，它可以产生四种基本的信号：正弦波、三角波、方波和锯齿波，并可以设定信号的幅度、频率和相位等参数。模块端口定义如图 10.5 所示。

模块演示程序框图如图 10.6 所示，生成正弦波信号时演示程序前面板如图 10.7 所示，生成三角波信号时演示程序前面板如图 10.8 所示。

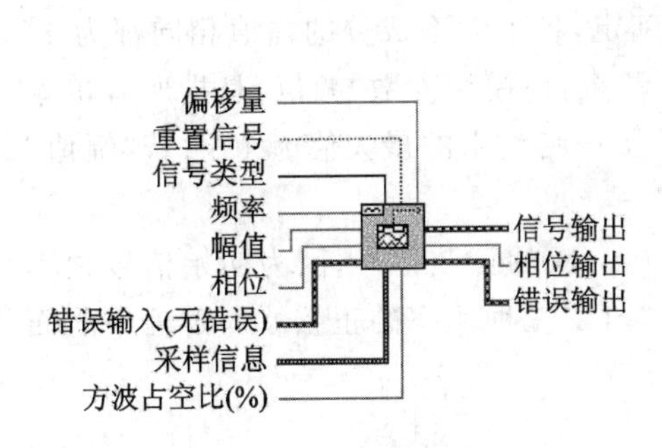

图 10.5 基本函数发生器模块端口定义

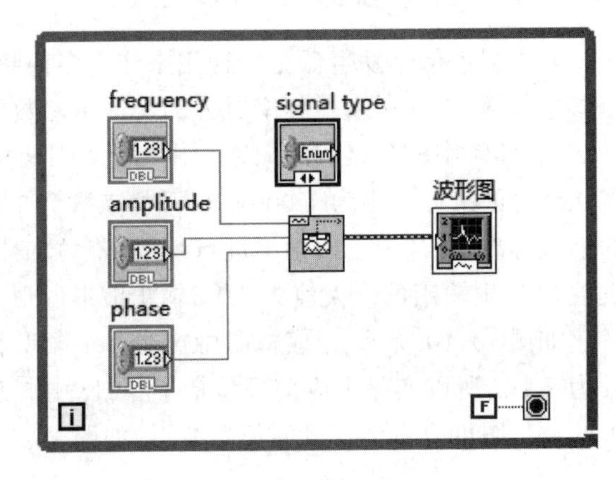

图 10.6 基本函数发生器演示程序框图

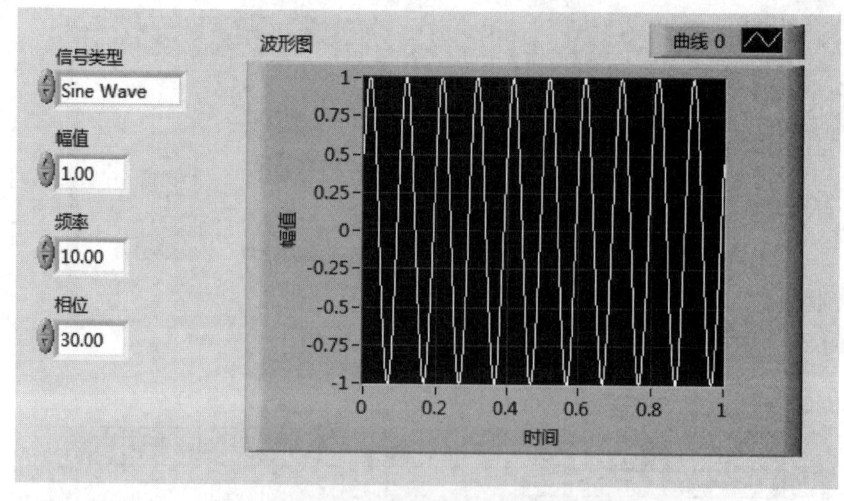

图 10.7　基本函数发生器演示程序前面板

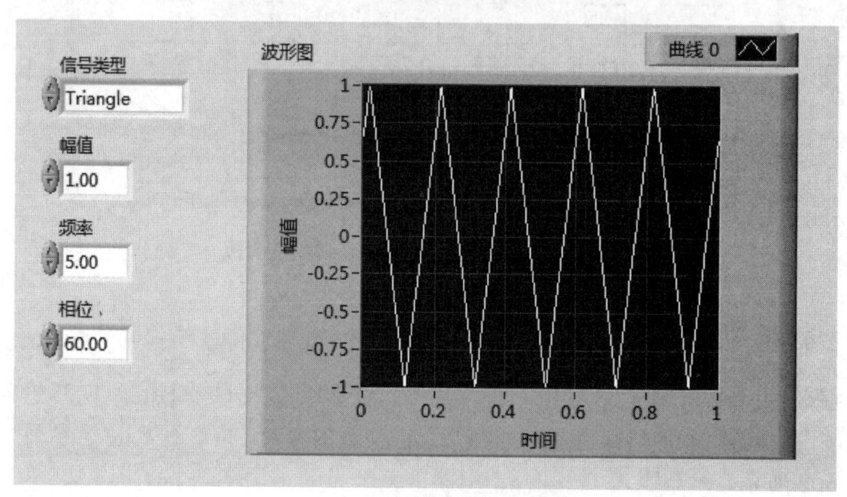

图 10.8　产生三角波信号前面板

10.1.2　基本多频信号发生器

基本多频信号发生器是一种用来产生多种频率成分的正弦波相叠加的波形信号的VI,端口参数如图10.9所示。频率成分的个数由参数“单频个数”确定,最初频率由参数“起始频率”确定,相邻频率成分之间的频率差由参数“delta频率”确定,各个频率成分的幅值相同都为1,默认信号的采样速率为1 000 Hz,采样点数为1 000。注意:该模块参数“幅值”是指所有单频的缩放标准,默认为−1,则不进行缩放;若“幅值”设置为1,则输出的最大值为1 V;若“幅值”设置为5,则输出的最大值为5 V,输出波形的形态不变。

如图10.10所示,程序框图中产生3个频率相差100 Hz的正弦信号,因为初始信号频率设为5 Hz,所以实际生成信号包括了5 Hz、105 Hz、205 Hz三种频率的正弦波。由程序前面板的波形图可以看到生成的信号波形,如图10.11所示。

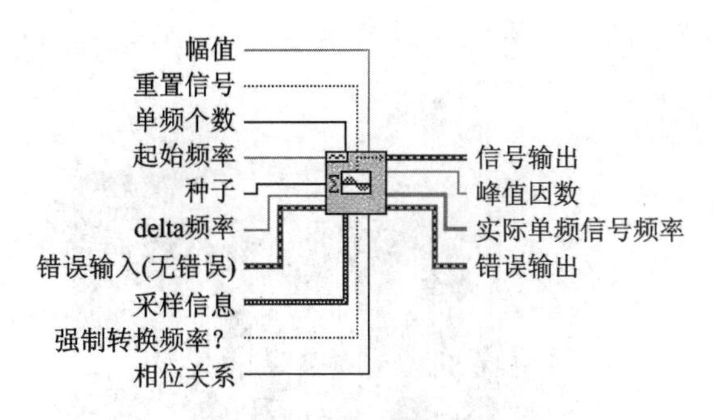

图 10.9 基本函数发生器模块端口定义

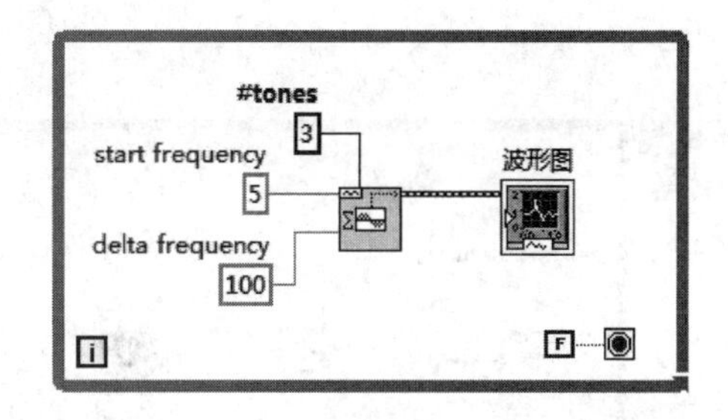

图 10.10 基本多频信号发生器程序框图

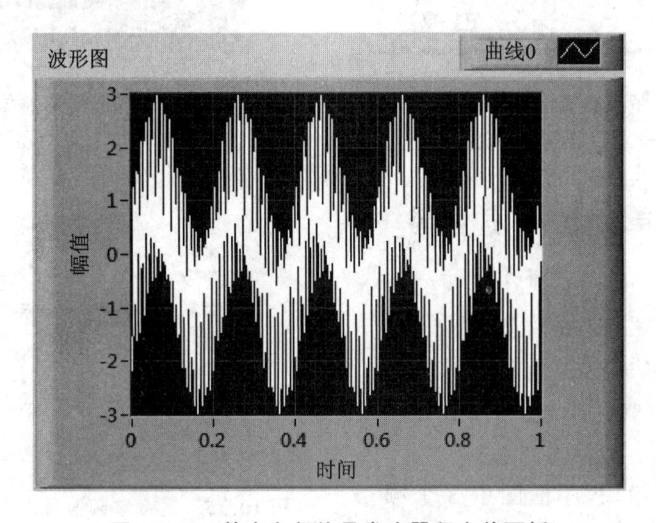

图 10.11 基本多频信号发生器程序前面板

10.1.3 带有幅值信息的基本多频信号发生器

10.1.2 小节介绍的基本多频信号发生器的信号成分的真实幅度不能设定。带有幅值信息的基本多频信号发生器是可以设定幅值信息的基本多频信号发生器,可通过设置模块参数“单频幅度”来设置对应信号成分的幅值,该模块的端口参数如图 10.12 所示。

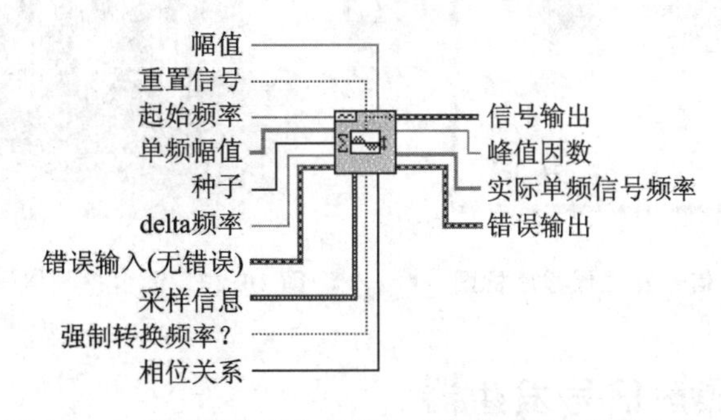

图 10.12 带有幅值信息的基本多频信号发生器端口定义

如图 10.13 所示,程序框图中产生 3 个频率相差 100 Hz 的正弦信号,因为初始信号频率设为 5 Hz,所以实际生成信号包括了 5 Hz、105 Hz、205 Hz 三种频率的正弦波,它们的幅值分

别设置为 3 V、2 V 和 1 V。由程序前面板的波形图可以看到生成的信号波形，如图 10.14 所示。

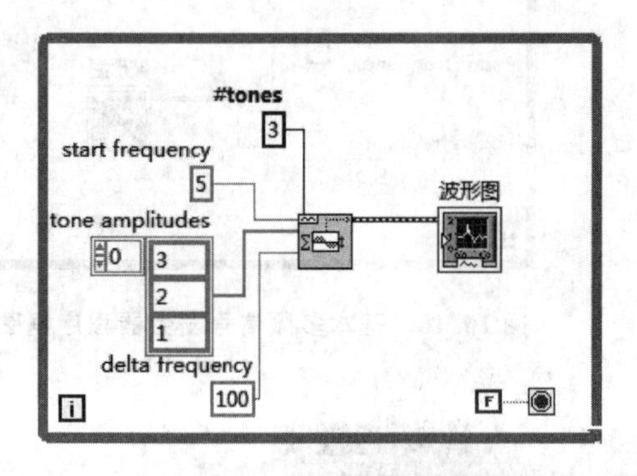

图 10.13 带有幅值信息的基本多频信号发生器程序框图

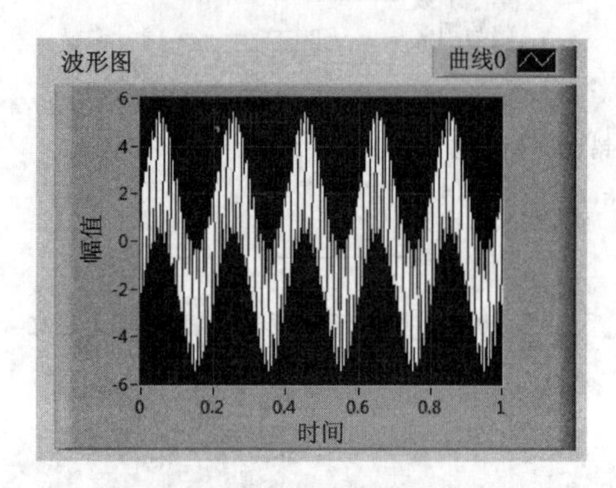

图 10.14 带有幅值信息的基本多频信号发生器程序前面板

10.1.4 混合单频信号发生器

混合单频信号发生器有三个重要的参数，分别为信号的频率、幅值和相位，如图 10.15 所示，各用一维数组来表示。注意：数组中数据个数要相同，且与信号分量个数相等。

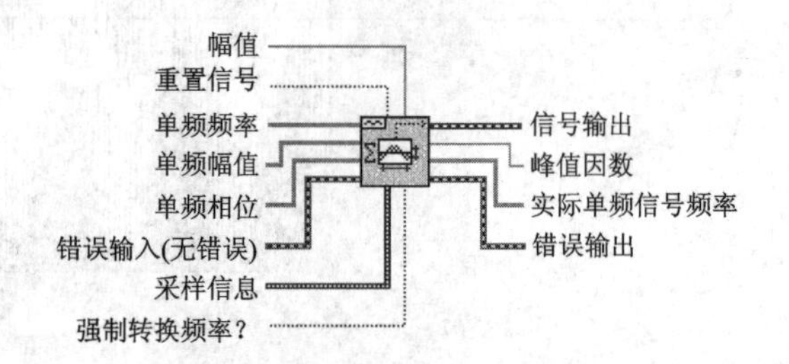

图 10.15 混合单频信号发生器端口定义

如图 10.16 所示，程序框图中 3 个频率的正弦信号频率分别为 5 Hz、105 Hz、205 Hz，信号的幅值分别为 3 V、2 V、1 V，相位角为 120°、240°、360°。

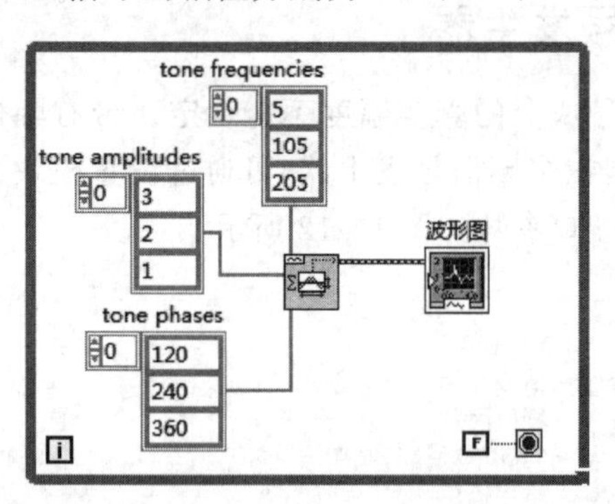

图 10.16 混合单频信号发生器程序框图

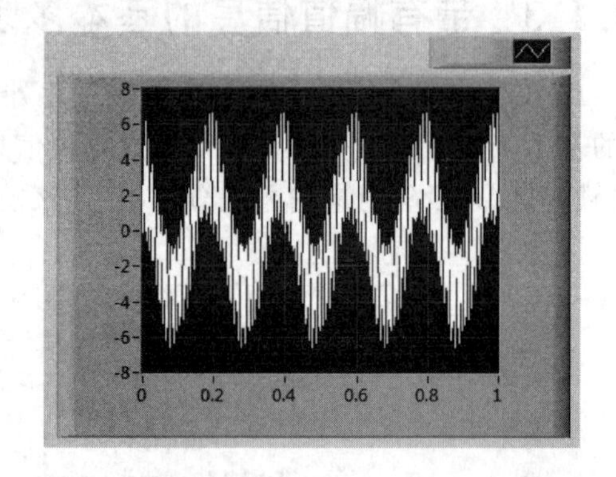

图 10.17 混合单频信号发生器程序前面板

10.1.5 均匀白噪声信号发生器

均匀白噪声信号发生器可以产生一定幅值的均匀白噪声信号，端口定义如图 10.18 所示，程序框图如图 10.19 所示。程序框图演示了均匀白噪声信号发生器的使用方法，其中设定白噪声的幅度为 1 V，信号采样率为 1 000 Sa/s，采样点数为 5 000，并加入了直方图模块分析生成噪声信号的分布情况。配置参数如图 10.20 所示，设定分析区间数为 10，分析最大值为 1 V，最小值为 -1 V，幅值显示总数的百分比。由演示程序前面板可以看出信号是服从均匀分布的，如图 10.21 所示。

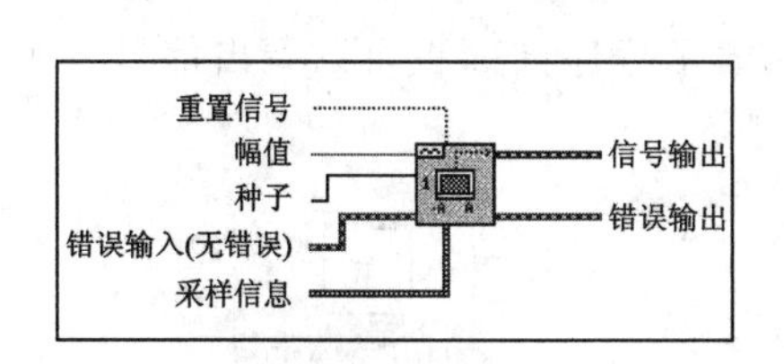

图 10.18　均匀白噪声信号发生器端口定义

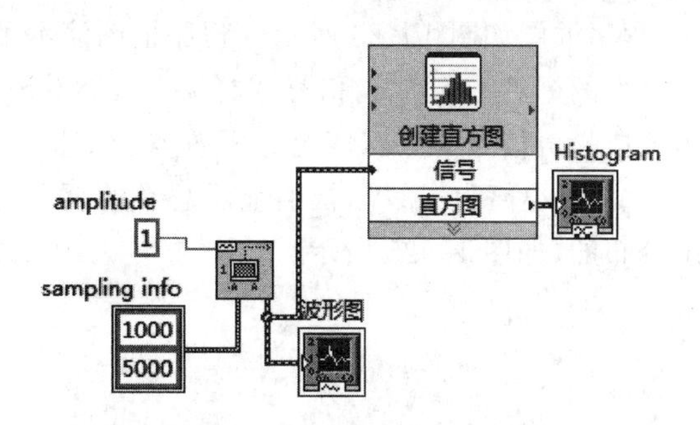

图 10.19　演示程序框图

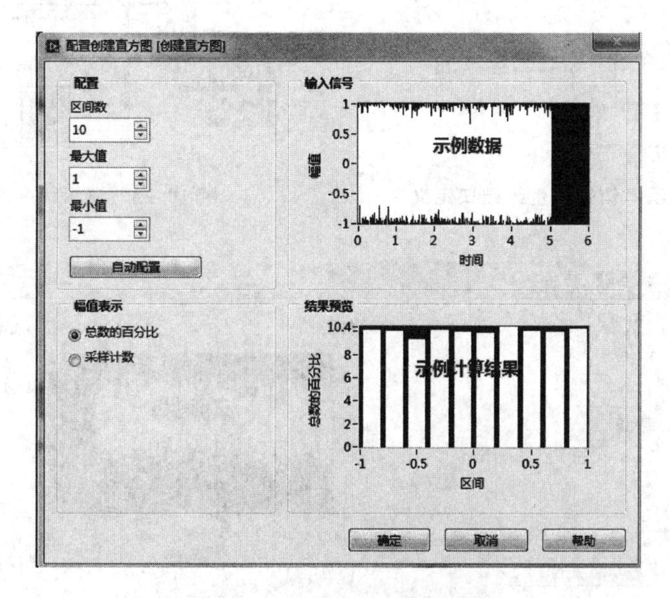

图 10.20　直方图 VI 属性配置

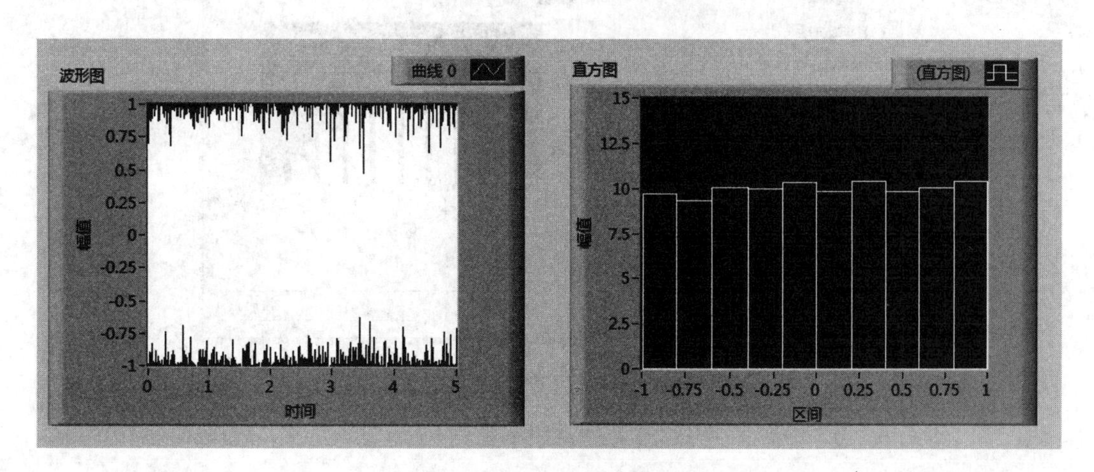

图 10.21　演示程序前面板

10.1.6 高斯白噪声信号发生器

高斯白噪声信号发生器可以产生一定标准方差的高斯白噪声信号,端口定义如图 10.22 所示,程序框图如图 10.23 所示。程序框图演示了高斯白噪声信号发生器的使用方法,其中设定白噪声的标准方差为 1,信号采样率为 1 000 Sa/s,采样点数为 5 000,并加入了直方图模块分析生成噪声信号的分布情况。配置参数如图 10.24 所示,设定分析区间数为 10,分析最大值为 3 V,最小值为−3 V,幅值显示总数的百分比。由演示程序前面板可以看出信号是服从正态分布的,如图 10.25 所示。

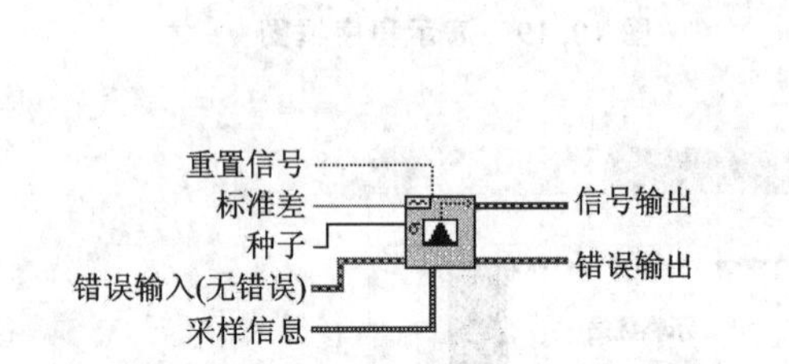

图 10.22 高斯白噪声信号发生器端口定义

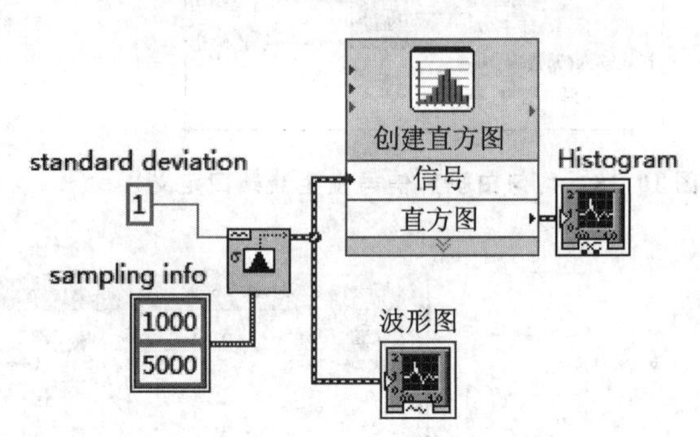

图 10.23 演示程序框图

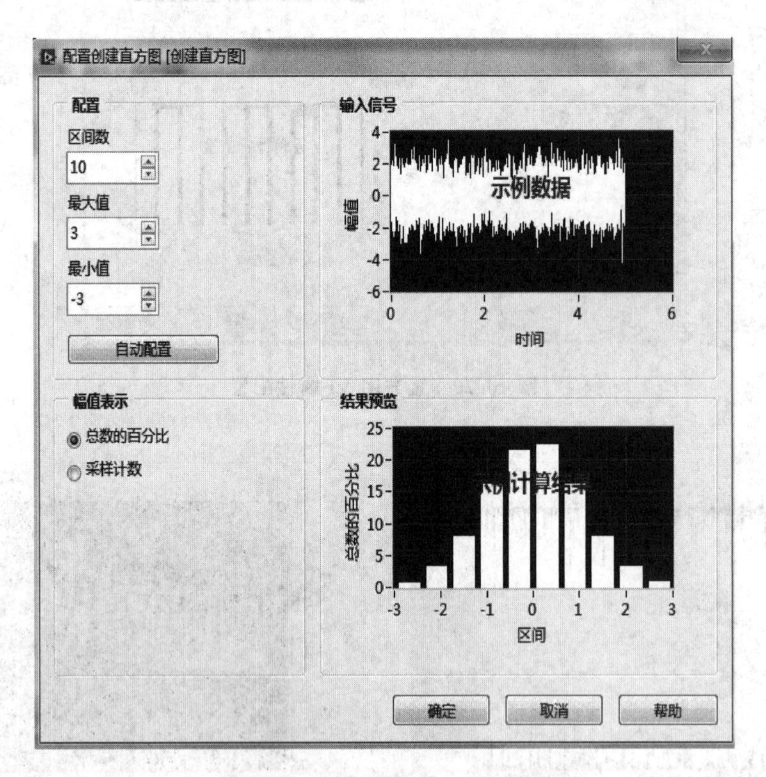

图 10.24 直方图 VI 属性配置

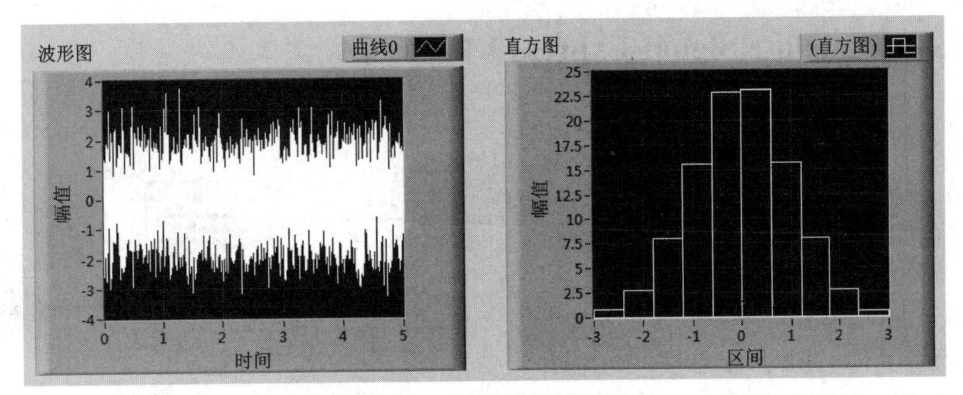

图 10.25　演示程序前面板

10.1.7　周期随机信号发生器

周期随机信号发生器用来生成包含周期性随机噪声（PRN）的波形，模块端口定义如图 10.26 所示，程序框图如图 10.27 所示。程序框图演示了周期随机信号发生器的基本使用方法，用 FFT 频谱分析模块显示生成信号的幅度谱，如图 10.28 所示。

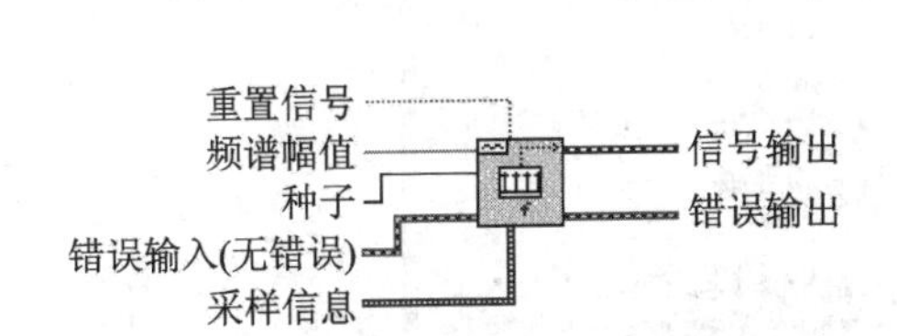

图 10.26　周期随机信号发生器端口定义

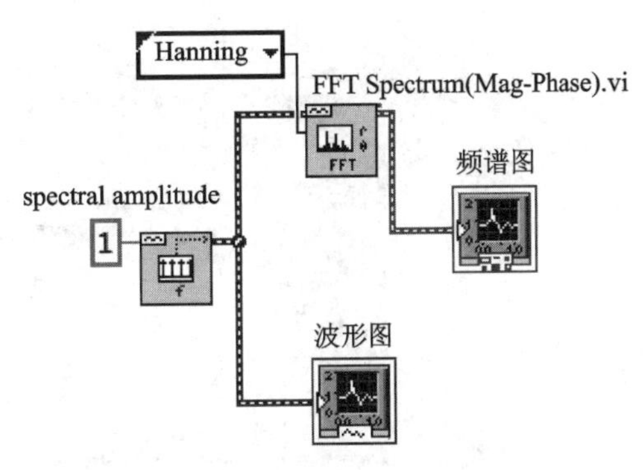

图 10.27　演示程序框图

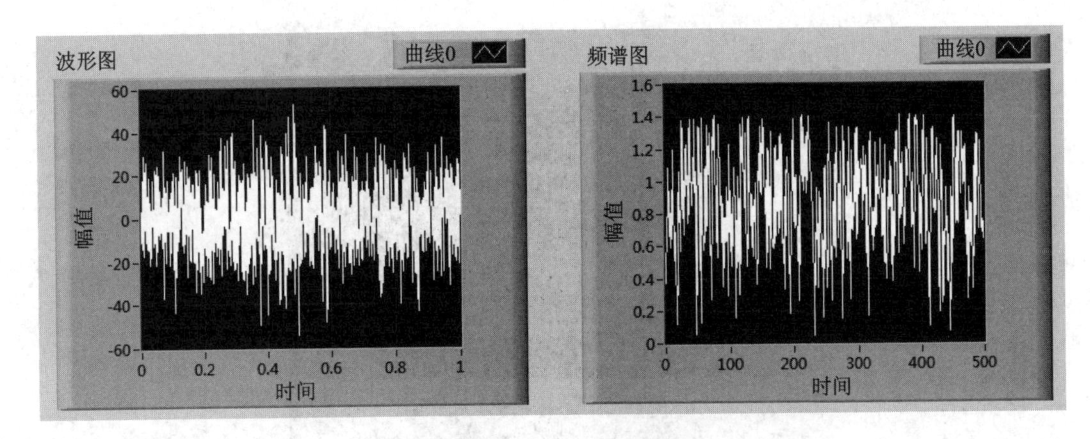

图 10.28　演示程序前面板

10.1.8 Simulate Signal Express VI

Simulate Signal Express VI 可以产生任意频率、幅值和相位的正弦波、方波、三角波、锯齿波以及直流信号，并且可以对信号的发生进行详细设置。演示程序如图 10.29 所示，双击 Express VI 进入属性设置窗口，设置信号类型为正弦波，频率为 10.1 Hz，并加入幅值为 0.1 伏的均匀白噪声，如图 10.30 所示。然后运行程序，程序前面板如图 10.31 所示。

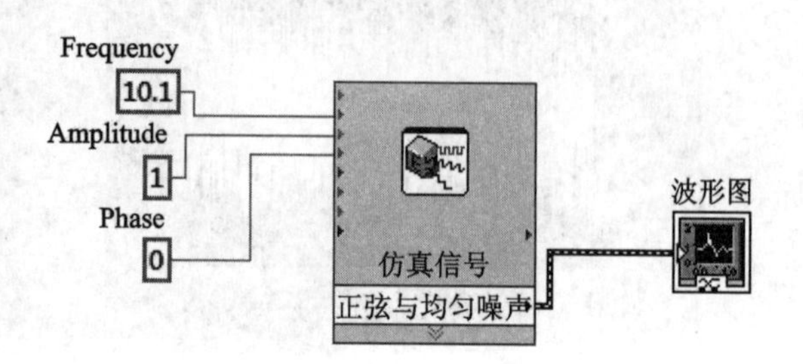

图 10.29 演示程序框图

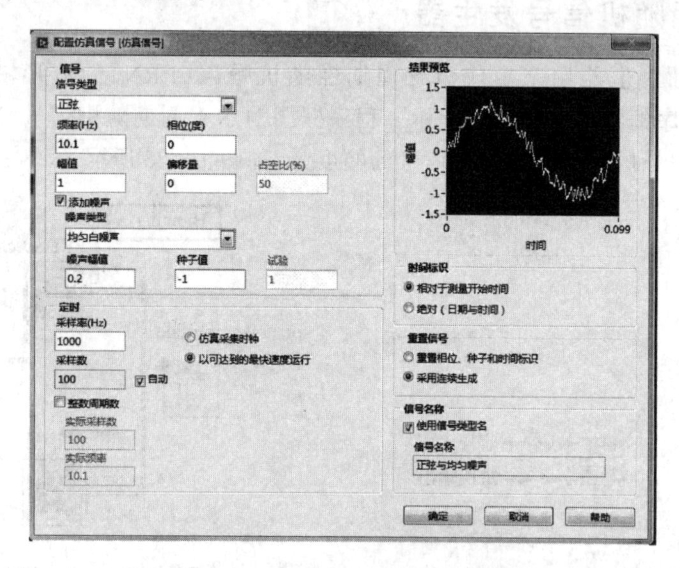

图 10.30 仿真信号模块属性配置

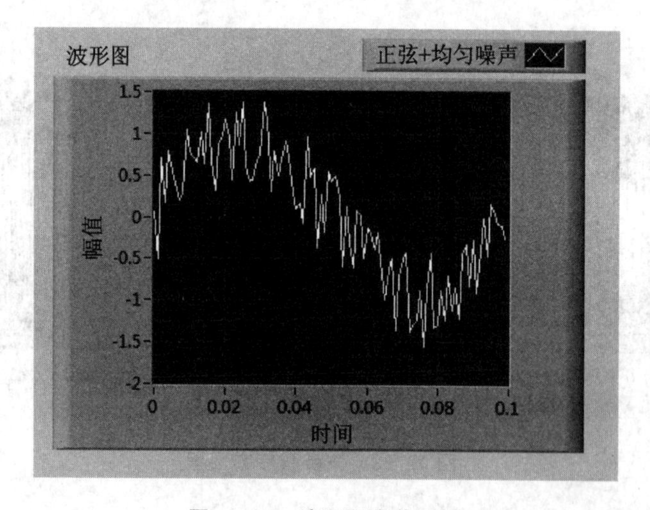

图 10.31 演示程序前面板

10.2　信号时域分析模块

信号的分析可以分为时域分析和频域分析，分别是从时域和频域两个角度来分析信号特征的。本节主要介绍信号的时域分析的方法。有关信号分析的模块主要位于信号处理模块中的波形测量子模块中，如图 10.32 所示。

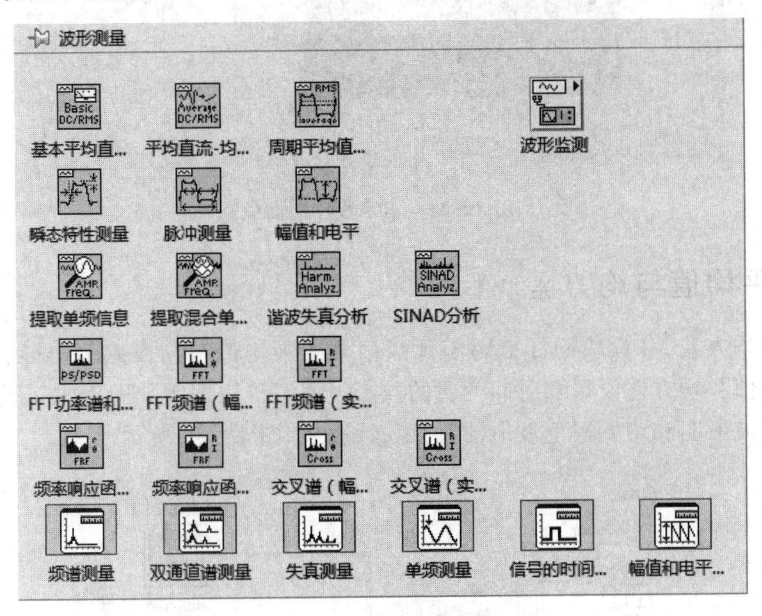

图 10.32　波形测量子模块

10.2.1　基本平均值与均方差 VI

基本平均值与均方差 VI 模块用以测量信号的平均值与均方差。计算方法是在信号上加窗，即将原有信号乘以一个窗函数。窗函数的类型可以选择矩形窗、Hanning 窗以及 Low side lobe 窗，然后计算加窗后信号的平均值以及均方差值。演示程序框图如图 10.33 所示。设置仿真正弦信号的频率为 10.1 Hz，幅值为 1 V，直流偏离为 0.5 V，测量结果如图 10.34 演示程序前面板所示。

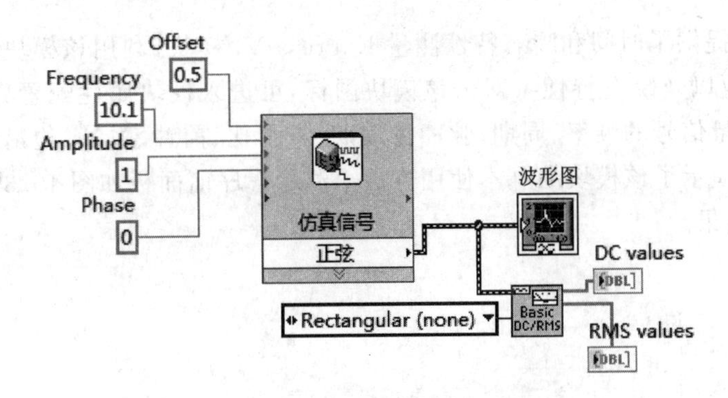

图 10.33　演示程序框图

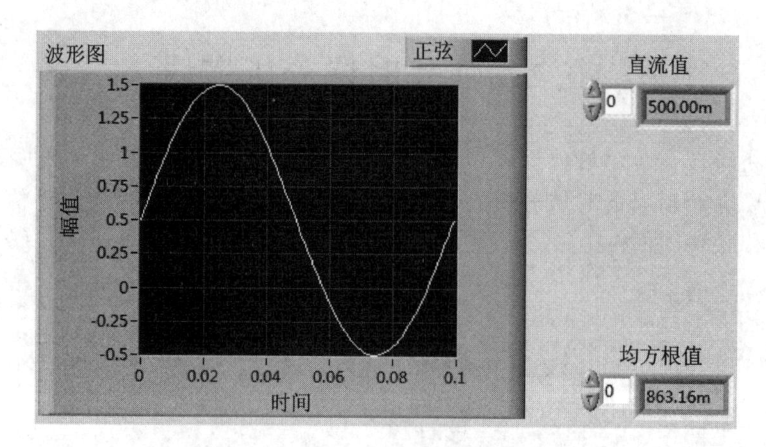

图 10.34　演示程序前面板

10.2.2　平均值与均方差 VI

平均值与均方差 VI 模块同样也用于计算信号的平均值与均方差值，只是该模块输出正弦信号的平均值和均方差值是随时间变化的波形。演示程序框图如图 10.35 所示。由该模块分别输出直流波形图和均方根值波形图，前面板输出如图 10.36 所示。

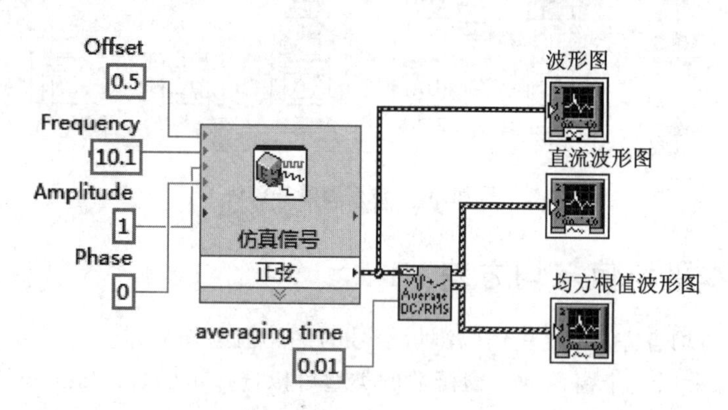

图 10.35　演示程序框图

10.2.3　时间和瞬态特性测量 Express VI

LabVIEW 提供了时间和瞬态特性测量 Express VI 模块，利用该模块可以很方便地测量信号的时域参数以及瞬态特性。双击该模块图标，可进入模块属性配置界面，如图 10.37 所示，可以选择测量信号的频率、周期、脉冲持续期、占空比、前冲、过冲、边沿斜率。程序框图如图 10.38 所示，演示了该模块的基本使用方法。演示程序前面板如图 10.39 所示，显示了所选测试项的测量结果。

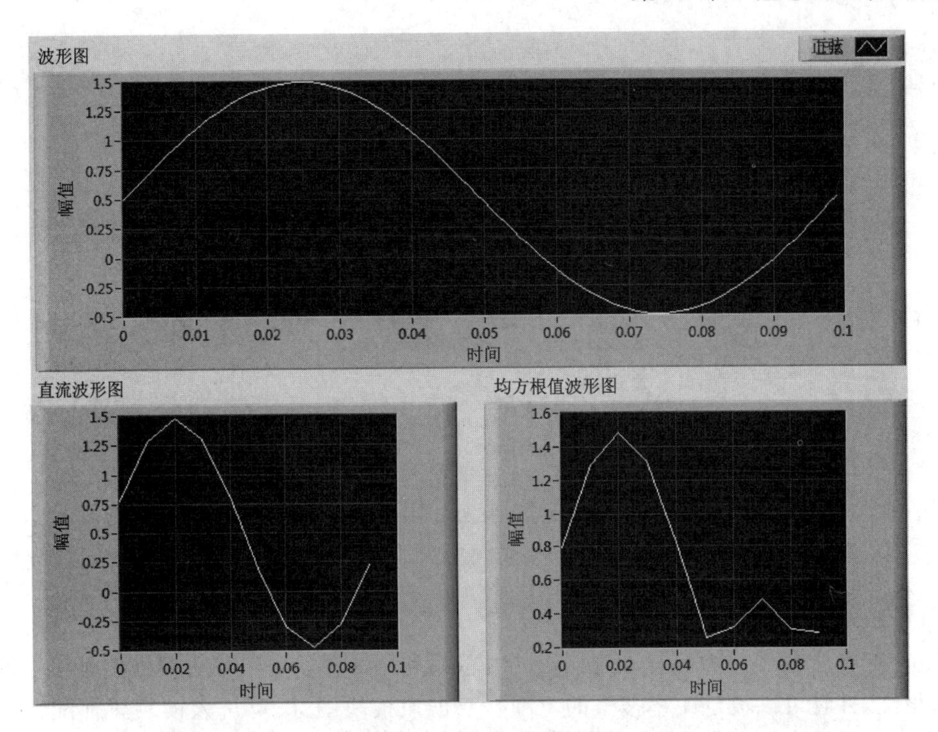

图 10.36　演示程序前面板

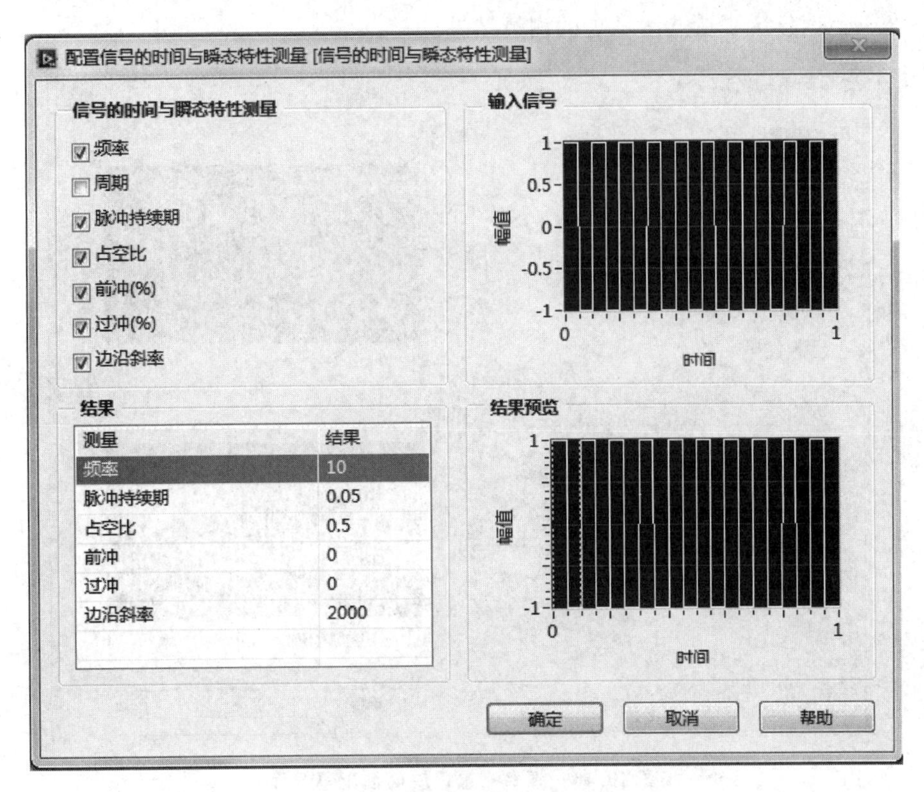

图 10.37　模块属性配置界面

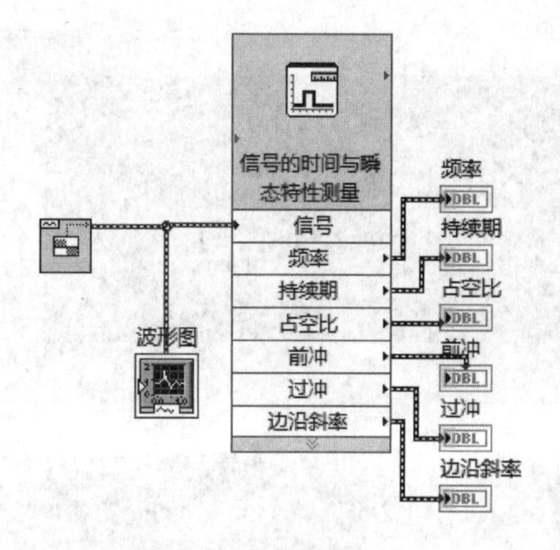

图 10.38　演示程序框图

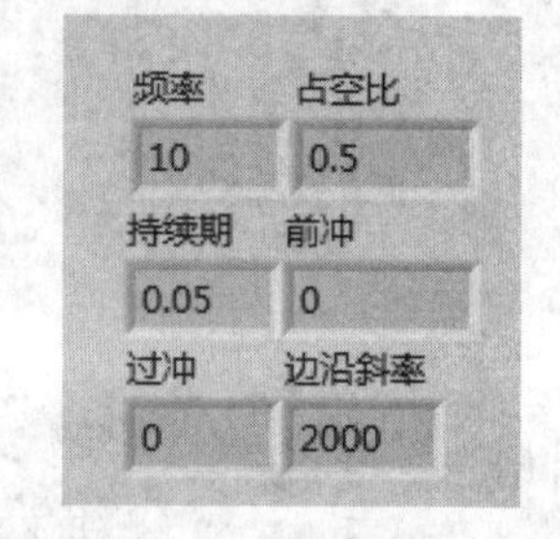

图 10.39　演示程序前面板

10.2.4　频率测量 Express VI

LabVIEW 提供了单频测量 Express VI 模块，利用该模块可以很方便地测量信号的幅值、频率和相位，并且可以设定频率搜索的范围。双击该模块图标，可进入模块属性配置界面，如图 10.40 所示。程序框图如图 10.41 所示，演示了该模块的基本使用方法。演示程序前面板如图 10.39 所示，显示了所选测试项的测量结果。

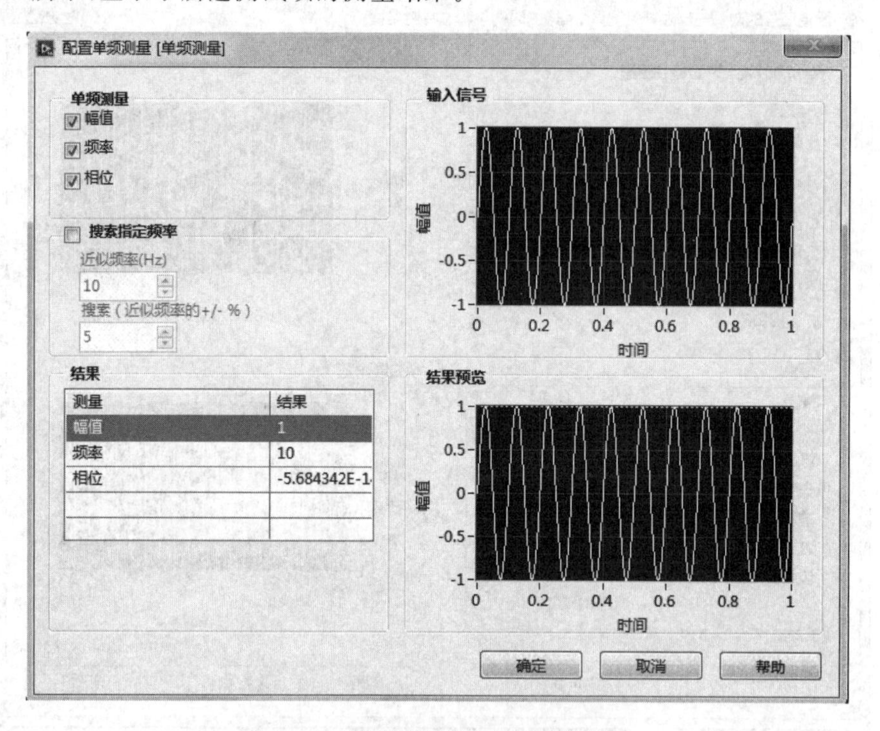

图 10.40　频率测量模块属性配置界面

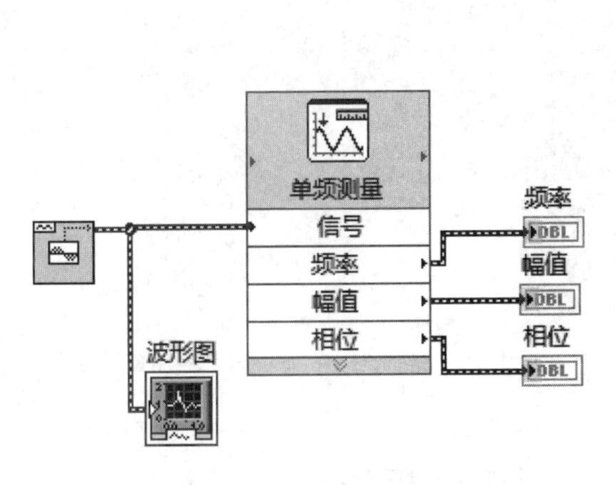

图 10.41　演示程序框图

幅值
1
频率
10
相位
-5.6843

图 10.42　演示程序前面板

10.2.5　幅值以及极值测量 Express VI

LabVIEW 提供了幅值以及极值测量 Express VI 模块，利用该模块可以很方便地测量信号的幅值、正峰、反峰、峰峰值等参数。双击该模块图标，可进入模块属性配置界面，如图 10.43 所示。程序框图所图 10.44 所示，演示了该模块的基本使用方法。演示程序前面板测量结果如图 10.45 所示。

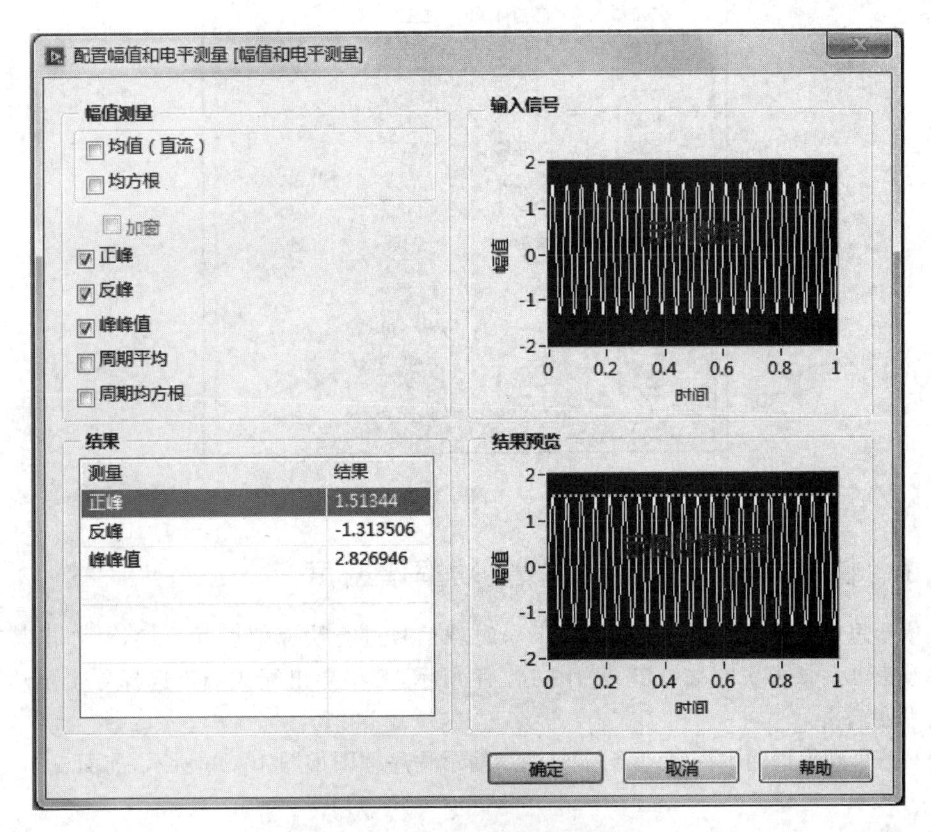

图 10.43　测量模块属性配置界面

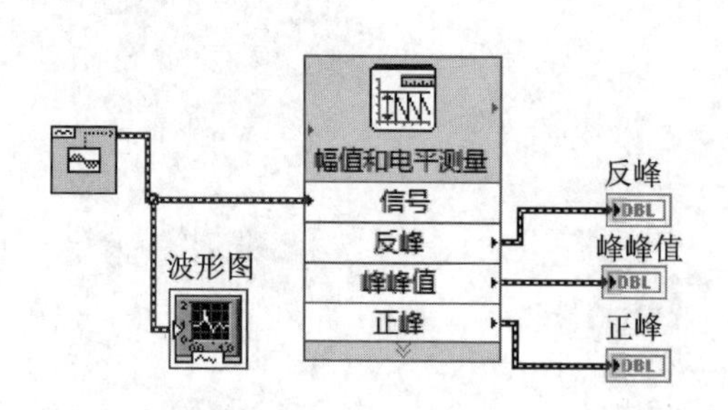

图 10.44　演示程序框图

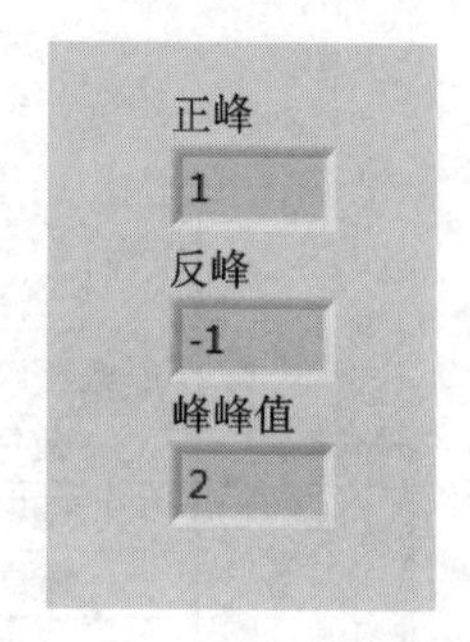

图 10.45　演示程序前面板

10.3　信号频域分析模块

将信号仅仅进行时域分析和处理是不能反映信号的全部特征，很多有用的信息需要进行频域分析才能得到。有关信号分析的模块主要位于信号处理模块中的波形测量子模块、谱分析子模块和变换子模块中，如图 10.46 所示。这里只介绍几种最常见的频域分析模块。

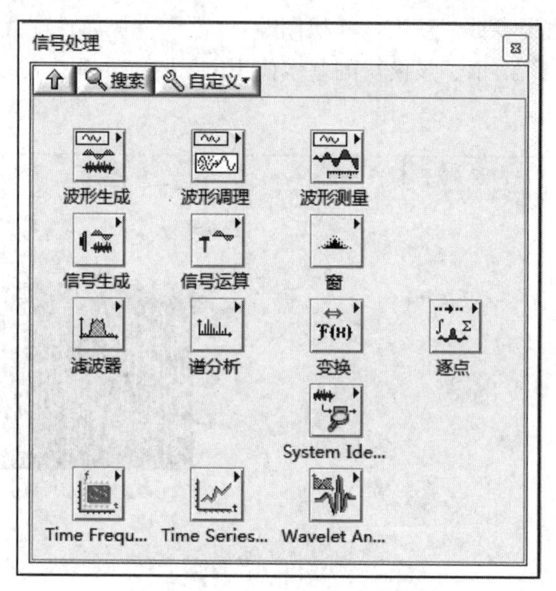

图 10.46　信号处理子模块

10.3.1　快速傅里叶变换功率谱、功率谱密度

快速傅里叶变换功率谱 VI 模块用于对时域信号进行快速傅里叶变换，并作出其功率谱或功率谱密度。该模块的端口定义如图 10.47 所示，其中导出模式端口选择导出至功率谱或功率谱密度输出。

编写信号功率谱输出程序，其对应的测量演示程序框图如图 10.48 所示，前面板如图 10.49 所示。

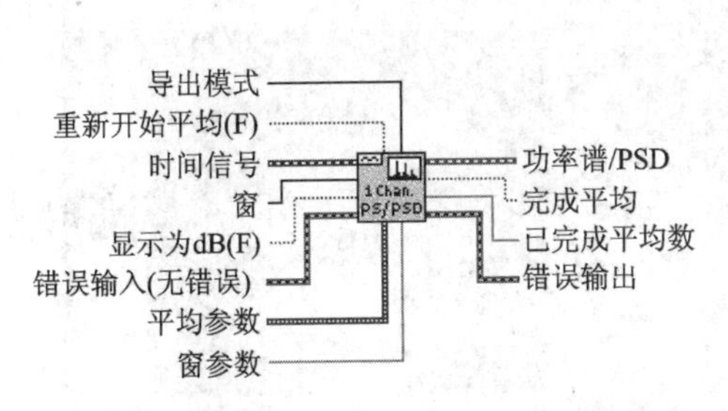

图 10.47 模块端口定义

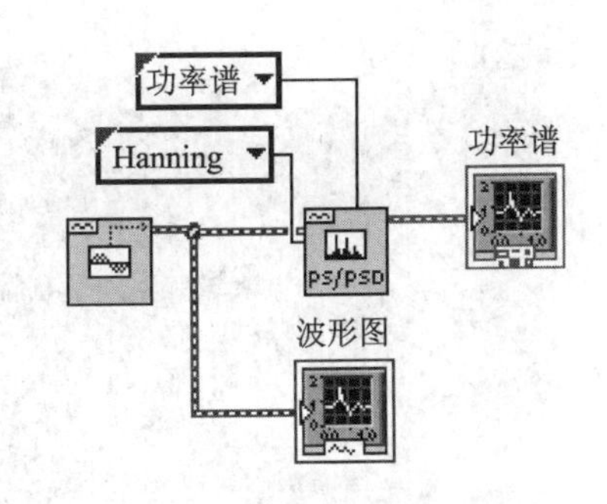

图 10.48 功率谱测量演示程序框图

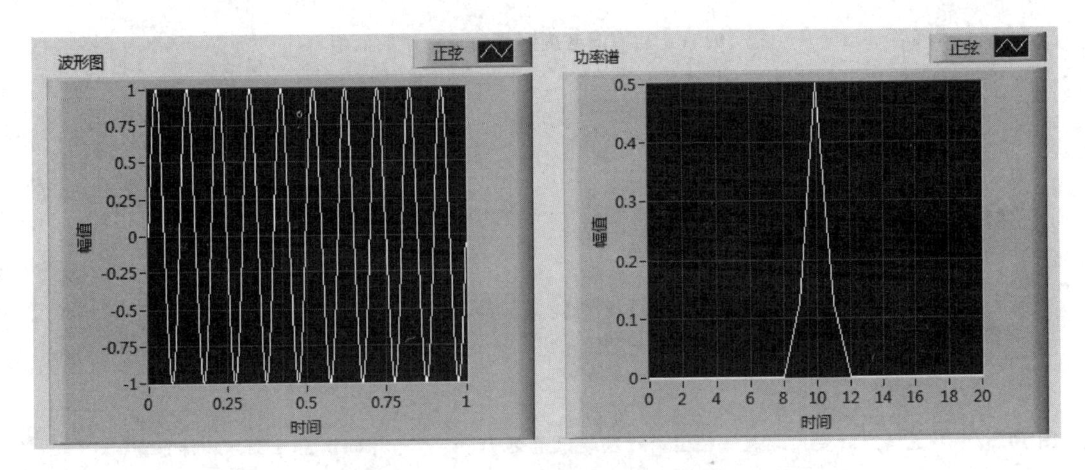

图 10.49 功率谱测量演示程序前面板

编写信号功率谱密度输出程序，其对应的测量演示程序框图如图 10.50 所示。

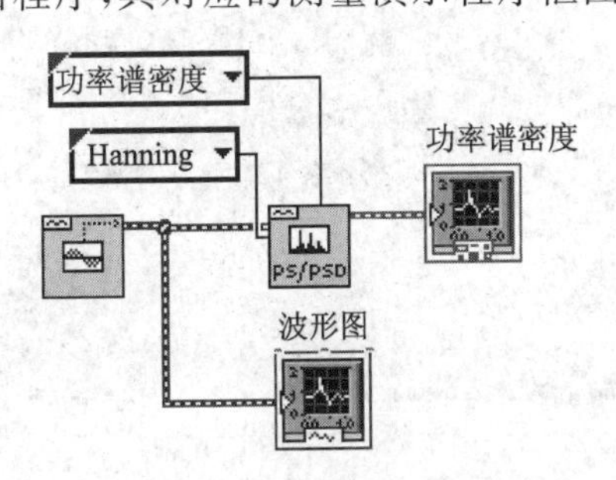

图 10.50 功率谱密度测量演示程序框图

10.3.2 快速傅里叶变换幅值-相位谱

快速傅里叶变换幅值-相位谱 VI 模块用于对时域信号进行快速傅里叶变换，并计算其幅值谱和相位谱。该模块的参数端口如图 10.52 所示，其中窗有多种窗函数可供选择，默认值为 Hanning 窗。

演示程序框图如图 10.53 所示，仿真信号经快速傅里叶变换幅值—相位谱模块后分别输出信号的幅值谱和相位谱，信号输出如图 10.54 演示程序前面板所示。

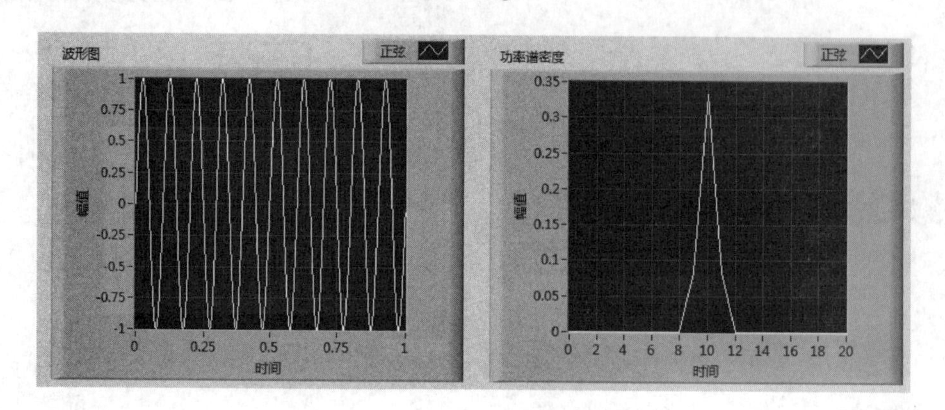

图 10.51　功率谱密度测量演示程序前面板

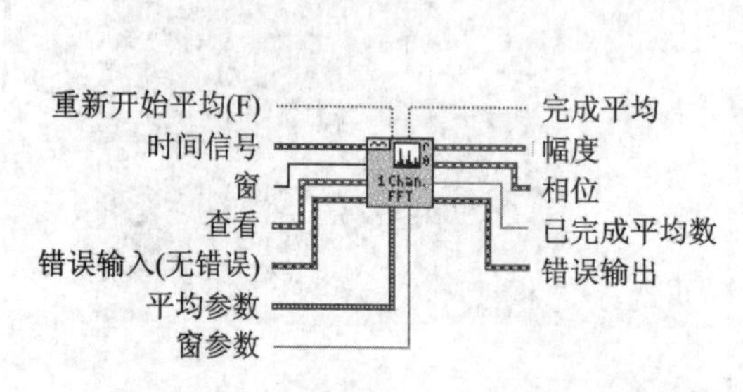

图 10.52　快速傅里叶变换幅值—相位谱模块端口定义

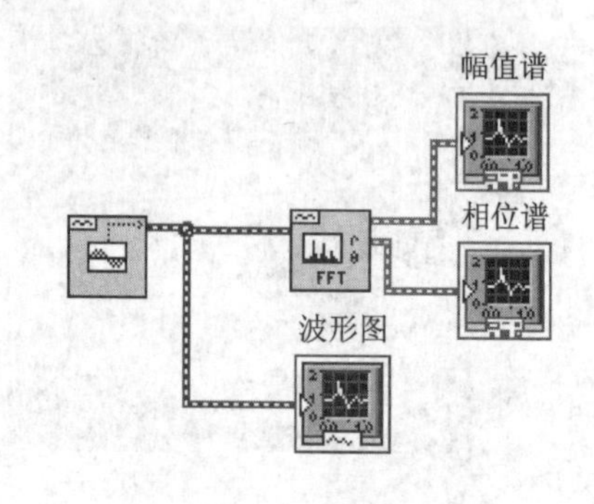

图 10.53　演示程序框图

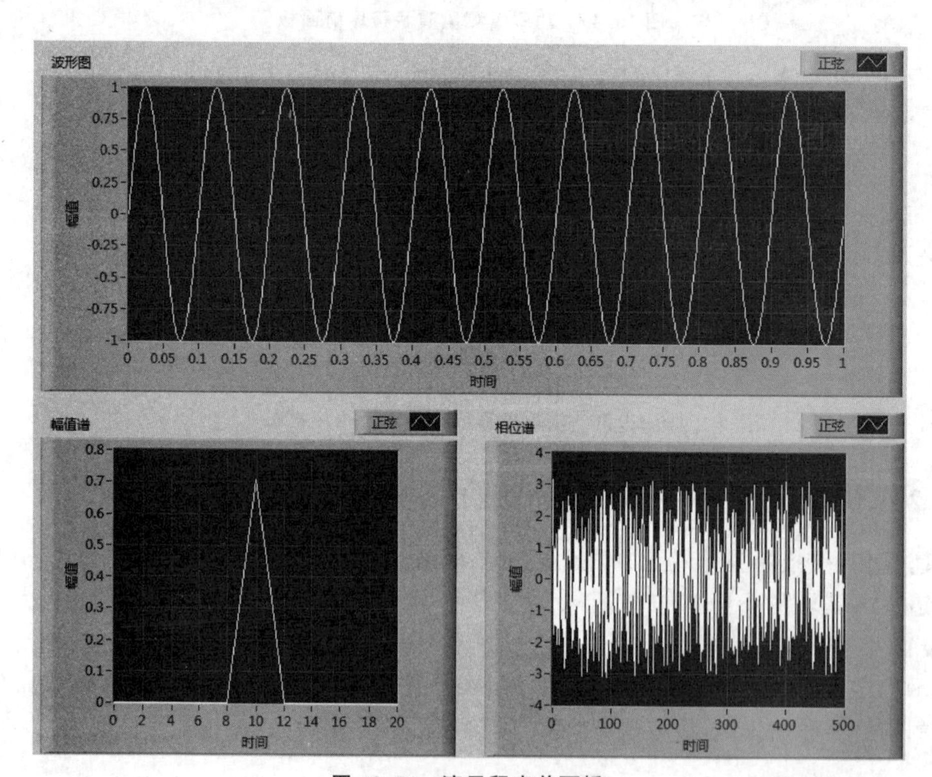

图 10.54　演示程序前面板

10.3.3 互谱(幅值—相位谱)

互谱(幅值—相位谱)模块用于做两个时域信号的互谱,并计算出其幅值谱和相位谱。该模块的参数端口如图 10.55 所示。

演示程序框图如图 10.56 所示,程序中两个时域信号是频率均为 10 Hz,幅值均为 1 V 的正弦信号,其相位分别为 0°和 90°。程序前面板如图 10.57 所示。

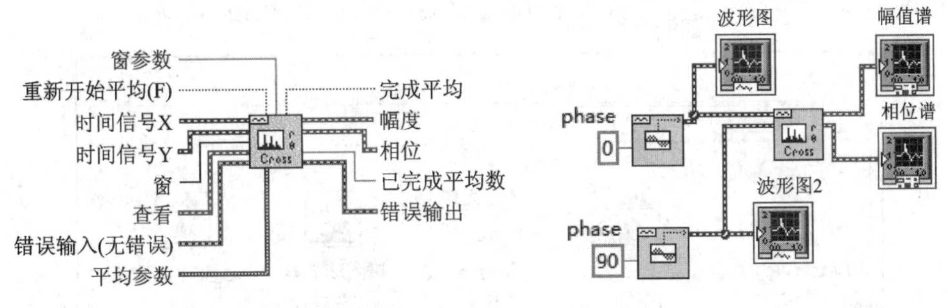

图 10.55 测量模块端口定义

图 10.56 演示程序框图

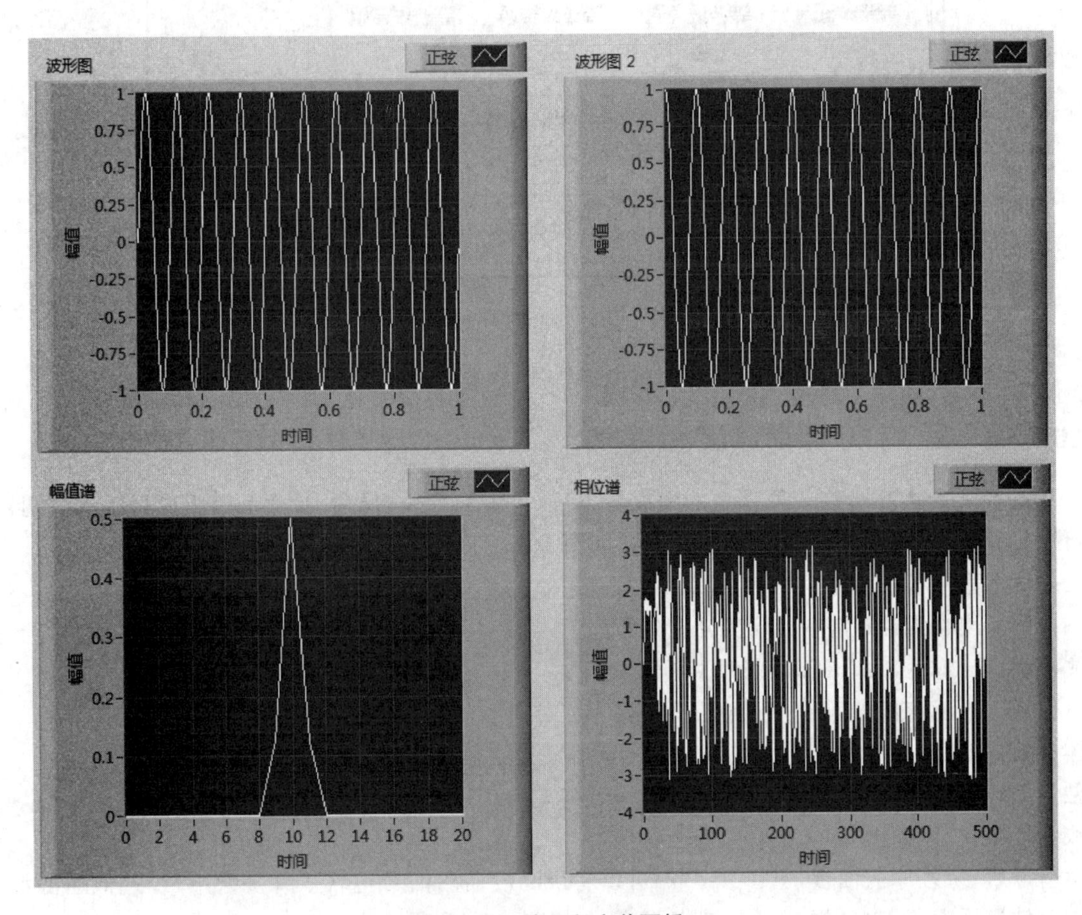

图 10.57 演示程序前面板

10.4　信号的滤波

滤波处理可以将用户需要频率范围的目标信号从噪声中提取出来，将无用的信号去除。本节主要介绍基于 LabVIEW 的信号滤波处理。

在 LabVIEW 中，对信号滤波处理主要通过函数模板中的滤波函数、VIs 以及 Express VIs 来完成，它们主要位于信号处理模块中的滤波器子模块，如图 10.58 所示。

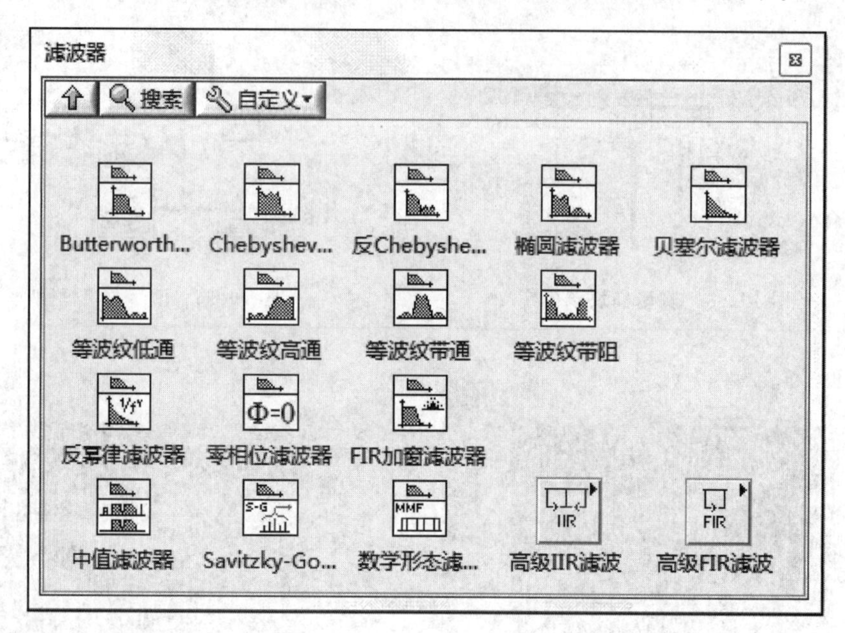

图 10.58　滤波器子模块

下面介绍几种常用的滤波操作的函数、VIs 以及 Express VIs 的基本使用方法。

10.4.1　巴特沃斯滤波器

巴特沃斯滤波器是一种著名的滤波器，可以设置为高通、低通、带通和带阻四种模式，并且可以设置滤波器的截止频率，其端口参数如图 10.59 所示。

演示程序框图如图 10.60 所示，该框图说明了该滤波器的基本使用方法。在程序中用 Simulate Signal Express VI 产生带有白噪声的正弦信号，频率为 10.1 Hz，具体参数如图 10.61 所示，设置滤波器的类型为 Lowpass 低通，采样率与仿真信号一致为 1 000，低截止频率为 15 Hz。程序运行以后，从程序前面板（见图 10.62）可以看出滤波前的信号包含了许多噪声，经过低通滤波以后波形平滑了许多，提高了信噪比，但存在一定的时延。

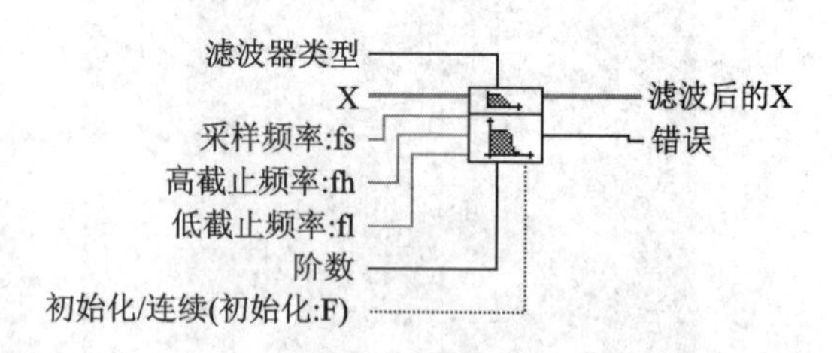

图 10.59　巴特沃斯滤波器端口定义

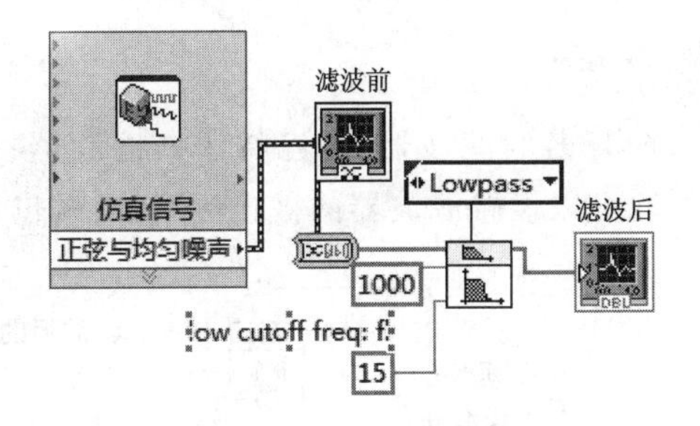

图 10.60　演示程序框图

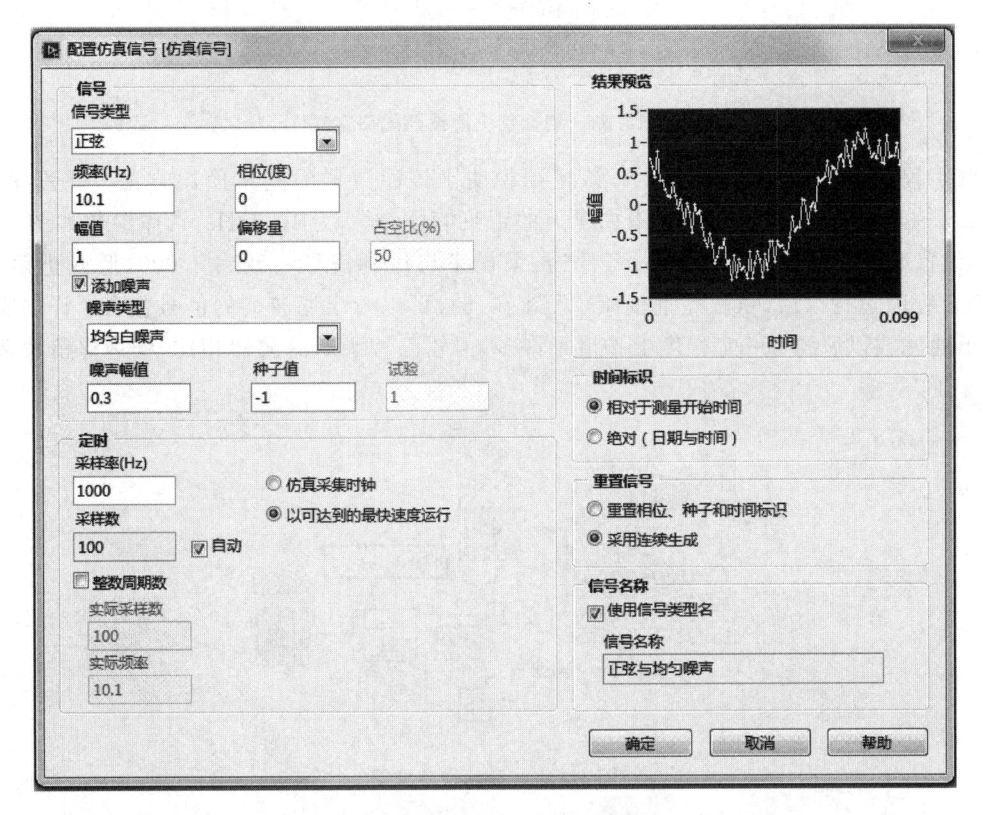

图 10.61　巴特沃斯滤波器属性配置界面

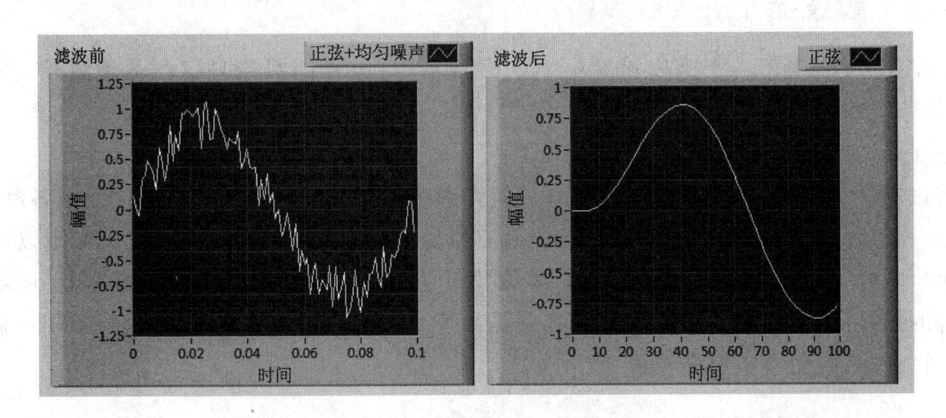

图 10.62　演示程序前面板

10.4.2 切比雪夫滤波器

切比雪夫滤波器也是一种著名的滤波器，与巴特沃斯滤波器一样也可以设置为高通、低通、带通和带阻四种模式，并且可以设置滤波器的截止频率，其端口参数如图 10.63 所示。

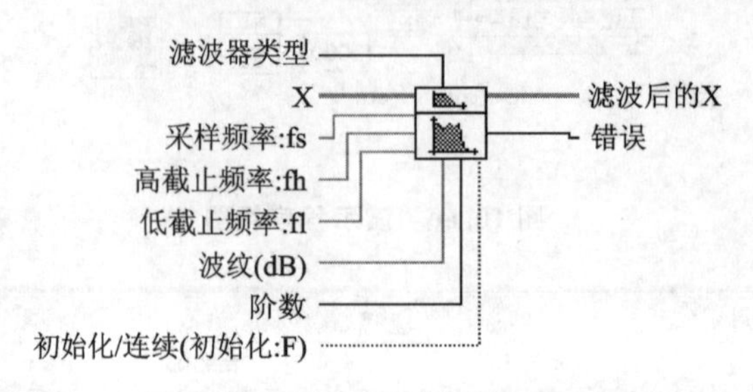

图 10.63 切比雪夫滤波器端口定义

演示程序框图如图 10.64 所示，该框图说明了该滤波器的基本使用方法。在程序中用 Simulate Signal Express VI 产生带有白噪声的正弦信号，频率为 10.1 Hz，具体参数如图 10.61 所示，设置滤波器的类型为 Lowpass 低通，采样率与仿真信号一致为 1 000，低截止频率为 15 Hz。程序运行以后，从程序前面板（见图 10.64）可以看出滤波前的信号包含了许多噪声，经过低通滤波以后波形一定程度上平滑了许多，但较巴特沃斯滤波器相比，噪声保留较多，时延减小了。

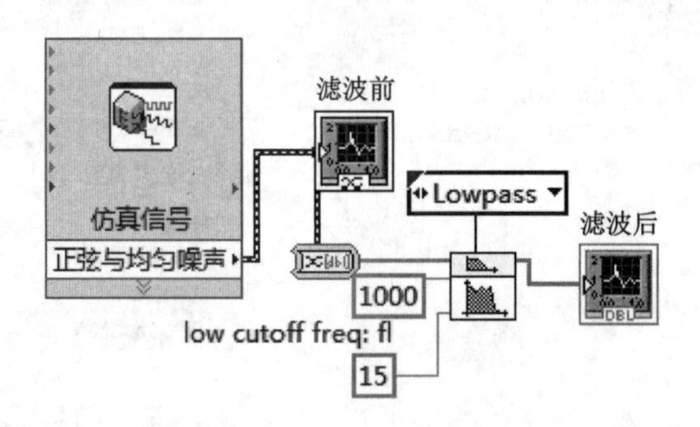

图 10.64 演示程序框图

10.4.3 滤波器 Express VI

LabVIEW 提供了一个滤波器 Express VI 模块，可以专门对信号进行滤波操作，Express VI 在信号处理的波形调理子模块中。

下面介绍滤波器 Express VI 的使用方法。

将该模块放入程序框图中，双击打开其属性面板，可配置滤波器 Express VI 的各种属性，如图 10.66 所示。在属性面板中可以设置滤波器的类型：高通、低通、带通或是带阻以及其截止频率。同样可以设置滤波器的拓扑类型，例如巴特沃斯滤波器、切比雪夫滤波器、贝赛尔滤波器等的拓扑类型，滤波器的阶数。并且还提供了滤波前后信号的波形预览窗口，切换显示信号、频谱以及传递函数三种查看模式。

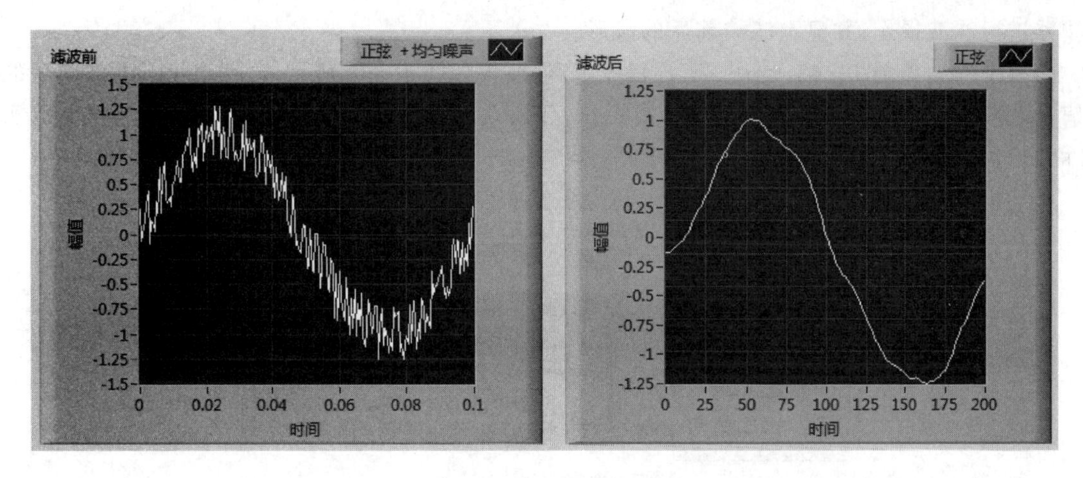

图 10.65　演示程序前面板

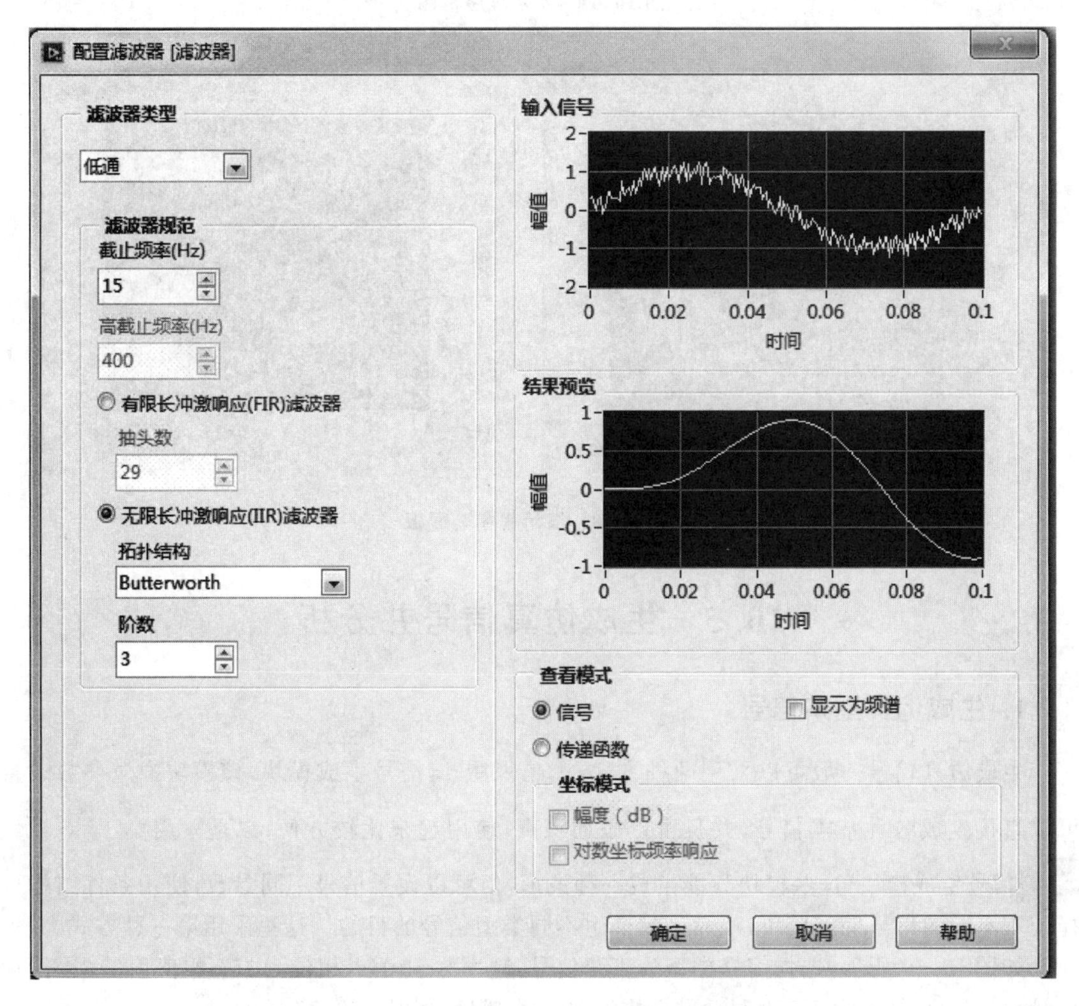

图 10.66　滤波器 Express VI 属性设置界面

在程序中，添加白噪声的 10.1 Hz 正弦波信号，用滤波器 Express VI 的三阶切比雪夫滤波器进行滤波操作，并显示滤波前后的波形。

程序框图如图 10.67 所示。运行程序后，前面板如图 10.68 所示，分别显示了滤波前后的信号波形。也可以更改前面滤波器 Express VI 属性设置界面中的参数，比较不同滤波器的实际效果。

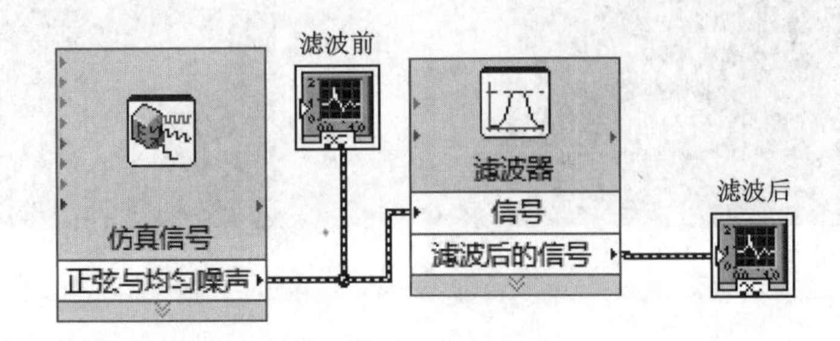

图 10.67　演示程序框图

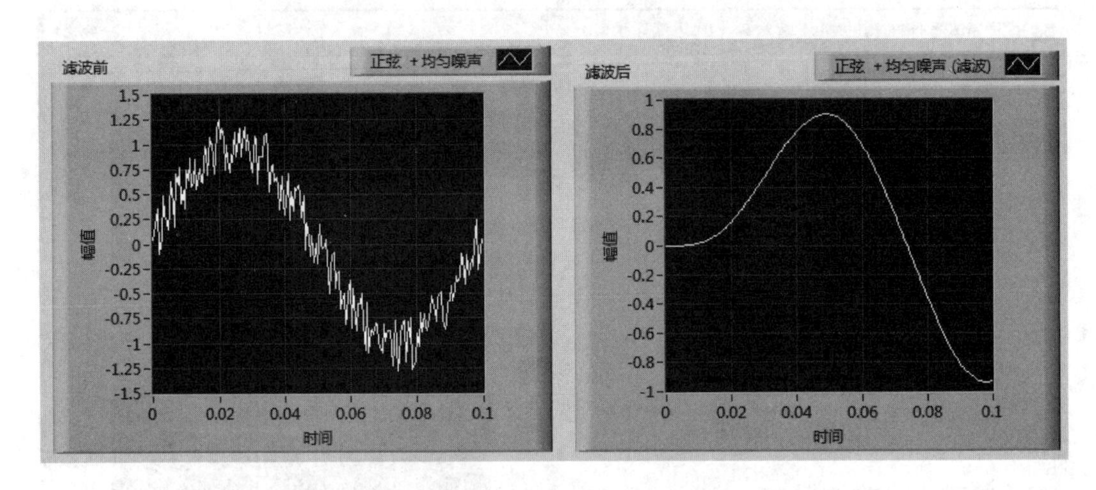

图 10.68　演示程序前面板

10.5　生成仿真信号并分析

1. 生成仿真基本信号

生成仿真信号一般可以采用两种方式：一是采用仿真信号信号生成模块，该模块通过参数设置可以直接生成各种基本信号，并且可以添加噪声，使用起来比较方便；二是采用正弦波形、方波波形、三角波形、锯齿波形等信号生成模块，这些模块只能生成一种波形，但可以设置信号不同参数，使用条件结构选择使用不同的信号生成模块，从而达到产生不同类型信号的目的。这里采用第一种方式。

如图 10.69 所示，选择信号类型为正弦信号，频率为 50 Hz，相位为 45°，幅值为 1.23 V，偏移量为 0 V，采样率为 1 000 Hz，采样数为 100，生成信号如图 10.70 所示。

2. 分析信号参数

LabVIEW 中测量信号参数的模块有很多，主要在后面板的信号处理→波形测量下面，这

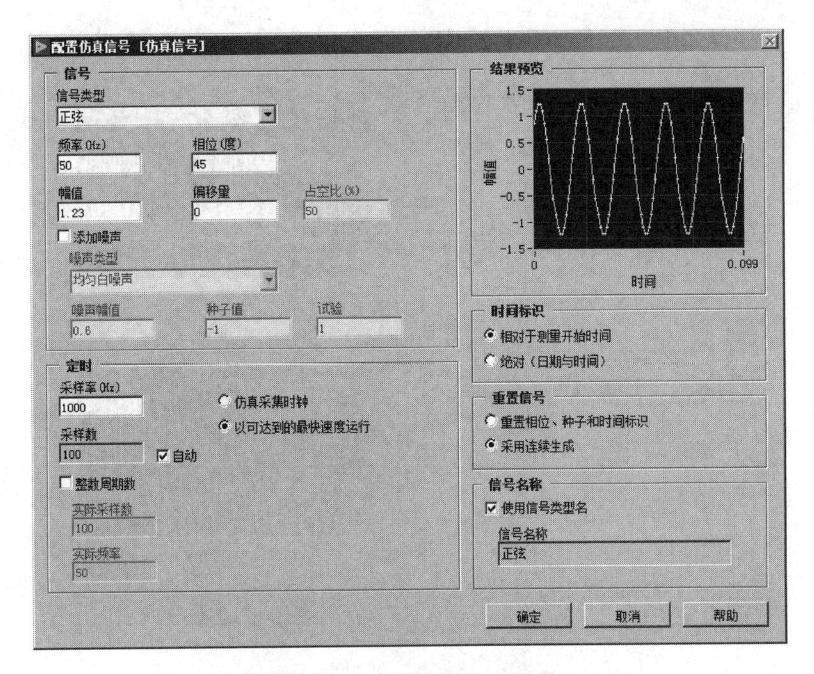

图 10.69　配置仿真信号模块

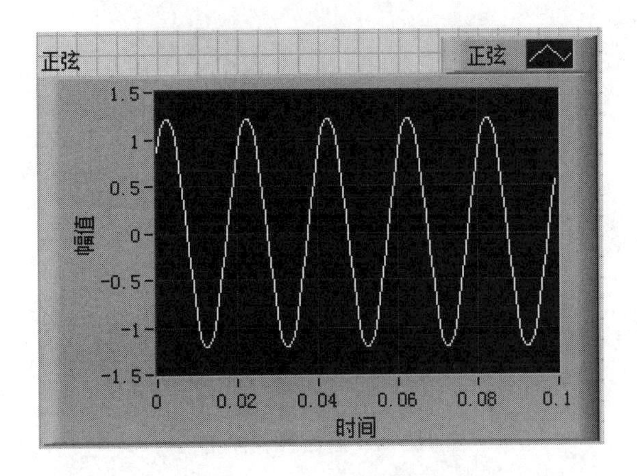

图 10.70　生成正弦波波形

里由于只有一个正弦信号，所以采用波形测量模块，双击该模块进入参数配置界面，如图 10.71 所示。

选择测量单频的幅值、频率和相位参数，这个模块可以设置搜索指定频率，在已知信号频率范围的时候，可以提高测量的精度，程序框图如图 10.72 所示。

由图 10.73 可知，信号测量结果与之前设置的信号参数是一致的，说明波形测量的精度是很高的。当然这是在没有噪声信号的情况下，得到的理想结果，但在实际情况下噪声信号是必然存在的。可以在图 10.69 所示界面设置不同类型、不同大小的噪声信号，并分析信号参数，对比测量结果与没有噪声时有什么不同?

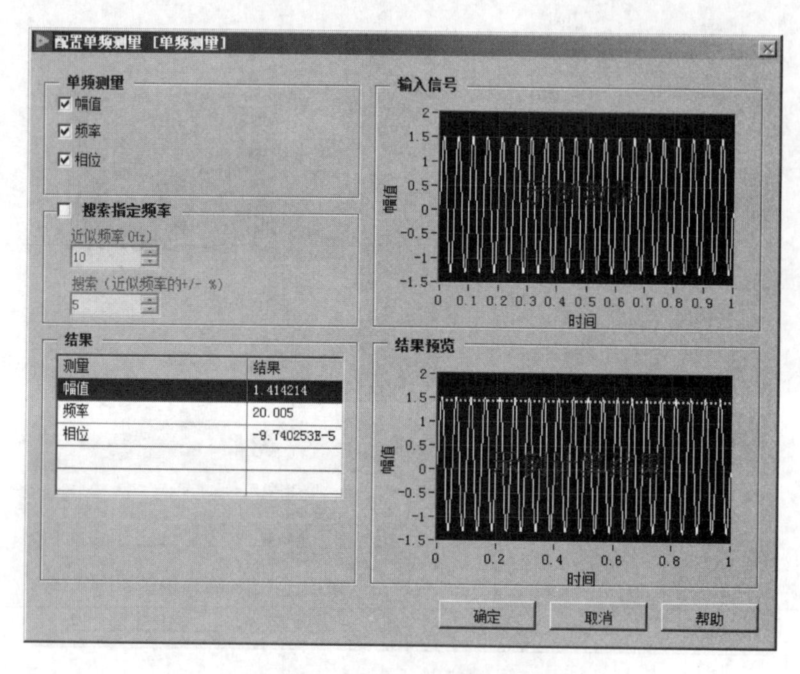

图 10.71 配置单频测量模块

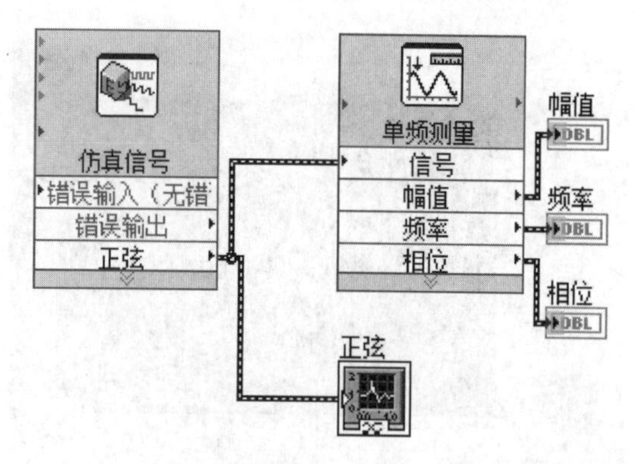

图 10.72 后面板程序框图

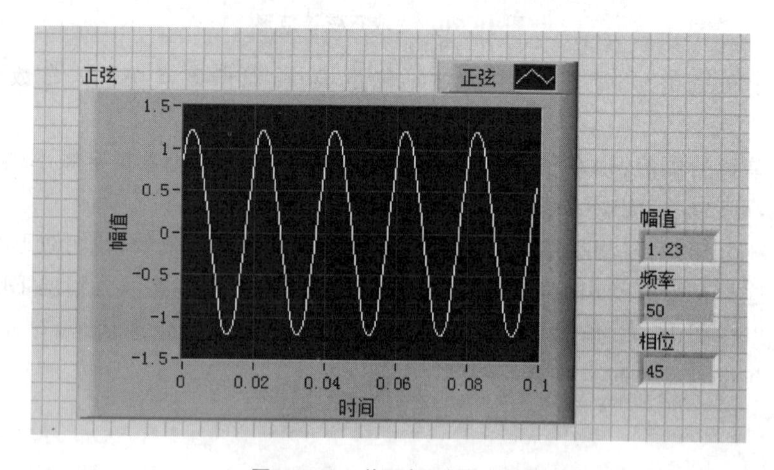

图 10.73 前面板测量结果

10.6　声卡采集信号并分析

1. 声音信号采集

从后面板中选择 Express→输入，然后双击 模块，进入配置界面，如图 10.74 所示。设置声音采集设备、通道数量、分辨率(位)、持续时间(s)、采样率(Hz)等参数，点击“预览”按钮，则会在波形窗口显示采集到的声音信号波形。

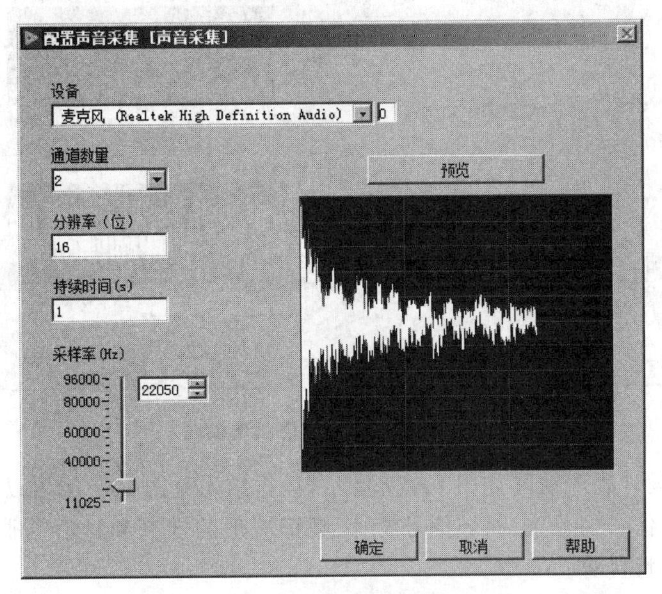

图 10.74　配置声音采集模块

2. 信号分析

选择后面板 Express→信号分析，然后双击 模块进入配置界面，如图 10.75 所示。

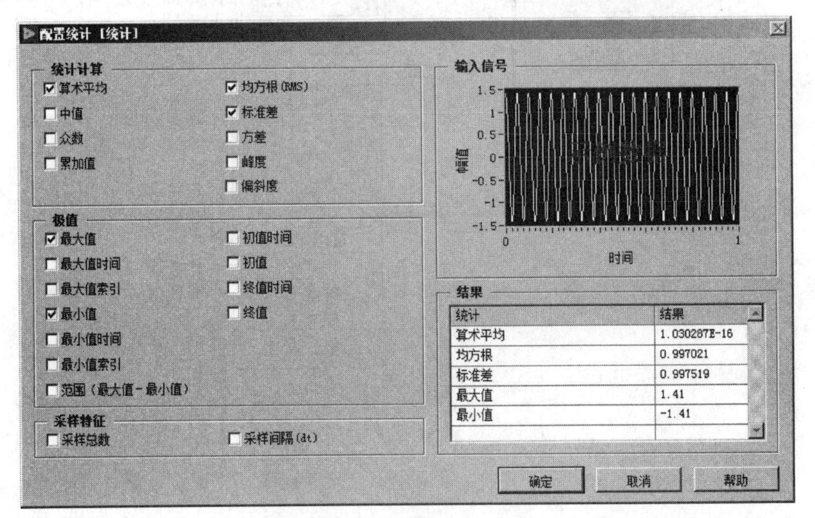

图 10.75　配置统计模块

选择后面板 Express→信号分析，然后双击模块，进入配置界面，如图 10.76 所示。

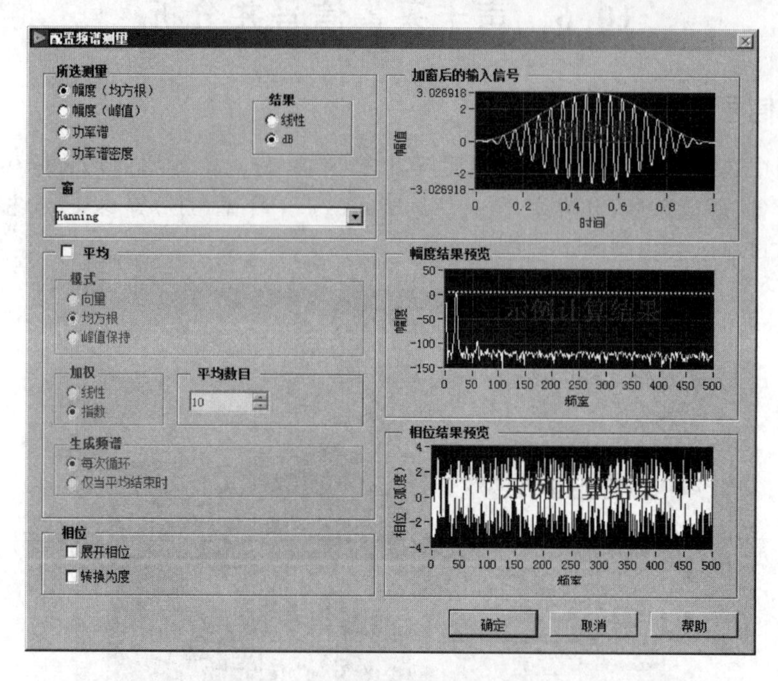

图 10.76　配置频谱测量模块

配置完成后，设计程序框图如图 10.77 所示，运行结果见图 10.78，可以看出 LabVIEW 很方便地完成了声音信号的采集、时域信号统计、频谱波形的计算和显示等非常复杂的工作，突出了虚拟仪器的独特优势。

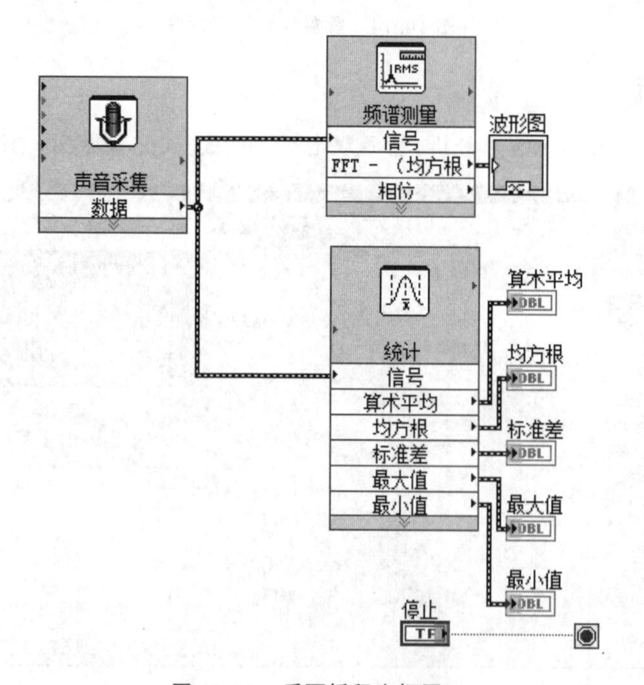

图 10.77　后面板程序框图

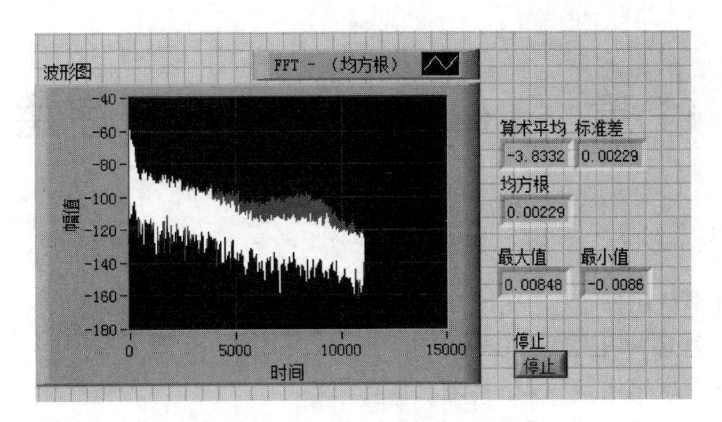

图 10.78　前面板运行结果

本章小结

本章主要介绍了在 LabVIEW 中进行信号发生、信号时域分析和频域分析、信号滤波处理的基本方法。由于信号处理算法十分复杂，LabVIEW 中具有许多高效、可靠的信号处理模块，但限于本书篇幅，大量的模块需要在项目中根据实际需求组合、设置相应的参数。

思考与练习

1. 填空题

(1) 在 LabVIEW 中，Simulate Signal Express VI 是一个很常用的波形生成的 VI，它可以发生________、________、________、________和________五种信号。

(2) 对信号分析可以分为________和________。

(3) 在 LabVIEW 中，滤波器 VI 有________、________、________和________等几种类型。

2. 简答题

(1) 举例说明，在 LabVIEW 中有哪些产生信号的方法。

(2) LabVIEW 中的 Simulate Signal Express VI 可以在基本波形信号上添加噪声哪些噪声信号？

(3) 试简述“基本多频信号发生器”的功能，并阐述其各输入、输出数据端口的定义。

3. 实操题

(1) 编写程序，用三种不同的方法产生正弦信号。

(2) 编写程序，计算一个正弦信号的周期平均值和均方差值。

(3) 编写程序，计算一个方波信号的功率谱。

(4) 编写程序，用 4 种方法对一个混有高频噪声的正弦信号进行低通滤波。

第 11 章 LabVIEW 应用程序生成

学习目标

- 掌握程序源代码发布；
- 掌握程序独立应用程序发布；
- 了解程序共享库发布和 Zip 压缩文件；
- 掌握 Windows 安装程序。

11.1 LabVIEW 生成程序的种类

VI 的发布方式主要分为以下五种。

(1) 源代码

如果希望可以与其他开发人员共享 VI 进行二次开发或合作开发，可以采用源代码发布的方式。采用这种方式，其他人员可以看到程序源代码，可以对源代码进行修改，然后生成程序发布出去。

(2) 独立应用程序

如果希望用户只是运行 LabVIEW 程序，而无法查看或编辑源代码，则在 Windows 系统中需要生成常见的 EXE 文件。

(3) 共享库

如果希望 LabVIEW 程序设计人员和其他编程语言开发人员调用方便，即需要生成共享库，则在 Windows 系统中需要生成 DLL 文件，即动态链接库文件。

(4) Zip 压缩文件

如果需要发布仪器的驱动程序、多个源文件，则可以创建一个 Zip 压缩文件，这个 Zip 文件包含了所在项目的文件组织结构。

(5) Windows 安装程序

在 Windows 中，如果希望将独立应用程序、共享库等发布给其他用户，并且包含了版本、许可、快捷键、注册表和 NI LabVIEW 运行引擎或 NI 驱动模块等，则可以创建 Windows 安装程序，这也是最为常见的一种发布方式。

11.2 创建源代码发布

源代码发布用来把一系列源文件进行打包，包括 LabVIEW 安装目录的库文件。这些文件构成一个完整的系统，供其他开发人员在 LabVIEW 中使用。在源代码发布中，VI 可选择不同的目标目录，VI 和子 VI 间的相对连接不受影响。

源代码发布时，开发人员往往不希望其他的开发人员编辑某些 VI，而仅能调用这些 VI。

有两种实现方法：一，在所创建的源代码发布中对某些特定的 VI 设置密码保护；二，从这些特定的 VI 中把程序框图源代码删除，这样其他人员则不能编辑这些 VI，而且这些文件所占的磁盘空间也会大大减少，同时其他人员也不能把 VI 移植到别的平台（如 Linux）或把其升级到其他 LabVIEW 版本中。

下面以一个实例来说明源代码发布的具体操作。

单击创建项目，选择“有限次测量”范例项目，从创建成功以后的工程文件可以看到工程文件的组织方式、包含的文件以及文件夹。在项目浏览器窗口中，选中程序生成规范，右击“新建”，弹出程序生成规范的几种类型，选择“源代码发布”（见图 11.1），将弹出“我的源代码发布属性”。

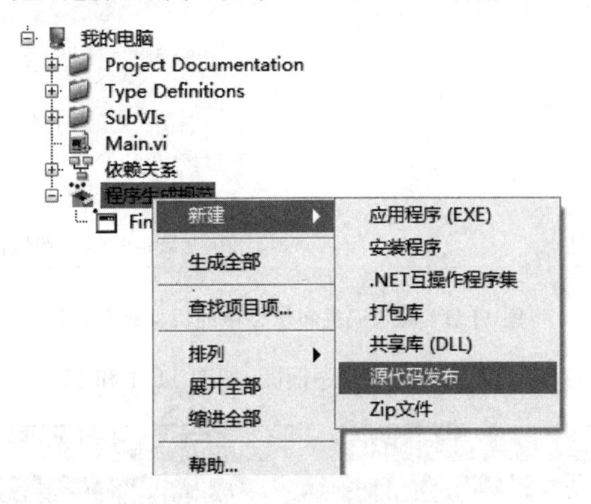

图 11.1 程序生成规范

在“我的源代码发布属性”中选择“源文件”，可设定发布中包括的文件或不包括的文件，如图 11.2 所示。选择“目标”，可设定发布文件的目标目录，目标类型可以选择是否保留磁盘层次结构，如图 11.3 所示。

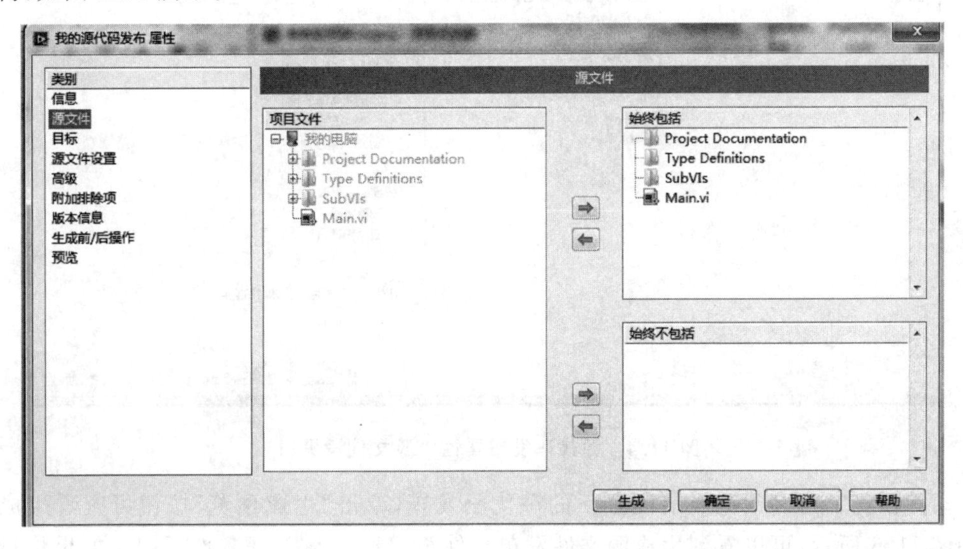

图 11.2 源代码发布属性中的源文件

选择“源文件设置”，选中 VI 文件后，可以设置为移除前面板或移除程序框图，同时可以设置 VI

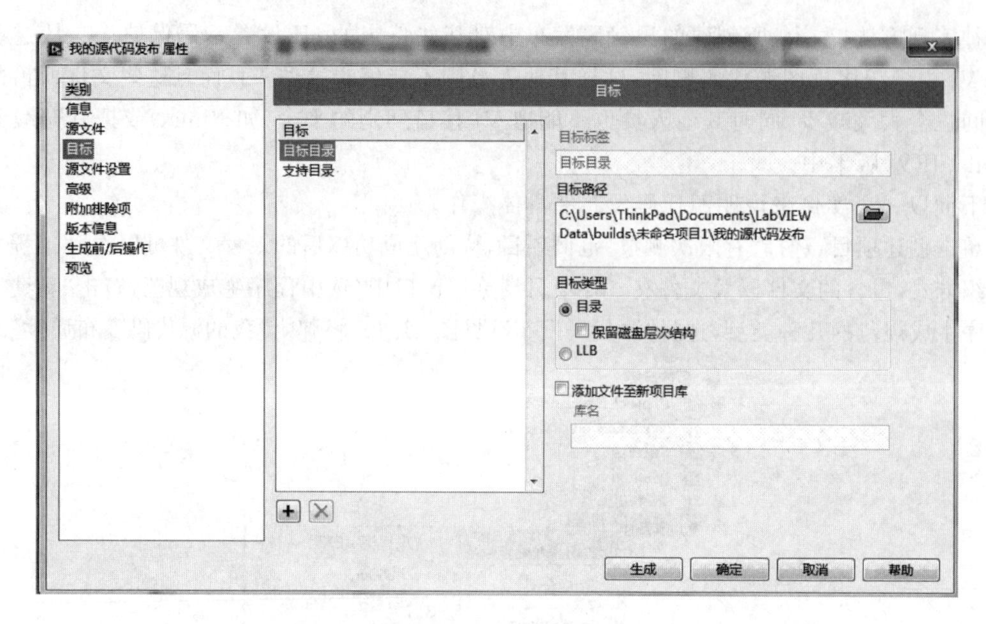

图 11.3　源代码发布属性中的目标设置(1)

密码,这里将 Load Data. vi 文件设置为移除程序框图,如图 11.4 和 11.5 所示。

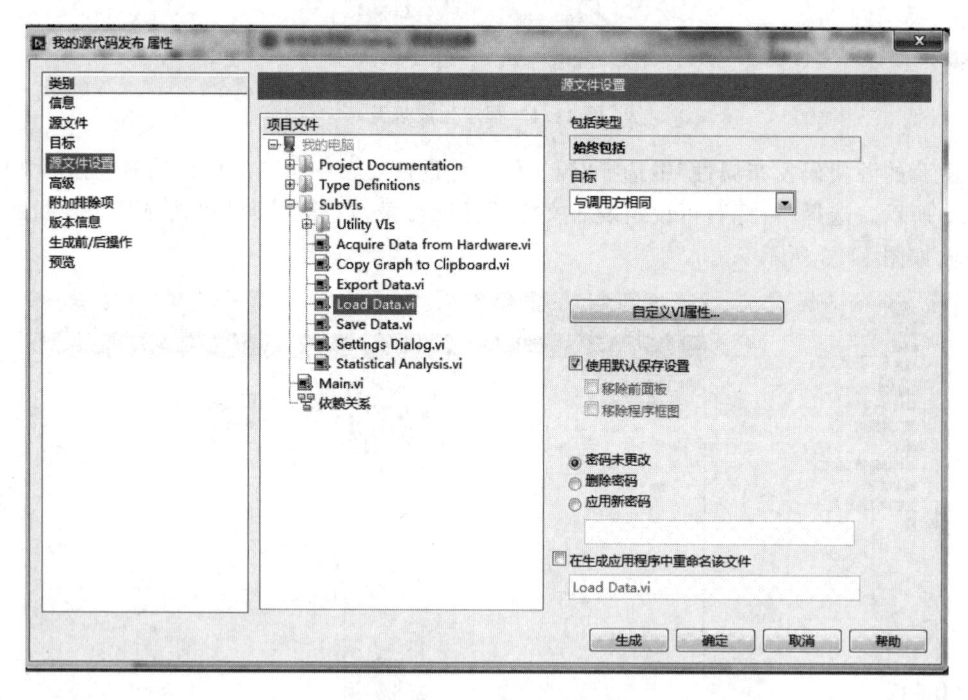

图 11.4　源代码发布属性中源文件设置(1)

选择“预览”,可以预览当前配置下的源代码发布,单击“生成预览”按钮可查看生成的结果,如图 11.6 所示,可以看到生成源文件发布文件组织形式与工程文件不同。如果将目标目录设置为保留磁盘层次结构(见图 11.7),再单击“生成预览”按钮查看生成的结果,则生成源文件发布文件组织形式与工程文件相同,如图 11.8 所示。

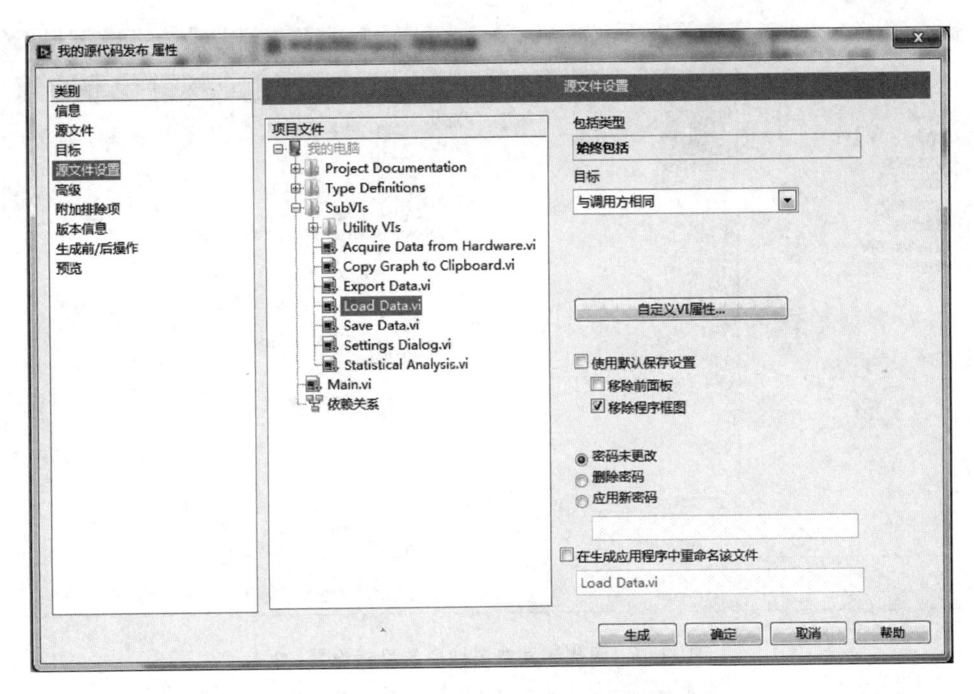

图 11.5　源代码发布属性中的源文件设置(2)

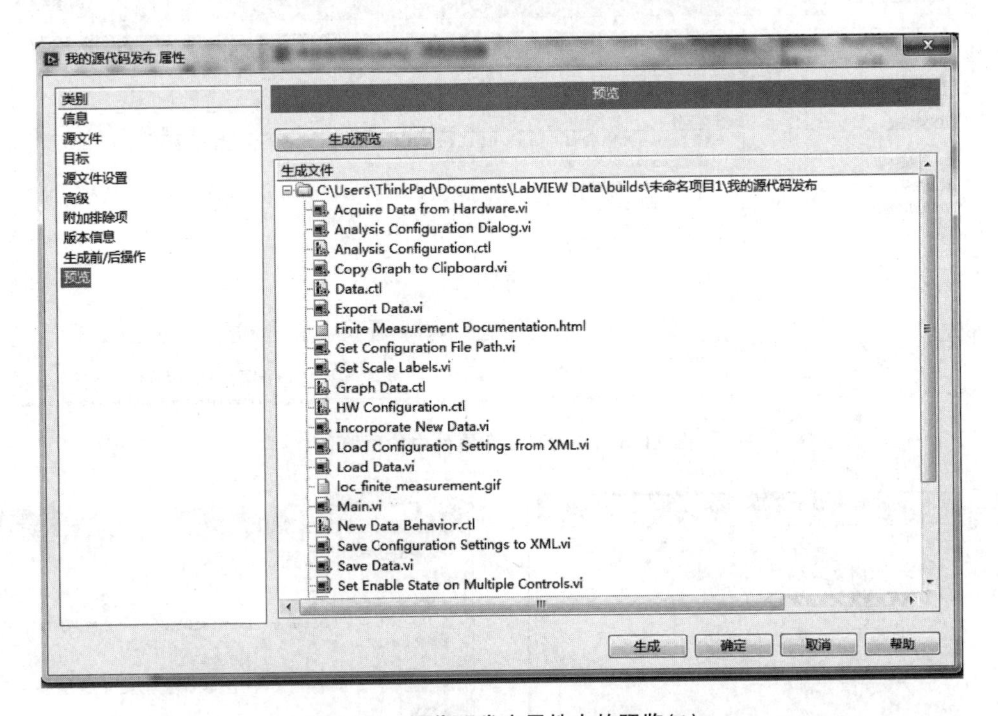

图 11.6　源代码发布属性中的预览(1)

单击“生成”按钮，开始生成源文件，弹出生成状态窗口，如图 11.9 所示。若没有问题，生成成功，生成状态如图 11.10 所示。打开源文件发布目录(见图 11.11)，打开 Load Data. vi 只能看到其前面板(见图 11.12)，不能看到程序框图。

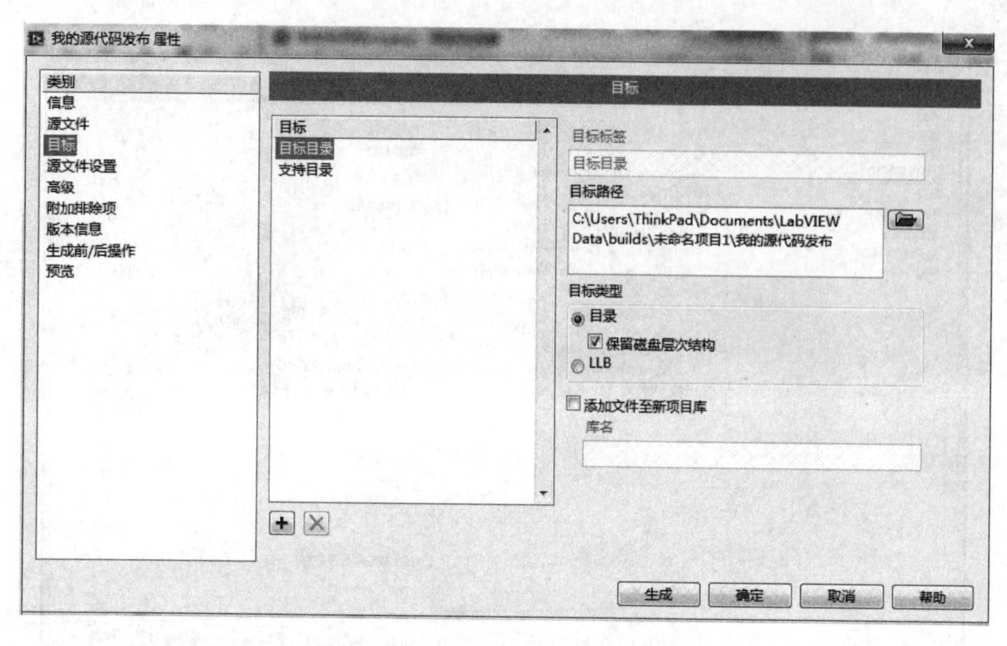

图 11.7　源代码发布属性中的目标设置(2)

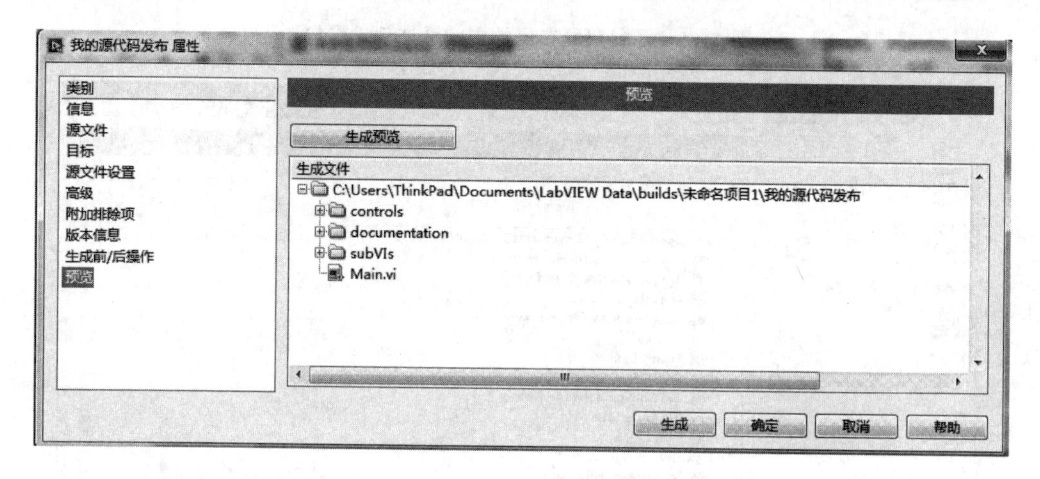

图 11.8　源代码发布属性中的预览(2)

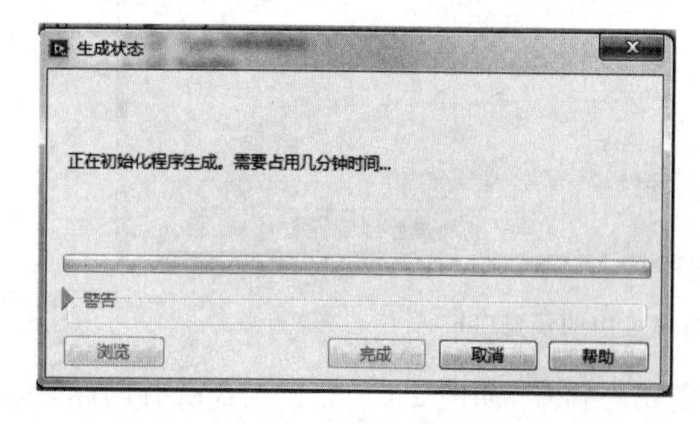

图 11.9　启动生成窗口

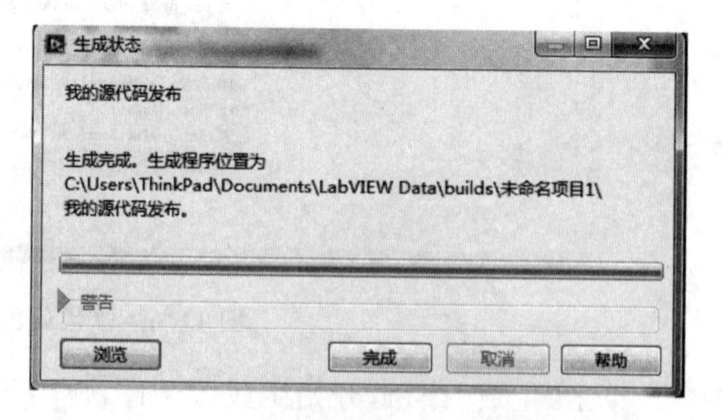

图 11.10　源代码发布生成完成

文档 ▸ LabVIEW Data ▸ builds ▸ 未命名项目1 ▸ 我的源代码发布 ▸ subVIs

看(V)　工具(T)　帮助(H)

共享 ▾　电子邮件　新建文件夹

名称	修改日期	类型	大小
Acquire Data from Hardware.vi	2019/10/28 17:47	LabVIEW Instru...	70 KB
Analysis Configuration Dialog.vi	2019/10/28 17:47	LabVIEW Instru...	47 KB
Copy Graph to Clipboard.vi	2019/10/28 17:47	LabVIEW Instru...	38 KB
Export Data.vi	2019/10/28 17:47	LabVIEW Instru...	49 KB
Get Configuration File Path.vi	2019/10/28 17:47	LabVIEW Instru...	17 KB
Get Scale Labels.vi	2019/10/28 17:47	LabVIEW Instru...	20 KB
Incorporate New Data.vi	2019/10/28 17:47	LabVIEW Instru...	82 KB
Load Configuration Settings from X...	2019/10/28 17:47	LabVIEW Instru...	23 KB
Load Data.vi	2019/10/28 17:47	LabVIEW Instru...	44 KB
Save Configuration Settings to XML.vi	2019/10/28 17:47	LabVIEW Instru...	23 KB
Save Data.vi	2019/10/28 17:47	LabVIEW Instru...	57 KB
Set Enable State on Multiple Controls...	2019/10/28 17:47	LabVIEW Instru...	16 KB
Settings Dialog.vi	2019/10/28 17:47	LabVIEW Instru...	34 KB
Statistical Analysis.vi	2019/10/28 17:47	LabVIEW Instru...	39 KB

图 11.11　源代码发布目录

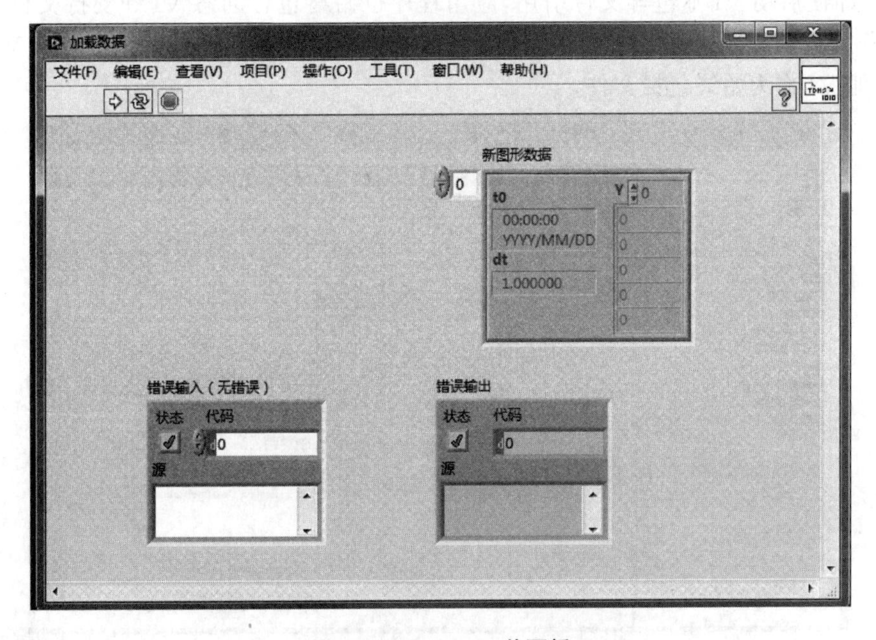

图 11.12　Load.vi 前面板

11.3　独立应用程序发布

独立应用程序是 VI 的可执行版本，允许用户运行 VI 而无须安装 LabVIEW 开发系统。

在图 11.1 中选择“应用程序(EXE)”项,即可弹出“我的应用程序属性”对话框,在“信息”页(见图 11.13),主要设置程序生成规范名称、目标文件名、目标目录、程序生成规范说明。

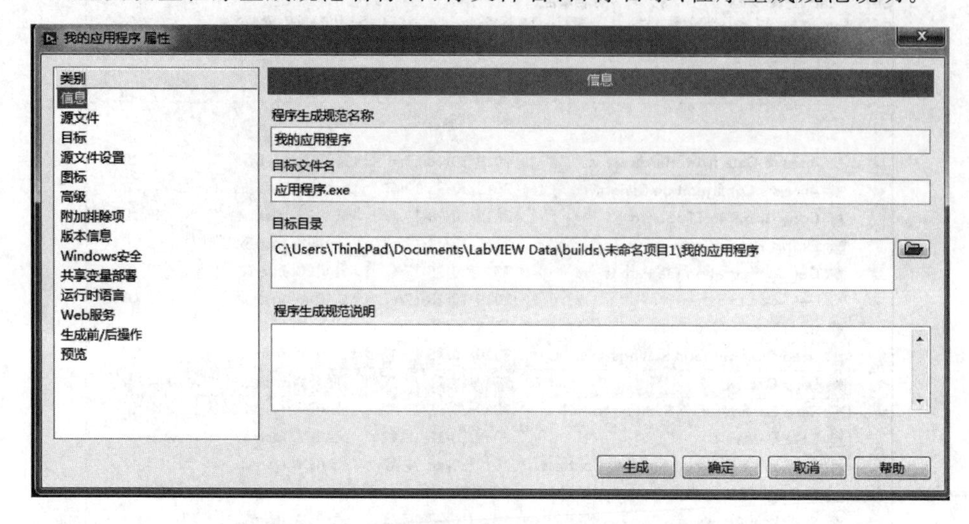

图 11.13　“我的应用程序属性”信息页设置

在“源文件”页(见图 11.14),设置启动 VI,此时启动的 VI 是顶层 VI,必须至少指定一个 VI 为启动 VI。如果未指定启动 VI 或找不到启动 VI,则可出现生成规范错误。设置始终包括时,指定即使启动 VI 不包含文件引用,应用程序也始终包含动态 VI 和支持文件。这里将 Main.vi 作为启动 VI,其他文件作为始终包括文件。有时会将开机画面作为启动 VI,测试主界面等其他 VI 作为始终包括文件。

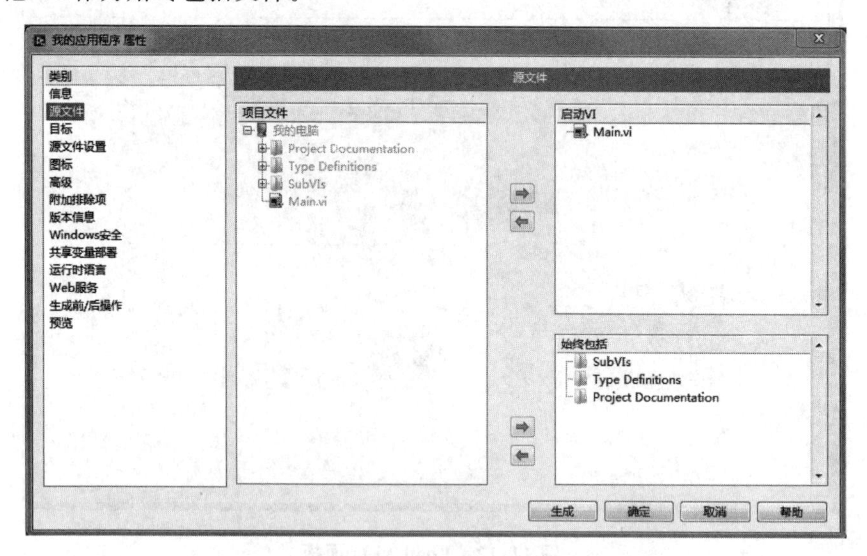

图 11.14　“我的应用程序属性”源文件页设置

在“目标”页(见图 11.15),设置生成的应用程序的目录结构,由于生成了应用程序,原有的文件组织方式不能保留,用户可以手动创建目录。

在“源文件”页(见图 11.16),可以对各个 VI 和文件进行设置,包括放置文件的目标文件夹,这个过程与源文件发布规范的设置类似。

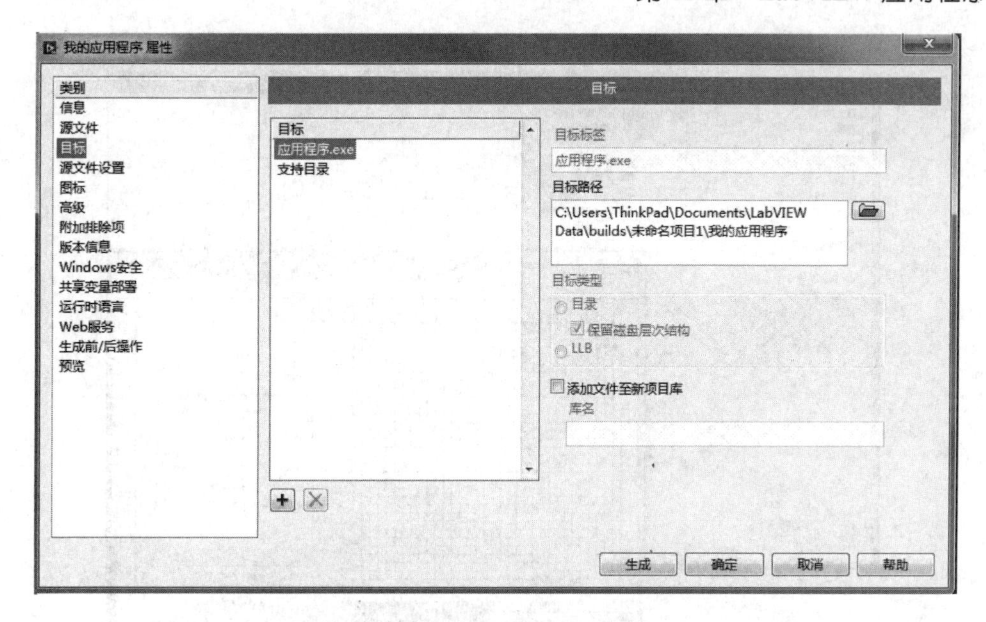

图 11.15　“我的应用程序属性”目标页设置

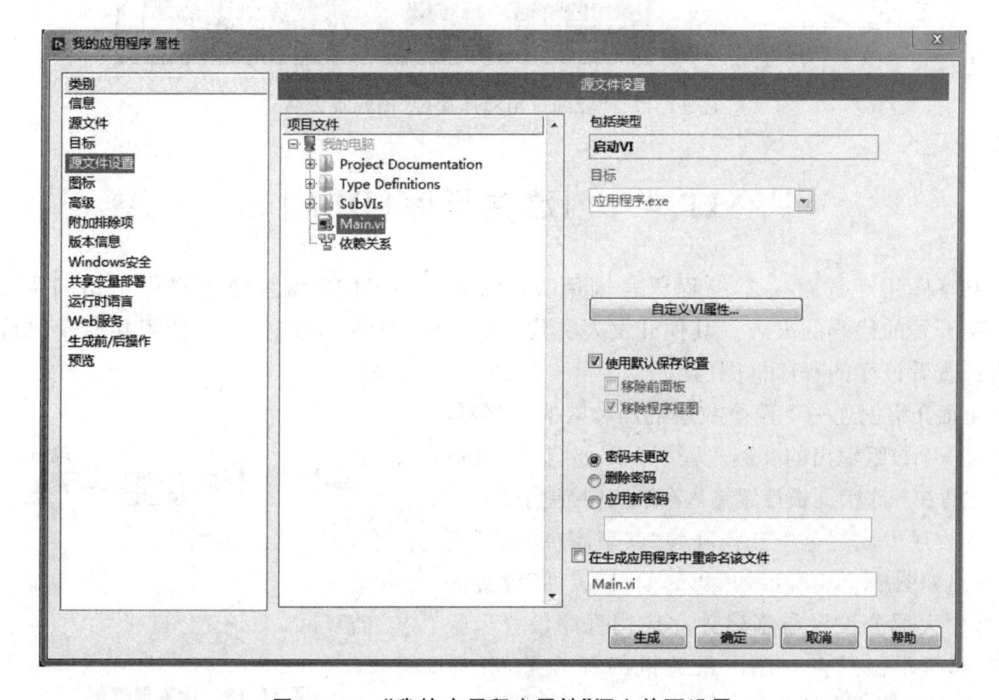

图 11.16　“我的应用程序属性”源文件页设置

在“图标”页(见图 11.17),可以配置当前应用程序的图标(.icon 文件),单击 LabVIEW 自带的“图标编辑器”自定义图标。

在“我的应用程序属性”中还有高级页、附加排除项、版本信息等,大多情况下保持默认设置即可。最后,单击生成按钮,正常情况下就可以生成独立应用程序。

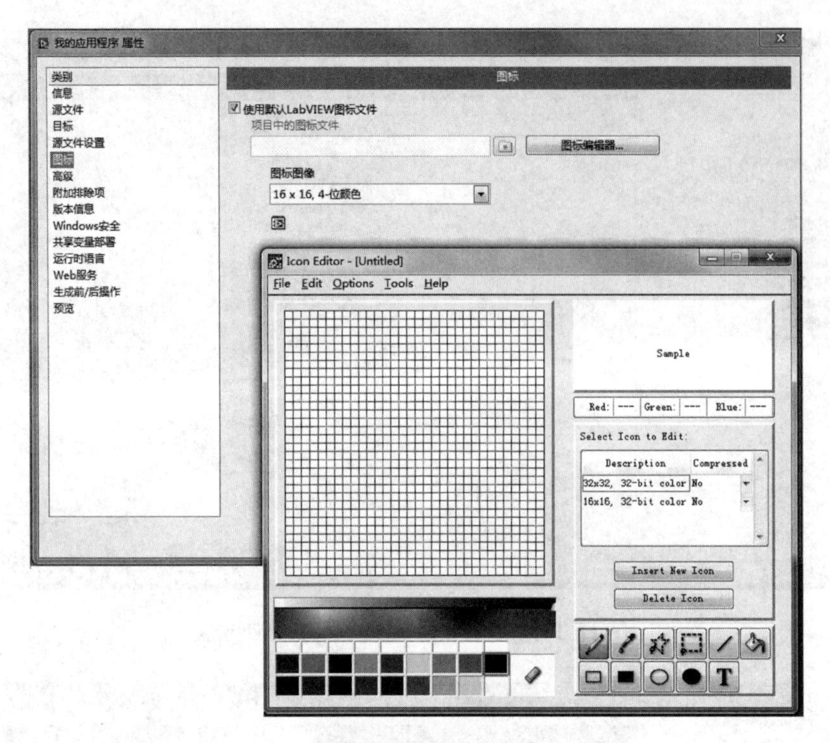

图 11.17 “我的应用程序属性”图标页设置

11.4 创建共享库(DLL)

共享库用于通过文本编程语言调用 VI,为非 LabVIEW 编程语言提供了访问由 LabVIEW 开发的代码的方式。其他开发人员共享所创建 VI 的功能时,可以使用共享库,却无法编辑或查看该库的程序框图。

下面介绍创建一个两个数字的加和乘的运算器,并通过一个数组输出的实例。程序框图如图 11.18 所示。注意在程序前面板设置输入/输出连接端子。

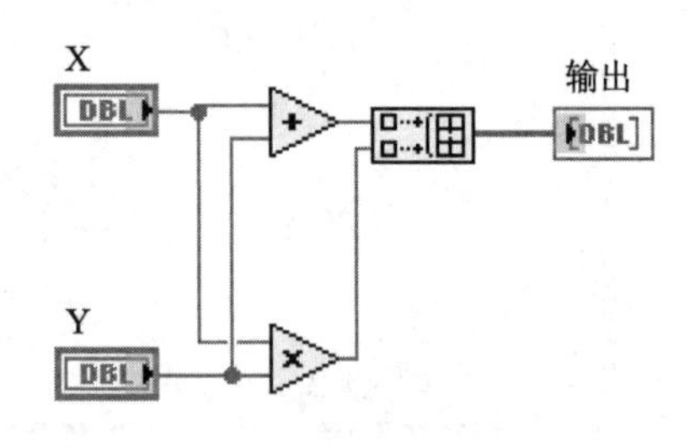

图 11.18 运算器框图

在程序生成规范中选择新建“共享库(DLL)”选项,弹出如图 11.19 所示的“我的 DLL 属性”设置界面,其中大部分设置与创建独立应用程序设置步骤相同,这里不做过多介绍。最关键的部分是 VI 原型定义,在“源文件”页中,选择相应的 VI 文件,单击图 11.20 中方框中的箭头,会弹出如图 11.21 所示的定义 VI 原型对话框。

定义 VI 原型对话框用来设置生成 DLL 文件中的函数原型和调用方式。在 VI 定义的端口连接端子后,LabVIEW 会自动识别各个端口的数据类型,并创建相应的接口。图 11.21 中,选择 C 语言调用规范,设置 X、Y 以值或值指针方式传递,以及输出数组,并给出函数原型。在一个 DLL 文件中,可以包含多个函数。

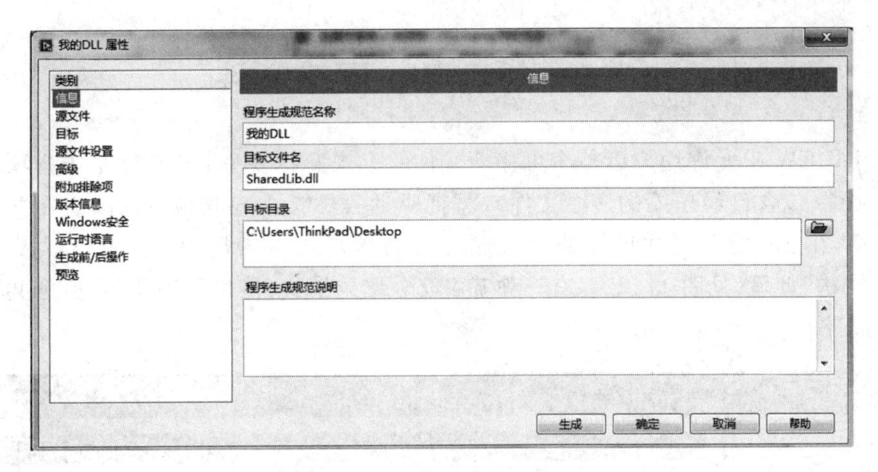

图 11.19　共享库(DLL)属性设置

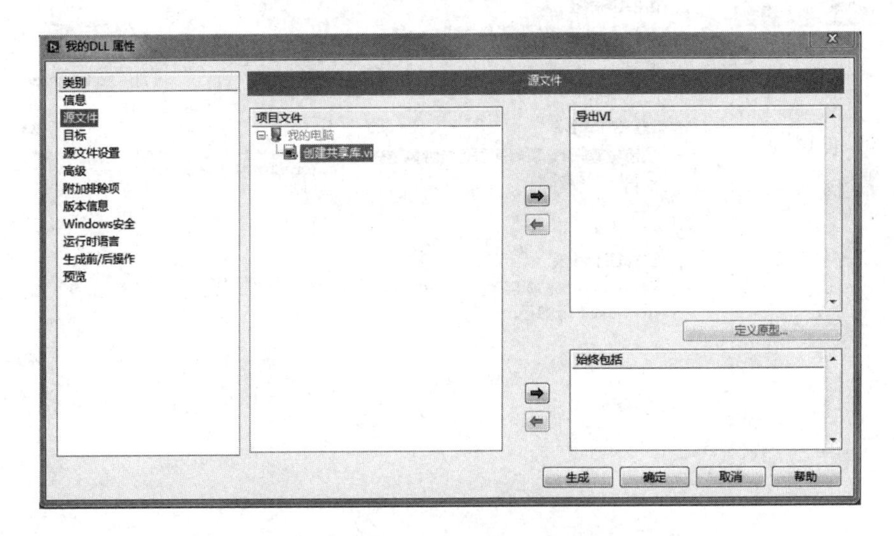

图 11.20　共享库源文件页设置

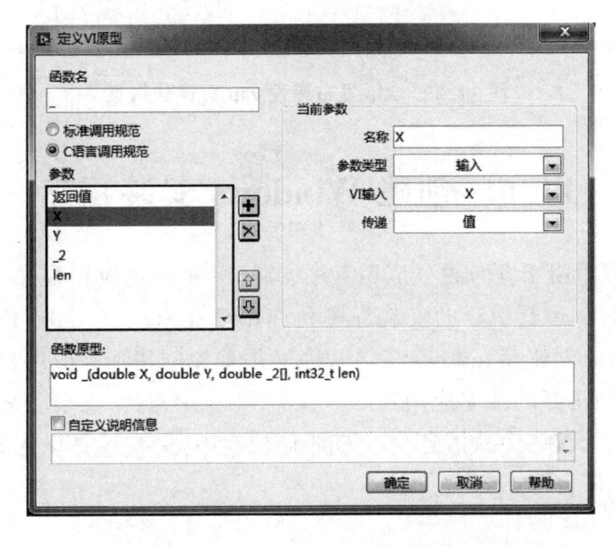

图 11.21　定义 VI 原型对话框

11.5 创建 Zip 压缩文件

在 LabVIEW 中允许用户以单个可移植文件的形式发布多个文件或整个工程项目。通过一个 Zip 文件(包含已经压缩的多个文件),可把驱动程序文件或其他源代码文件发送给他人使用。注意,在 Zip 发布属性里不能设置删除前面板或设置密码,另外,在 Zip 发布属性的"Zip 文件结构"页里(见图 11.22),有三种基本 Zip 目录模式:使用共同路径、拆分共同路径和重命名共同路径。

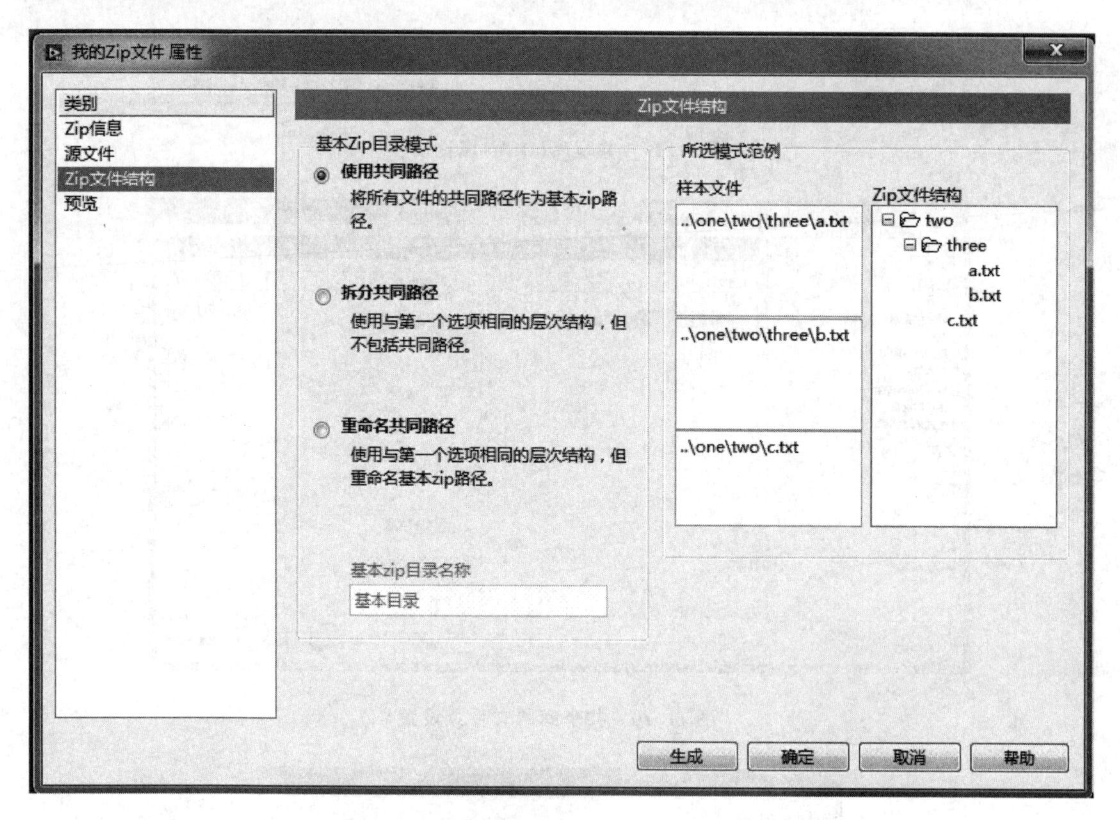

图 11.22　Zip 发布属性 Zip 文件结构页

11.6 创建 Windows 安装程序

Windows 安装程序用于发布独立应用程序、共享库和通过应用程序生成器创建的源代码发布等,包含 LabVIEW 运行引擎的安装程序允许用户在未安装 LabVIEW 的情况下运行应用程序或使用共享库。创建 Windows 安装程序必须首先创建独立应用程序、共享库或源代码发布,这里使用之前创建好的独立应用程序。在图 11.1 中选择"安装程序"项,即可弹出"我的安装程序属性"对话框。在"产品信息"页(见图 11.23)中,主要设置该配置的程序生成规范名称、产品名称、安装程序目标。

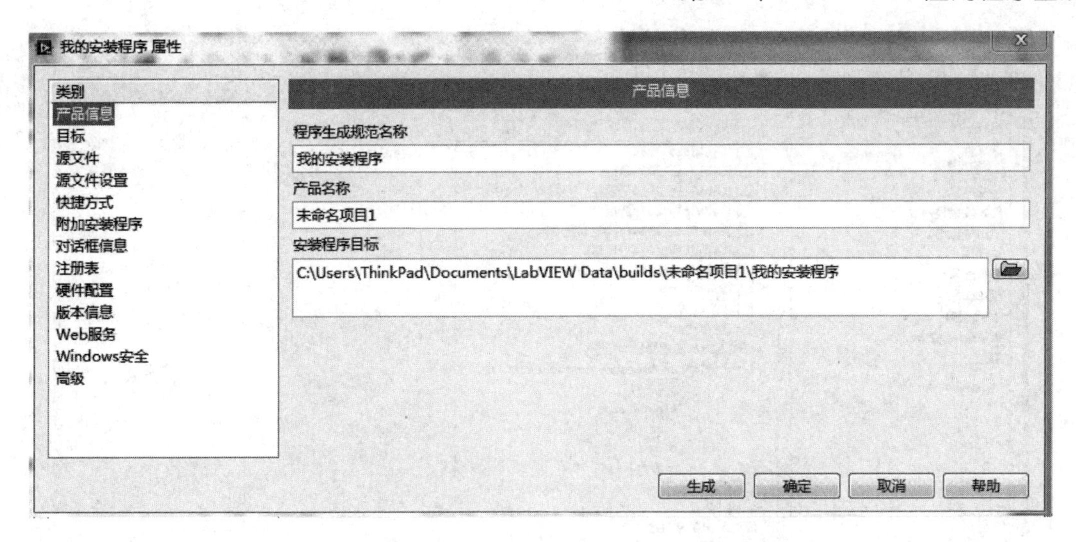

图 11.23　Windows 安装程序属性的产品信息页

在"源文件"页(见图 11.24)中，可以配置安装程序源文件。本例中选择已经创建完毕的独立应用程序，在目标视图框中有各种各样预定义的目录，程序员可以选择希望应用程序安装到的目录，这里选择"程序文件"作为安装目录。

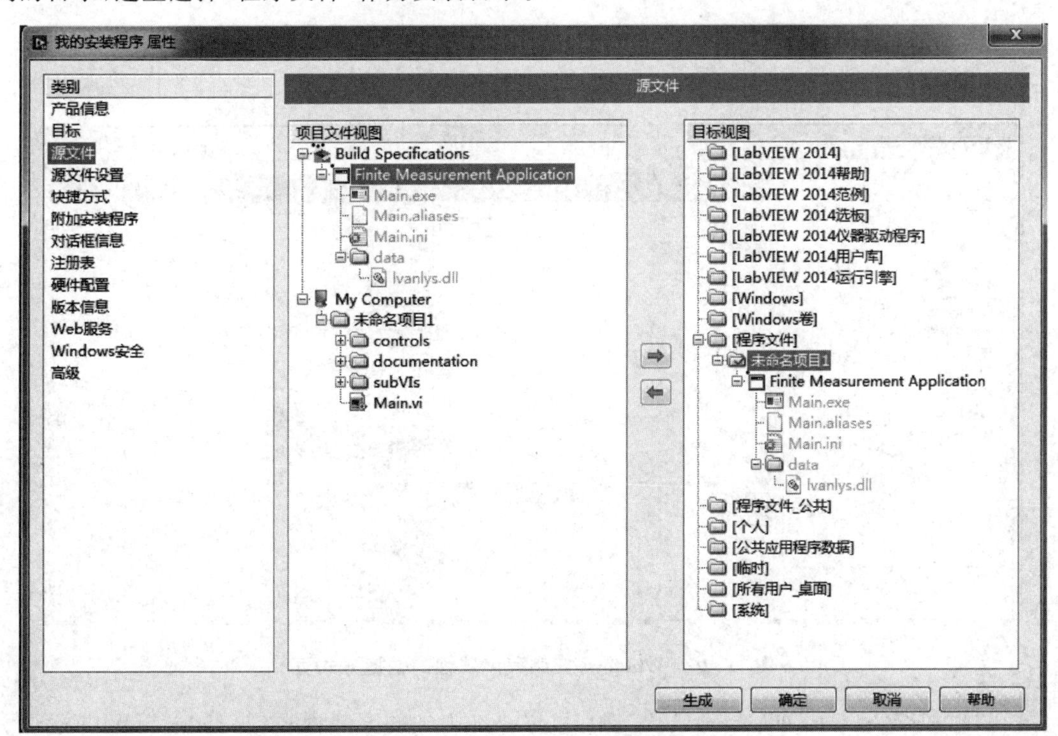

图 11.24　Windows 安装程序属性的源文件页

在"源文件设置"页(见图 11.25)中，可以设置各个文件的属性。开发人员可以根据需要将文件属性设置为：只读、隐藏、系统、重要等。

在"快捷方式"页(见图 11.26)中，可以为用户设置该应用程序的快捷方式，图中设定了两

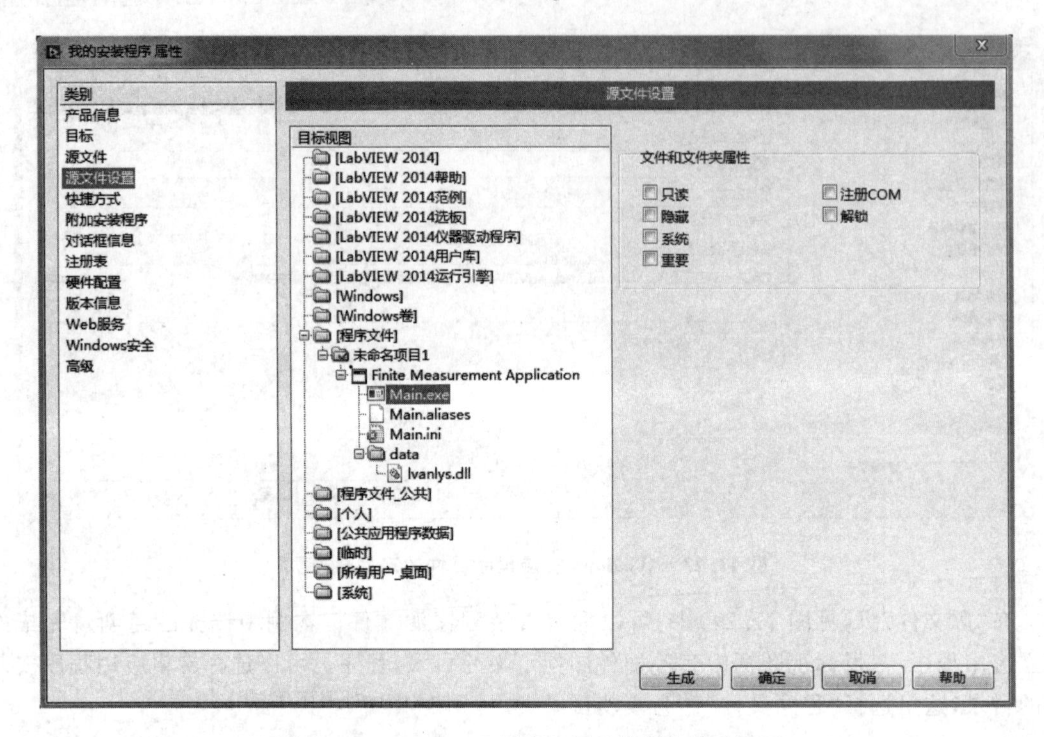

图 11.25　Windows 安装程序属性的源文件设置页

个:开始菜单快捷方式和桌面快捷方式。

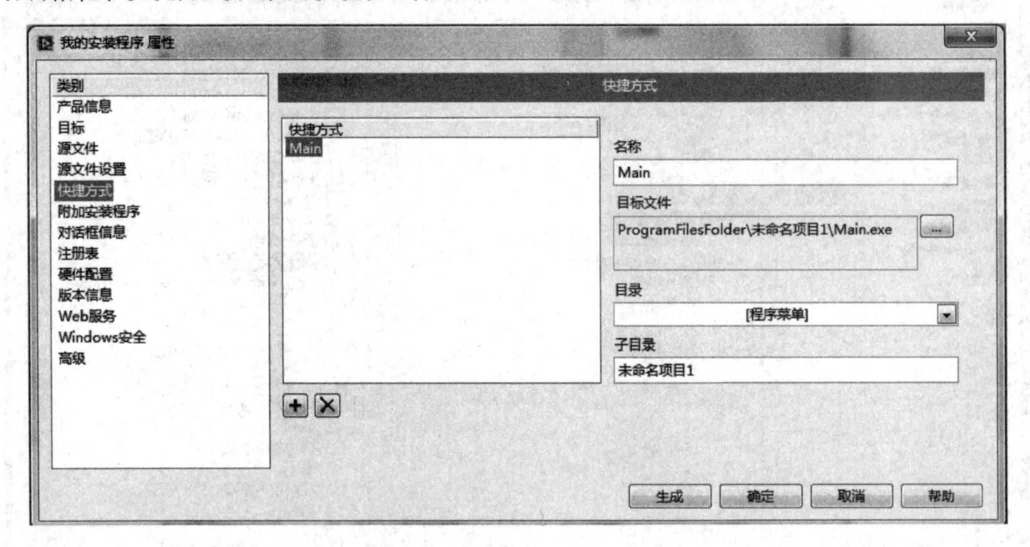

图 11.26　Windows 安装程序属性的快捷方式页

在“附加安装程序”页(见图 11.27)中,可以添加附加的安装程序,如 LabVIEW 的运行引擎、仪器驱动程序等。如果程序运行的计算机中没有安装 LabVIEW 或安装 LabVIEW 的版本不匹配时,可执行文件运行时会出错。这里默认勾选自动选择推荐的安装程序,LabVIEW 根据当前计算机软件和工程文件选择对应的安装程序。

在“对话框信息”页(见图 11.28)中,可以设置安装对话框信息,如选择安装时的语言、欢迎标题、欢迎信息、自述文件、许可证协议等。

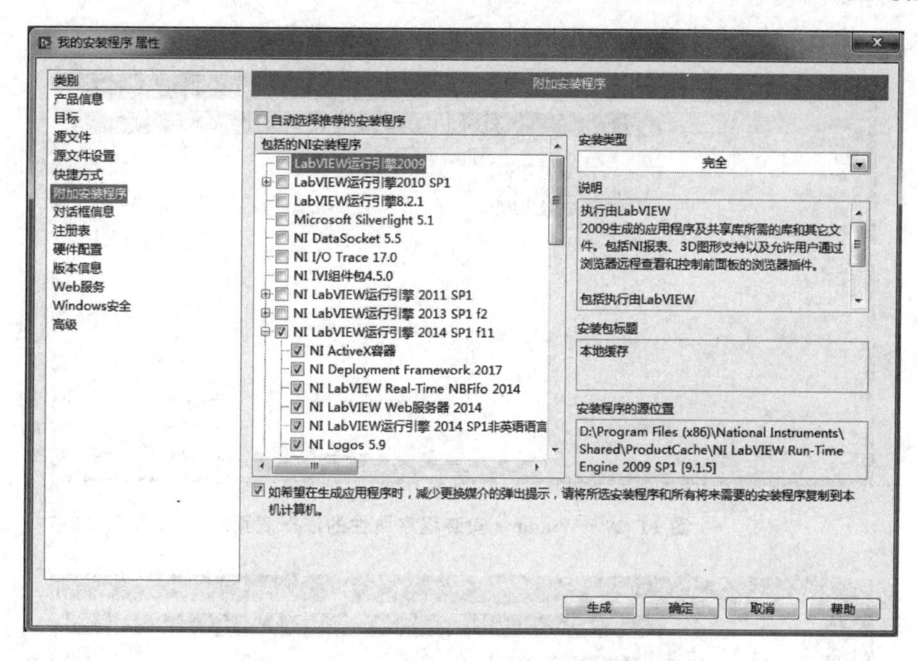

图 11.27　Windows 安装程序属性的附加安装程序页

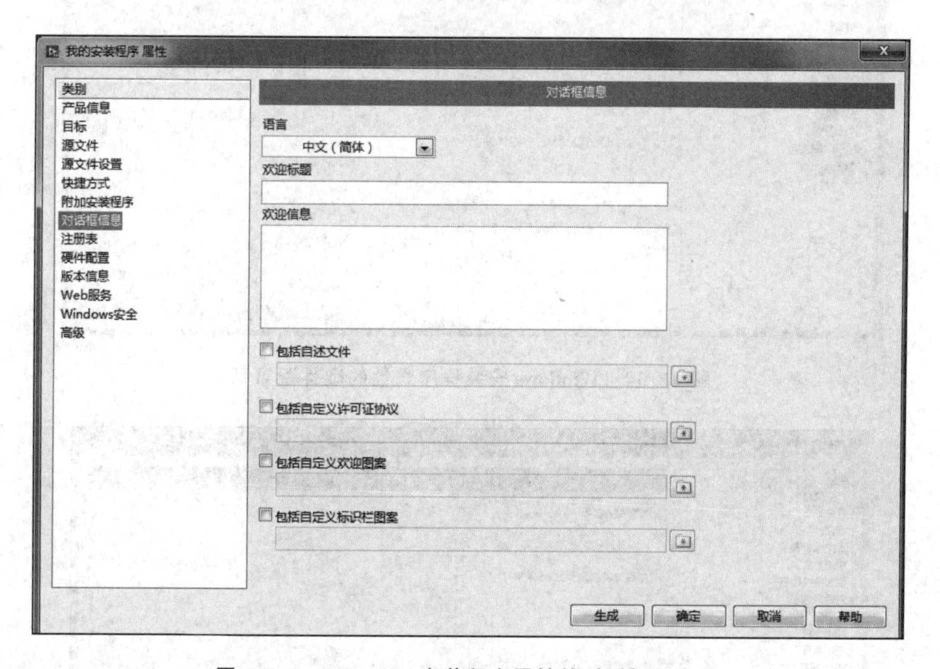

图 11.28　Windows 安装程序属性的对话框信息页

在“注册表”页(见图 11.29)中，可以添加注册表信息。程序员可以根据实际需要在安装时修改注册表项。

在“硬件配置”页(见图 11.30)中，可以加载 NI MAX 的配置文件，比如数据输入/输出模块、数字万用表、信号发生器等模块化仪表的配置，如果没有用到这些模块，可以不用配置。

在“高级”页(见图 11.31)中，可以设置一些高级选项，如安装自定义错误代码文件、操作系统要求和安装完后的 EXE 程序或命令等，一般选择默认选项即可。单击“确定”按钮可以保存当前配置，然后单击“生成”按钮就可以创建Windows安装程序了。

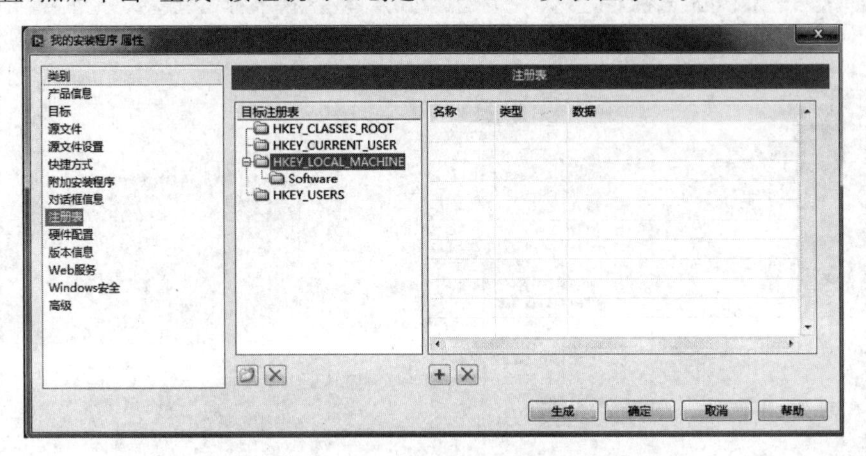

图 11.29　Windows安装程序属性的注册表页

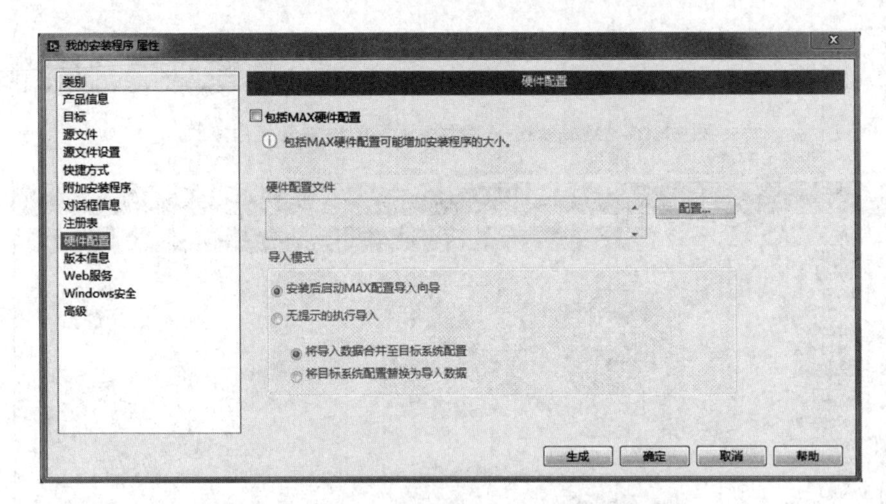

图 11.30　Windows安装程序属性的硬件配置页

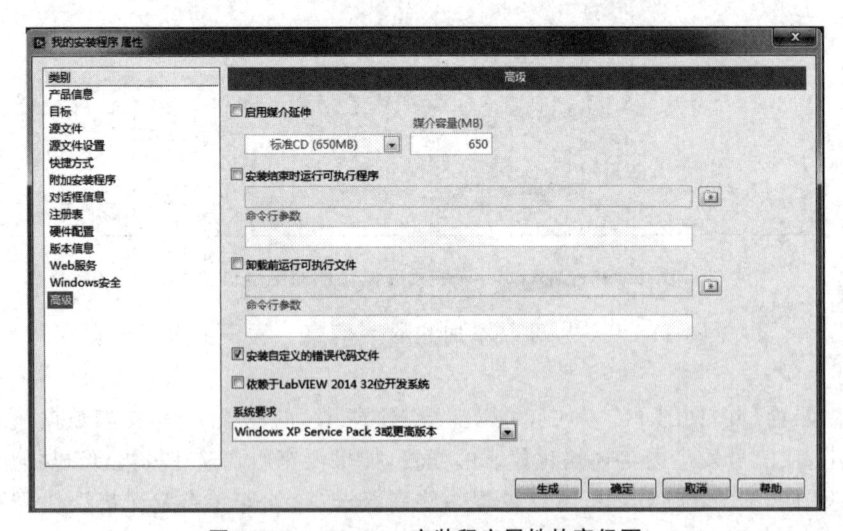

图 11.31　Windows安装程序属性的高级页

本章小结

本章主要介绍了 LabVIEW 程序常用的几种发布方法，包括源代码发布、独立应用程序、共享库、Zip 压缩文件和 Windows 安装程序。最常用的还是生成独立应用程序，并在此基础上生成 Windows 安装程序。值得注意的是，在程序中调用路径是一个重要问题，要尽量避免采用绝对路径，在独立应用程序中主目录路径与源程序中的主目录的绝对路径是不一致的。

思考与练习

1. 填空题

(1) 在 LabVIEW 中，VI 的发布方式主要可以分为________、________、________、________和 Windows 安装程序五种。

(2) 在源代码发布中，程序员如果不希望别人编辑 VI，可以对某些特定的 VI 设置________，或者可以删除________。

(3) 创建共享库(DLL)中，在源代码的前面板需要________。

2. 实操题

(1) 编写一个工程文件，设计程序实现输出一个正整数 N，计算 $1+2+\cdots+N$ 之和，分别以源代码、独立应用程序、DLL、Zip 的方式发布。源代码发布中尝试给 VI 加密码保护或删除程序框图。

(2) 以(1)中生成的独立应用程序为基础，生成 Windows 安装程序，并在一台没有安装 LabVIEW 的计算机上进行安装，观察能否正常运行。

第 12 章　数据库

学习目标

- 了解 LabVIEW 与数据库接口的方法；
- 掌握两种数据库的连接方法；
- 掌握 LabVIEW 数据库基本操作方法；
- 了解 LabVIEW 数据库高级操作方法。

实例讲解

- Database Connectivity 应用。

利用 LabVIEW 开发应用系统时经常需要对数据库进行访问，在过程控制中要大量保存、读取历史数据。通过学习数据库访问技术，用户可以方便地利用数据库来管理大量数据、存储过程数据并且能够分析过程结果，其中涉及的最主要的任务就是与数据库系统进行交互，即对数据的读取和写入等。

12.1　LabVIEW 与数据库接口的方法

LabVIEW 与数据库接口的方法有如下几种：

① 利用 NI 公司的附加工具包 Database Connectivity 进行数据库访问，但这个工具包比较贵，对于很多 LabVIEW 用户来讲，这个价格是不可能承受的。所幸的是，在 LabVIEW 2014 以后的版本，已自带了该工具包，无须另外安装。

② 利用 LabVIEW 的 ActiveX 功能，调用 Microsoft ADO 控件，然后利用 SQL 语言实现数据库访问。利用这种方式进行数据库访问需要用户对 Microsoft ADO 控件以及 SQL 语言有较深地了解，并且需要从底层进行复杂的编程才能实现，这对于大多数用户来讲也是不太现实的。

③ 利用其他语言，如 Visual C＋＋编写动态链连库 DLL 程序访问数据库，再利用 LabVIEW 所带的 DLL 接口访问该程序。这样可间接地实现访问数据库，但工作量太大。

④ 通过第三方开发的免费工具包 LabSQL 访问数据库。LabSQL 是一个免费的、源代码开放的多数据库、跨平台的 LabVIEW 数据库访问工具包，它支持 Windows 操作系统中的任何基于开放数据库互联(open database connectivity，ODBC)的数据库。该工具包基于 ADO 技术，将复杂的底层 ADO 及 SQL 操作封装成一系列的 LabSQL VIs，用户只须熟悉 LabSQL 的固定语句即可进行简单编程，实现数据库访问。

本质上讲无论哪种接口方式，都是利用操作系统中的数据库驱动程序，用 ODBC、DAO 或 ADO 调用 API 接口来操作数据库。

12.2　Database Connectivity 应用

目前数据库技术已经比较成熟了，常见的数据库有 SQL Server、Oracle、DB2、My SQL、Visual ForPro、Microsoft Access 等。Microsoft Access 是 Microsoft office 组件之一，是 Windows 环境下非常流行的桌面型数据库管理系统，且支持 SQL 语言。下面将基于 Microsoft Access 来介绍数据库操作。

12.2.1　创建数据库

数据库工具包只能操作而不能创建数据库，但是可以通过第三方数据库管理系统创建数据库，比如 Access 等。这里创建一个名为 Test.mdb 的数据库文件，并建 1 个名为 temperature 的表，包含 No、Temp 和 Time 3 个字段，如图 12.1 和图 12.2 所示。

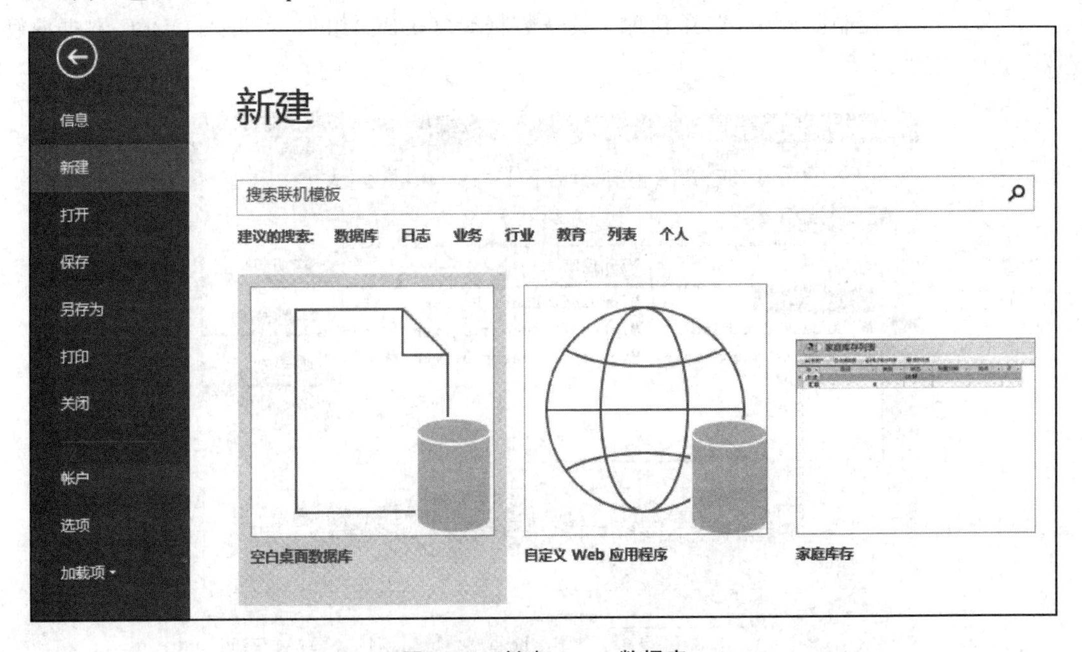

图 12.1　创建 Access 数据库

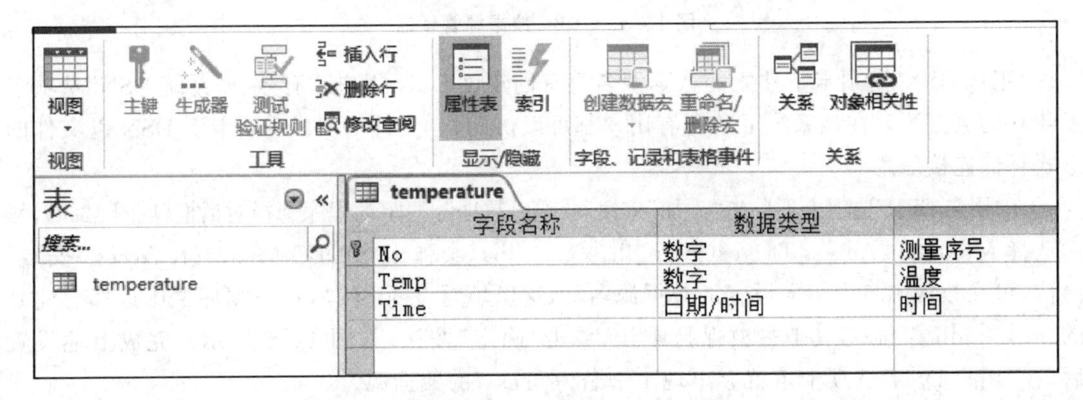

图 12.2　创建 temperature 表

12.2.2 建立与数据库的连接

在利用 LabVIEW 附加工具包 Database Connectivity 进行数据库操作之前，需要先连接数据库。由于不同类型的数据库文件需要不同的驱动程序，连接字符串的构成很复杂，通常采用数据库连接工具自动创建连接字符串。连接数据库的两种方法如下。

(1) 利用 DSN 连接数据库

DSN(data source name)即数据源名称，LabVIEW 使用 ODBC API 函数时，需要提供 DSN 才能连接到实际的数据库。

注：ODBC(open database connectivity，开放数据库互联)是美国微软公司开放服务结构(windows open services architecture，WOSA)中有关数据库的一个组成部分，它建立了一组规范，并提供了一组对数据库访问的标准 API(应用程序编程接口)。ODBC 提供了对 SQL 语言的支持，用户可以直接将 SQL 语句送给 ODBC 操作数据库。

在 Windows 控制面板中，选择管理工具→数据源(ODBC)组件，可进入 ODBC 数据源管理器，如图 12.3 所示。

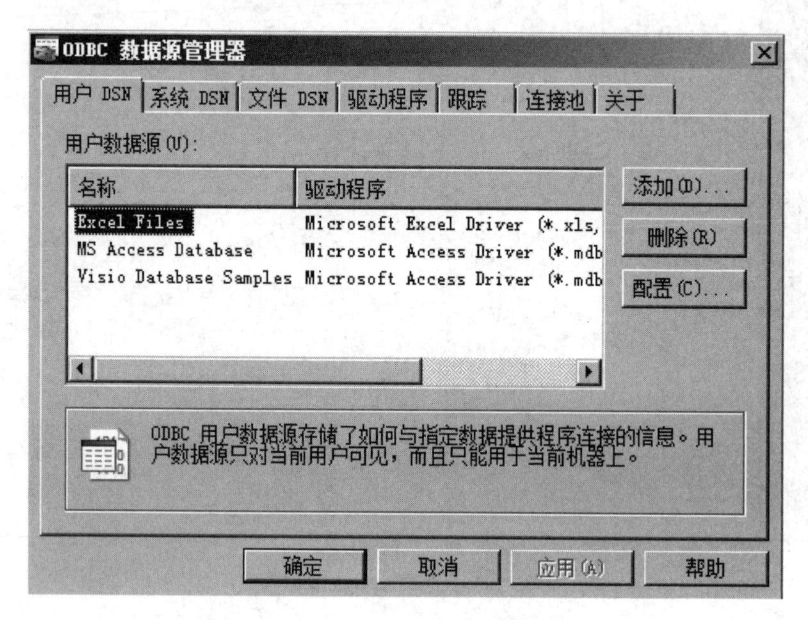

图 12.3 ODBC 数据源管理器

“用户 DSN”选项卡下建立的数据源名只有创建该 DSN 用户才有效。“系统 DSN”选项卡下建立的数据源名在该系统下的所有用户都可以访问。“文件 DSN”选项卡下 DSN 以文件的形式存储连接信息。

在“用户 DSN”选项卡下单击“添加”按钮，会弹出数据源的驱动程序选择对话框(见图 12.4)，然后选择 Microsoft Access Driver(＊.mdb，＊.accdb)，会弹出“ODBC Microsoft Access 安装”窗口，可在数据源名中填入设定的数据源名称，这里填写 Test，然后在数据库栏中选择已建好的 Test.mdb 数据库，其他参数保持默认，单击“确定”按钮，如图 12.5 所示。完成上述设置后，在“用户 DSN”选项卡下就会出现 1 个名为“Test”的数据源。

创建数据源以后，在 DB Tools Open Connection.vi 的接口端输入数据库名称、用户名、密

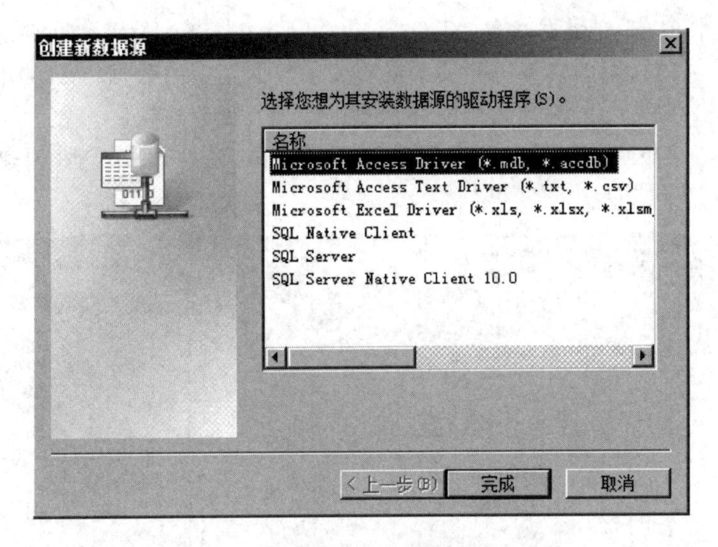

图 12.4　数据源的驱动程序选择对话框

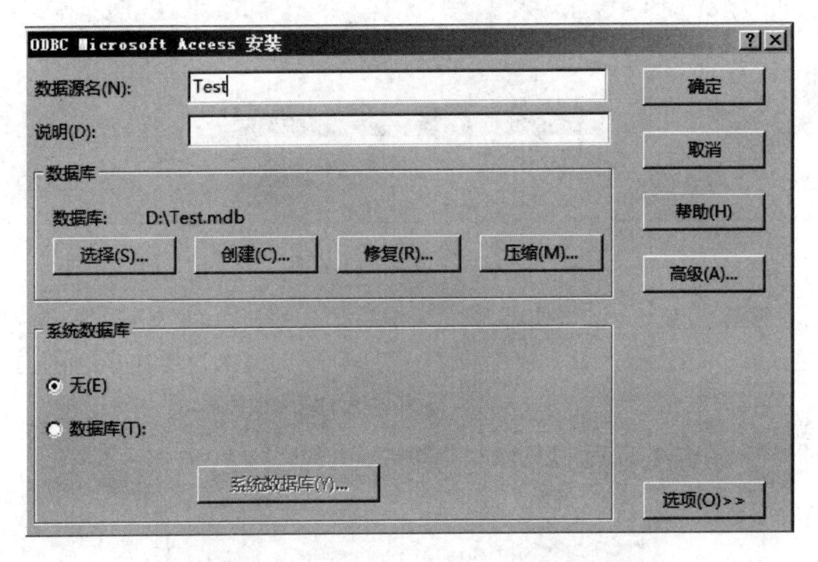

图 12.5　"ODBCMicrosoft Access 安装"对话框

码，即可实现数据库的连接，程序框图如图 12.6 所示。

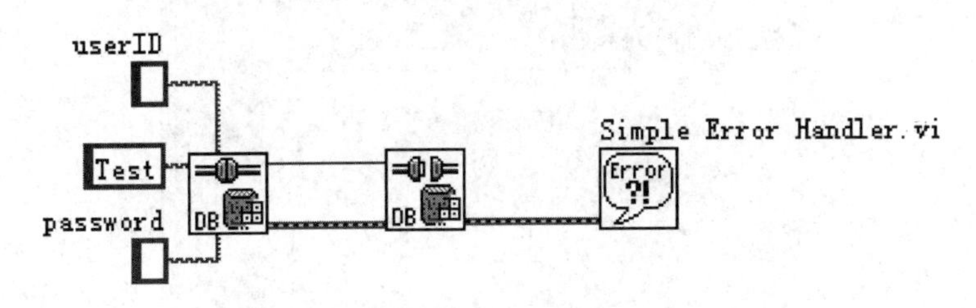

图 12.6　使用 DSN 连接数据库

(2) 利用 UDL 连接数据库

ODBC 只能访问关系型数据库，并不支持非关系型数据库。为解决这个问题，微软公司还提供了另一种技术：Active 数据对象 ADO(active data objects)技术。ADO 是微软公司提出的应用程序接口(API)，用以实现访问关系或非关系数据库中的数据。ADO 使用通用数据连接 UDL(universal data link)来获得数据库信息以实现数据库连接。

在 LabVIEW 菜单中，选择“Tool”菜单下的“Create Data Link”项，创建 UDL 文件，如图 12.7 所示。

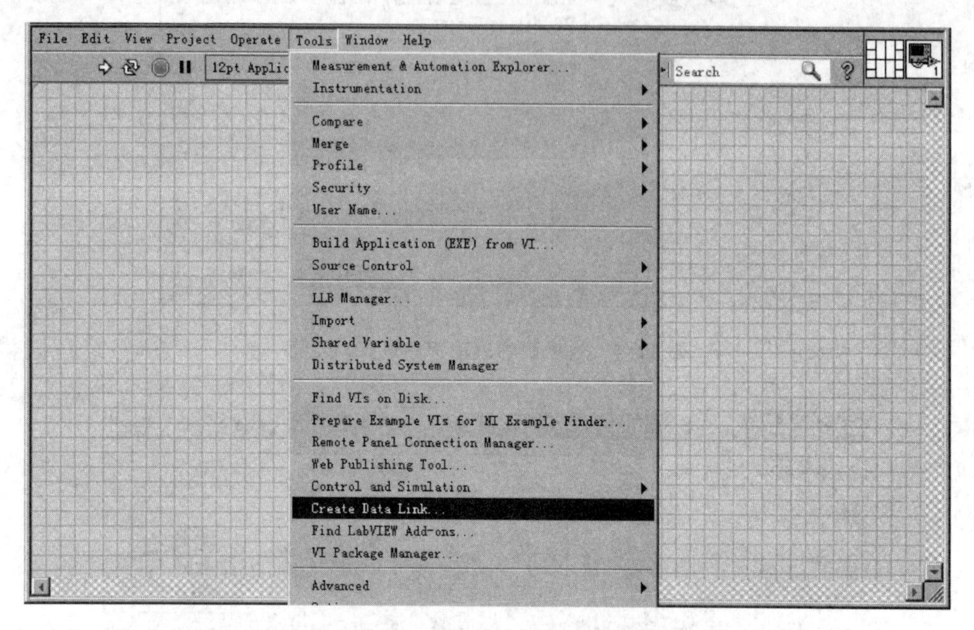

图 12.7 创建 UDL 文件

如图 12.8 所示，设置 UDL 属性后，单击“测试连接”按钮，如果显示“测试连接成功”则表明数据库连接成功。UDL 文件本质上是文本文件，可以用编辑软件打开，如图 12.9 所示，可以用程序根据数据库的信息，生成对应的字符串，从而实现数据库的自动连接。

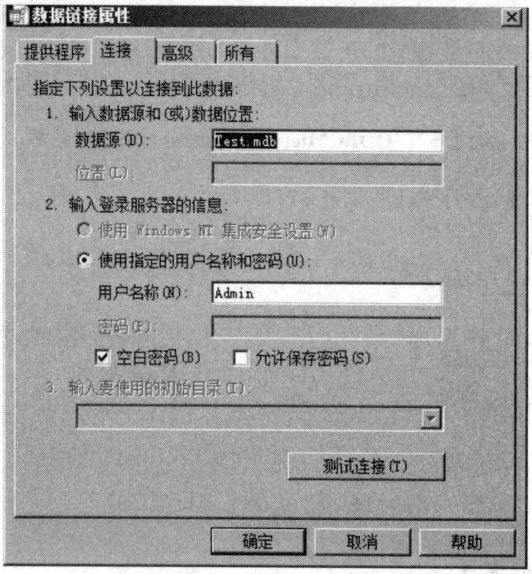

数据链接属性
提供程序 连接 高级 所有
指定下列设置以连接到此数据:
1. 输入数据源和(或)数据位置:
数据源(D): Test.mdb
位置(L):
2. 输入登录服务器的信息:
使用 Windows NT 集成安全设置(W)
使用指定的用户名称和密码(U):
用户名称(N): Admin
密码(P):
空白密码(B) 允许保存密码(S)
3. 输入要使用的初始目录(I):
测试连接(T)
确定 取消 帮助

图 12.8 设置 UDL 属性

```
1  [oledb]
2  ; Everything after this line is an OLE DB initstring
3  Provider=Microsoft.ACE.OLEDB.15.0;Data Source=Test.mdb;Persist Security Info=False
4
```

图 12.9　UDL 文件内容

创建 UDL 文件以后，在 DB Tools Open Connection. vi 的接口端输入 UDL 文件路径字符串，即可实现数据库连接，程序框图如图 12.10 所示。

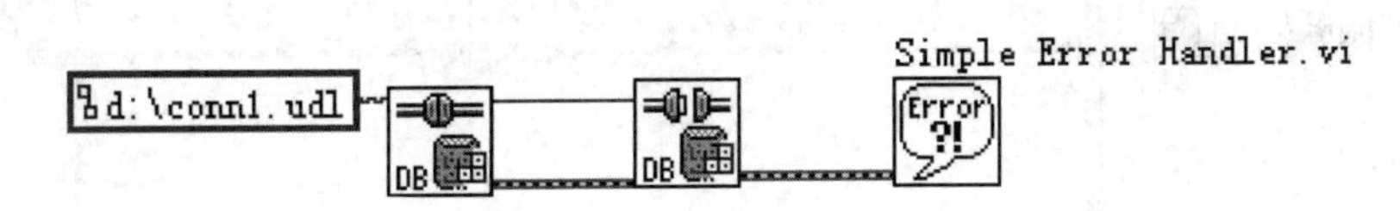

图 12.10　使用 UDL 连接数据库

12.2.3　数据库基本操作

(1) 创建一个表格

数据库是以表来记录数据的，可以用 Access 创建一个表格。也可以用 LabVIEW 数据库工具包中的 DB Tools Create Table.vi 来创建表格，其中有两个参数：一是 Table，它是创建的数据表名称；二是 Column Information，指定表格列的属性，它是 1 个簇结构，有 4 个组成部分，包括 column name(列名)、data type(数据类型)、size(指定字符串的最大长度，仅当 datatype 为 String 时有效)、allow null(指定表格列是否允许为空)。

值得注意的是：Column Information 中的 data type 有 6 种类型，如表 12.1 所列。

表 12.1　data type 类型

序　号	数据类型
1	String
2	Long (I32)
3	Single (SGL)
4	Double (DBL)
5	Date/Time
6	Binary

创建数据库表格范例代码如图 12.11 所示。表格创建成功后，打开该数据库就可以看到新创建的表格。

(2) 删除一个表格

可以用 LabVIEW 数据库工具包中的 DB Tools Drop Table.vi 来删除表格，该 VI 的重要参数就是要删除的表格名字。具体代码框图如图 12.12 所示。

(3) 插入一条记录

可以用 LabVIEW 数据库工具包中的 DB Tools Insert Data.vi 来插入记录数据，该 VI 有 3 个参数：table

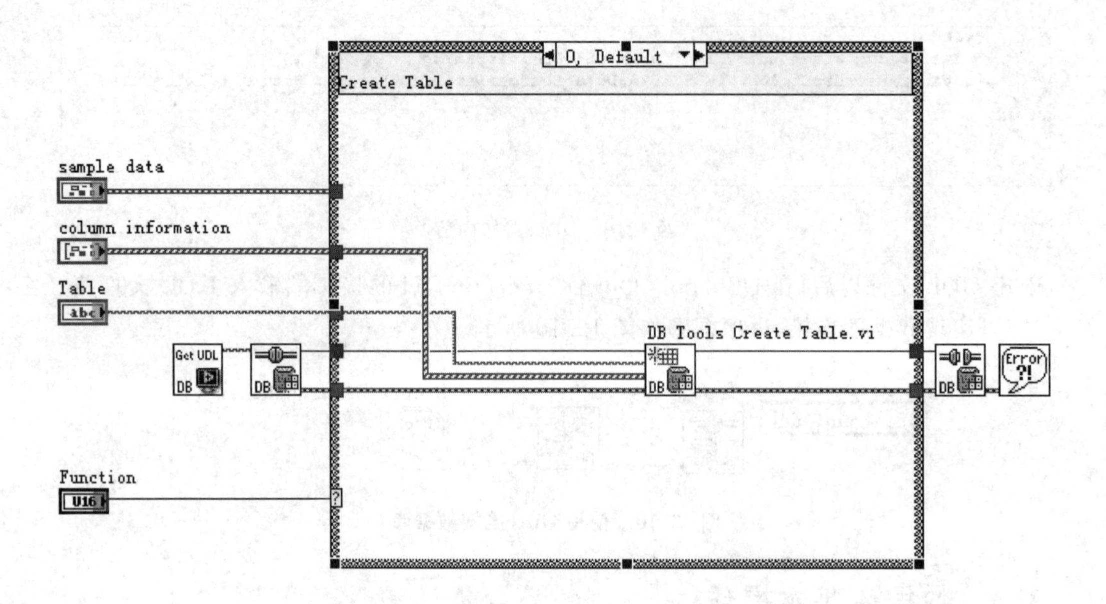

图 12.11　创建数据库表格范例代码框图

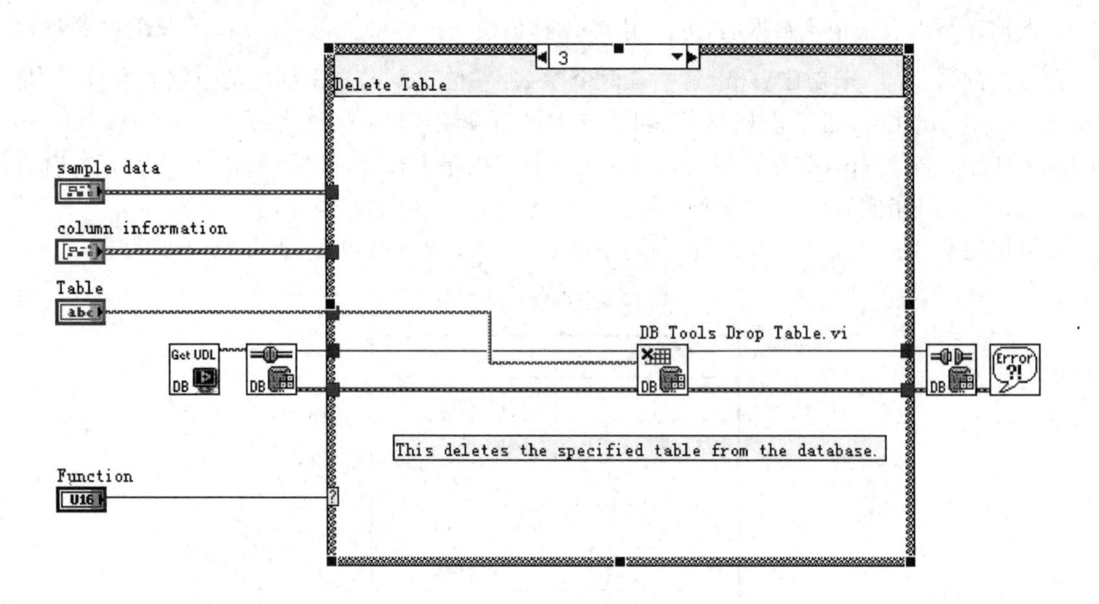

图 12.12　删除数据库表格范例代码框图

(数据表名称)、data(插入数据)和 column(对应插入列的名字,数据类型是一个字符串数组,当为空时则表明插入数据包括所有的列)。

具体实现程序框图如图 12.13 所示。

(4) 查询一条记录

可以用 LabVIEW 数据库工具包中的 DB Tools Select Data.vi 来查询记录数据,该 VI 有 3 个主要参数:table(查询表的名称)、columns(选择列的名称,如果为空,则表示选择所有列)和 condition(设定 SQL 过滤条件,数据结构为字符串)。具体代码框图如图 12.14 所示。

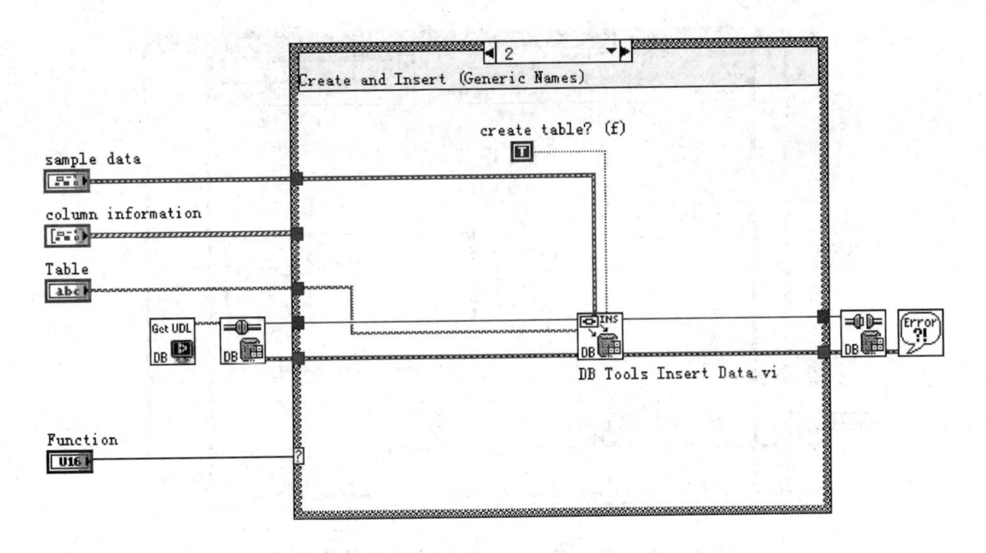

图 12.13　插入数据库记录范例代码框图

当 condition 为空时，该 VI 会把数据表中所有的数据读出来，比如数据表中有 10 000 条数据，读取所有数据将耗费大量系统资源。合理地设置过滤条件可以大大减少计算时间，便于查询出期望的数据。

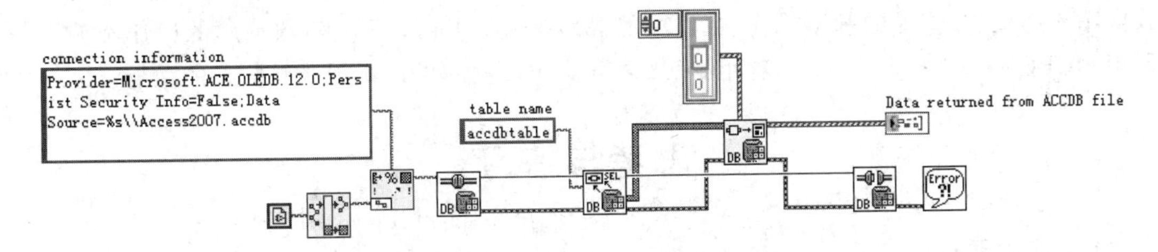

图 12.14　查询数据库记录范例代码框图

12.2.4　数据库高级操作

数据库基本操作所用到的 VI 是 LabVIEW 为不熟悉 SQL 语言的用户将 SQL 语句进行封装了的，但如果用户熟悉 SQL 语言的话，可能会觉得没有充分发挥 SQL 语句的功能。

LabVIEW 提供了直接运行 SQL 语句的 VI ，该 VI 有 3 个主要参数：SQL query（SQL 语句）、cache size（缓存大小）、cursor type（游标种类）。

值得注意的是 cursor type 有 4 种，分别为：

① Forward Only：移动该游标，仅能移动到下一个记录位置，而不能前后移动。

② Key Set：键集游标，移动该游标，可以前后遍历记录。

③ Dynamic：动态游标，移动该游标，可以前后遍历记录，能够体现其他用户的修改更新，但效率有所降低。

④ Static：静态游标，移动该游标，可以前后遍历记录，但是不能体现其他用户的即时更新。静态游标操作的是备份数据，即使数据库连接已断开，仍然可以使用。

数据库高级操作功能十分强大，其中高级查询数据库记录程序框图如图 12.15 所示。

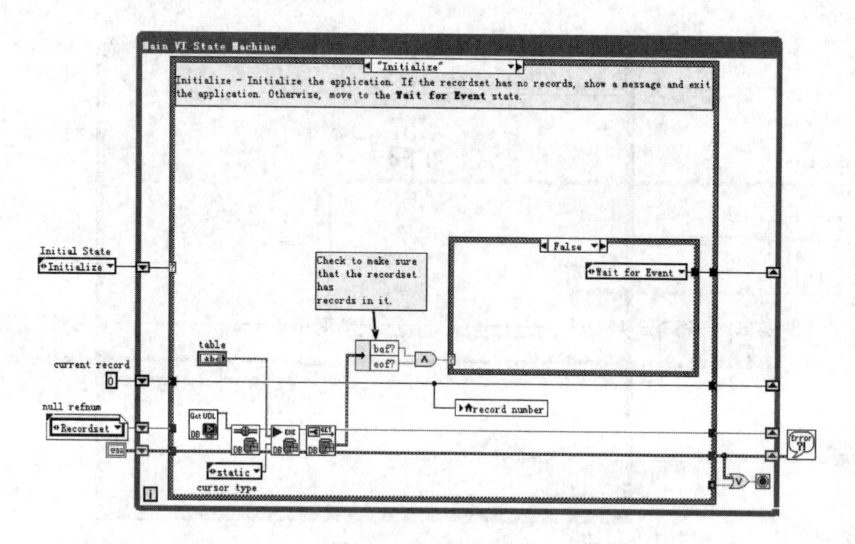

图 12.15　高级查询数据库记录范例代码框图

本章小结

本章主要介绍了 LabVIEW 的数据库操作方法，包括了 LabVIEW 的数据库接口、建立与数据库的连接、数据库的基本操作、数据库的高级操作。LabVIEW 对数据库的操作本质上是利用 ODBC、ADO 技术实现的，利用 SQL 语言操作数据库可以实现非常复杂的功能。

思考与练习

1. 填空题

(1) LabVIEW 的数据库接口主要有________、________、________和________ 4 种。

(2) LabVIEW 建立与数据库的连接有________和________两种。

2. 名词解释

(1) ODBC。

(2) ADO。

(3) DSN。

(4) UDL。

3. 实操题

利用 LabVIEW 附加工具包 Database Connectivity，随机生成 100 个数字，将这些数字存入数据库，依次完成以下任务：

① 将其中第 56 个数字设置为 0。

② 删除其中 1～10 个数字。

③ 查询剩下数字中的最大值和最小值。

参考文献

[1] 周晓东. LabVIEW 2015 中文版虚拟仪器从入门到精通[M]. 北京:机械工业出版社,2016.

[2] 刘刚,王立香,张连俊. LabVIEW 8.20 中文版编程及应用[M]. 北京:电子工业出版社,2008.

[3] 陈树学,刘宣,LabVIEW 宝典[M]. 北京:电子工业出版社,2011.

[4] 阮奇桢. 我和 LabVIEW[M]. 北京:北京航空航天大学出版社,2009.

[5] 江建军,刘继光. LabVIEW 程序设计教程[M]. 北京:电子工业出版社,2008.

[6] 天工在线. LabVIEW 2018 从入门到精通[M]. 北京:中国水力水电出版社,2019.

[7] 李江全,等. LabVIEW 虚拟仪器从入到测控应用 130 例[M]. 北京:电子工业出版社,2013.